輕鬆搞定

Excel

試算表實作範例

| 適用2016~2021 |

作者序 PREFACE

Excel 已經問世幾十個年頭了，但到了今天仍然是辦公室自動化作業中，使用率最高的應用軟體，原因在於「巨量」資料，商業活動越發達，資料就越多，決策更需仰賴大量數據，在大量數據面前，土法煉鋼、加班加點都是不切實際的，軟體工具的應用已成為職場的基本能力，Excel 試算表更是處理大量數據的最佳選擇。

本書 5 大重點：

- 範圍名稱：以範圍名稱取代欄列編號，可大幅提高運算式的説明性，更可簡化 $（絕對位置）的設定，對於提高運算式的編輯效率有很大的效益。

- 表格：將「範圍」轉變為「表格」後，表格的欄位名稱就成為範圍名稱，運算式變得簡單並大幅提高説明性。

- 資料庫：一張工作表的教學是「騙人」的，大量資料如何變成一張工作表、一份資料、一個表格呢？背後就是「資料庫」，Excel 的資料庫功能不斷的進化，目前的 Power Query 操作介面已經非常親民，是非專業人士切入資料庫的最佳選擇方案。

- VBA：函數是 Excel 的基本功，一旦你愛上它以後，就會發現它的不足，身為人人眼中 Excel 高手的你，勢必無法滿足於「半」自動作業，這也不是「神」級人物可以忍受的。

- 教學範例：生活化、簡單化、實用化是本書教學範例設計的原則，透過實作範例讓讀者將「工作」與「Excel」進行對接，以解決「學會千百招，要用沒半招」的窘境。

■ 本書教學影片及範例下載：
https://gogo123.com.tw/?p=12815

林文恭
2024/06
於 GOGO123 教學網

CONTENTS 目錄

目錄

單元 8　人事資料處理

單元 9　函數應用範例

單元 10　Power Query

目錄

函數

本書應用函數表列

文字	LEFT( )：左字串	RIGHT( )：右字串	MID( )：中間字串
	TEXT( )：數字轉換文字	CHR(10)：換列符號	FIND( )：搜尋字串
	REPT( )：重複字元	CONCAT( )：文字串接	
數字	ROUND( )：四捨五入	INT( )：取整數	MOD( )：取餘數
日期時間	YEAR( )：取出日期的年	MONTH( )：取出日期的月	DAY( )：取出日期的日
	TODAY( )：今天的日期	NOW( )：現在的日期時間	HOUR( )：取出時間的小時
	MINUTE( )：取出時間的分	DATE( )：年月日組成日期	DATEDIF( )：足年足月足日
統計	SUM( )：加總	AVERAGE( )：平均	SUMPRODUCT( )：數列相乘後相加
	COUNT( )：計算數字資料筆數	COUNTA( )：計算非空白資料筆數	
排名	RANK( )：名次	MAX( )：最大值	MIN( )：最小值
	LARGE( )：第 N 大	SMALL( )：第 N 小	
邏輯	IF( )：條件式	SUMIF( )：條件式加總	COUNTIF( )：條件式計算筆數
	AND( )：且運算	OR( )：或運算	
表格	ROW( )：第 N 列	COLUMN( )：第 N 欄	VLOOKUP( ) 垂直查表
	HLOOKUP( )：水平查表	MATCH( )：匹配	INDEX( )：索引
IS	ISNA( )：查表錯誤	ISERROR( )：通用錯誤	ISBLANK( )：是否空白
其他	CHOOSE( )：清單	INDIRECT( )：值轉名稱	CLEAN( )：清除不可見字元
	RAND( )：隨機亂數	RANDBETWEEN( )：整數亂數	

練習須知 ●●●

運算結果與運算式切換

工作表的儲存格在正常情況下，顯示的是「運算結果」，本單元教學中，需要「運算式」與「運算結果」的對照，因此會要求按下：Ctrl + ` 鍵（Esc 鍵正下方）來進行 2 個畫面的切換，如下圖：

A. 運算結果：

	A	B	C	D	E	F	G	H
1	序號		序號	1	2	3	4	
2	1							
3	2							
4	3							

B. 運算式：

	A	B	C	D	E	F	G
1	序號		序號	=COLUMN(A1)	=COLUMN(B1)	=COLUMN(C1)	=COLUMN(D1)
2	=ROW(A1)						
3	=ROW(A2)						
4	=ROW(A3)						

單元範例檔案

每一個單元都會有範例檔案，多數是一個檔案多張工作表，範例檔案名稱與單元檔案名稱相同，例如：單元 01：函數，範例檔案名稱：01- 函數，每一個單元開始練習前，請讀者自行開啟範例檔案，只有單元 10 涉及到資料庫，會有 3 個範例檔案，筆者會在實作步驟中提醒讀者必須開啟的檔案名稱。

單元工作表

每一個範例檔案內會有多張工作表，多數情況下，每一張工作表都是獨立的，因此在實作教學中，練習所需使用的工作表，就列示為「實作：XXX」，XXX 就是工作表名稱，如下圖：

```
實作：文字 ←── 工作表名稱

LEFT(字串·, 字數)：左字串

RIGHT(字串·, 字數)：右字串
```

請讀者自行點選工作表，以配合「實作教學」！

實作：文字   •••

LEFT(字串 , 字數)：左字串

RIGHT(字串 , 字數)：右字串

MID(字串 , 起始位置 , 字數)：中間字串

	A	B	C	D
1	ABC123	左3碼	右3碼	第3碼開始取2碼
2		ABC	123	C1
3		=LEFT(A1,3)	=RIGHT(A1, 3)	=MID(A1, 3, 2)

B2 儲存格：取出 A1 儲存格內容左邊 3 個字。

C2 儲存格：取出 A1 儲存格內容右邊 3 個字。

D2 儲存格：取出 A1 儲存格內容第 3 個字開始長度 2 個字。

TEXT(數字 , 格式)：數字轉換文字

G2 儲存格：將 F1 儲存格內容轉換為文字，格式為："$0000.00"。

格式的前後必須以雙引號（ " "）包圍。

	F	G	H
1	12.3	轉換為 $0012.30	
2		$0012.30	
3		=TEXT(F1, "$0000.00")	

「$」是一固定文字，它可以是任何英文字母或中文字

例如：" 美金 0000.00" → 美金 0012.30

「0000」代表整數 4 位，位數不足者前方補 "0"，例如：12 → 0012

「0.00」代表小數 2 位，位數不足者後方補 "0"，例如：0.3 → 0.30

CHR(10)：換行符號

在「ABC」之後先換行再接續「123」

常用→對齊方式：自動換列
開啟狀態下，才能產生「換列」效果

FIND(搜尋標的 , 被搜尋內容)：搜尋字串

第 1 個參數：搜尋標的→ "2"

第 2 個參數：被搜尋內容→ K1 儲存格

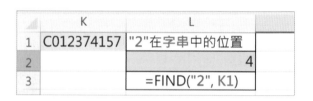

L2 儲存格："2" 位於 "C01**2**374157" 的第 4 個位置。

若搜尋標的更改為 "9"，L2 將顯示錯誤訊息「#VALUE」，表示 K1 儲存格內容（身份證號）不包含 "9"，後續會介紹處理錯誤訊息的函數。

REPT(字元 , 重複次數)：重複字元

字元的前後必須以雙引號包圍。

字元可以是任何英文字母或中文字或符號。

	N	O
1	重複產生6個"A"	
2	AAAAAA	
3	=REPT("A", 6)	

CONCAT(範圍)：串接文字

	P	Q	R	S	T	U	V	W
1	1980年	11月	12日	串接P1:R1範圍資料				
2				1980年11月12日				
3				=CONCAT(P1:R1)				

將文字串接的運算符號「&」，但串接內容若是一個連續儲存格範圍，使用「&」運算符號就顯得笨拙，CONCAT( ) 就是解決這一問題的最佳解方。

實作：數字　•••

ROUND(數字 , 小數位數)：四捨五入

INT(數字)：取整數

	A	B	C	D	E	F
1	12.3456	小數四捨五入取2位		12.3456	無條件捨去小數	
2		12.35				12
3		=ROUND(A1 , 2)			=INT(D1)	

12.3456 的小數第 3 位為 5，因此尾數為「入」→ 12.34 + 0.01 = 12.35

若更改為小數 1 位，12.3456 的第 2 位為 4 尾數會被「捨」→ 12.3

INT( )：刪除所有小數。

	K	L	M	N	O	P	Q	R
1	格式：小數1位		格式：小數0位		函數：小數0位			
2	0.3		0		0			
3	0.3		0		0			
4	0.4		0		0			
5	1.0		1		0			

小數點處理對於資料的正確性是非常關鍵的，說明如下：,

K2:K4 的值：0.3、0.3、0.4，格式：小數 1 位，K5 加總：1.0

M2:M4 的值：0.3、0.3、0.4，格式：小數 0 位，M5 加總：1.0

O2:04 的值：ROUND(0.3 , 0)、ROUND(0.3 , 0)、ROUND(0.4 , 0)

O2:04 的格式：小數 0 位，O5 加總：0

由上圖可以看出 M 欄的運算肯定會出問題的，很多會計人員在對帳時查不出的「誤差 1 元」，就是被眼睛騙了，只作了格式設定，並未真正以函數處理「值」。

大多數情況下處理值會採用 ROUND( )，但某些情況下會要求 INT( ) 取整數。

MOD(被除數 , 除數)：取餘數

	G	H	I	J
1		商	餘數	
2	13 / 4 =	3	1	
3		=INT(13 / 4)	=MOD(13 , 4)	

13 / 4 = 3…1，商 = 3、餘數 = 1。

2 數相除取「商」用的是 INT( ) 函數，取「餘數」用的是 MOD( ) 函數。

實作：日期時間 ･･･

TODAY( )：今天日期

YEAR(日期)：取出日期的「年份」

MONTH(日期)：取出日期的「月份」

DAY(日期)：取出日期的「日數」

	A	B	C	D	
1	今天日期	年	月	日	
2	2024/3/23	2024	3	23	
3	=TODAY( )	=YEAR(A2)	=MONTH(A2)	=DAY(A2)	

A2 儲存格：取得系統日期，TOADY( ) 不需要任何參數。

B2 儲存格：取得 A2 日期的「年份」。

C2 儲存格：取得 A2 日期的「月份」。

D2 儲存格：取得 A2 日期的「日數」。

NOW( )：現在日期時間

HOUR(時間)：取出時間的「小時數」

MINUTE(時間)：取出時間的「分鐘數」

	F	G	H	I
1	現在日期時間	幾點？	幾分？	
2	2024/3/23 10:05	10	5	
3	=NOW()	=HOUR(F2)	=MINUTE(F2)	

F2 儲存格：取得系統日期時間，NOW( ) 函數是不需要參數的。

G2 儲存格：取得 F2 儲存格內的「小時數」。

H2 儲存格：取得 F2 儲存格內的「分鐘數」。

SECOND( ) 可用來取出「秒數」，但較不常用。

DATEDIF(日期 1，日期 2，計算方式)：2 日期間距

	J	K	L	M	N	O	P	Q
1	出生			生日	今天日期	年齡		
2	年	月	日			足歲	月數	日數
3	1961	3	7	1961/3/7	2024/3/23	63	0	16
4				=DATE(J3, K3, L3)	=TODAY( )	=DATEDIF(M3, N3, "Y")		
5							=DATEDIF(M3, N3, "YM")	
6								=DATEDIF(M3, N3, "MD")

M3 儲存格：將年、月、日組合成日期。

N3 儲存格：以 TODAY( ) 取得系統日期。

O3 儲存格：以 DATEDIF( ) 取得 M3、N3 之間的日期間距，"Y"：取得「年」數。

P3 儲存格：以 DATEDIF( ) 取得 M3、N3 之間的日期間距，"YM"：取得「月」數。

Q3 儲存格：以 DATEDIF( ) 取得 M3、N3 之間的日期間距，"MD"：取得「日」數。

實作：常用統計 • • •

SUM(數字 1，數字 2，…)：加總

AVERAGE(數字 1，數字 2，…)：平均

SUMPRODUCT(數列 1，數列 2，…)：數列相乘後相加

	A	B	C	D	E	F	G	H	I	J	K	L	M	N
1	10	20			10	20		25		平時	期中	期末	學期	
2	30	40	100		30		40	25		30%	30%	40%	100%	
3										70	90	65	74	
4		=SUM(A1:B2)				=AVERAGE(E1: G2)								
5					=AVERAGE(E1:E2, F1, G2)					=SUMPRODUCT(J2:L2, J3:L3)				

說明　C2 儲存格：將 A1:B2 範圍內資料加總。

H1 儲存格：將 E1:G2 範圍資料平均，範圍內的空白儲存格會被略去。

H2 儲存格：將 E1:E2 範圍、F1 儲存格、G2 儲存格內資料平均。

多數的統計是一個連續的範圍，例如：C2 儲存格加總。

（若是不連續範圍的統計，多個範圍之間就必須使用逗號分隔。）

M3 儲存格：學期成績 = J2 x J3 + K2 x K3 + L2 x L3

SUMPRODUCT() 函數：

讓 J2:L2（比重數列）與 J3:L3（成績數列）對應儲存格相乘後相加。

COUNT(儲存格範圍)：計算數字資料筆數

COUNTA(儲存格範圍)：計算非空白資料筆數

	O	P	Q	R	S	T	U	V	W
1	30	70	80		數字資料筆數	4			
2	100		ABC		非空白資料筆數	5			
3									
4						=COUNT(O1:Q2)			
5						=COUNTA(O1:Q2)			

T1 儲存格：統計 O1:Q2 範圍內，數字資料的筆數。

T2 儲存格：統計 O1:Q2 範圍內，非空白資料的筆數。

實作：排名 　●●●

RANK(個體 , 全體 , 排名方式)：名次

MAX(範圍)：最大值

MIN(範圍)：最小值

LARGE(範圍 , 第 N 名)：第 N 大

SMALL(範圍 , 第 N 名)：第 N 小

	A	B	C	D	E	F	G	H
1	A	50		A的排名	5	=RANK(B1, B1:B5)		
2	B	55		最大值	70	=MAX(B1:B5)		
3	C	60		第2大	65	=LARGE(B1:B5, 2)		
4	D	65		最小值	50	=MIN(B1:B5)		
5	E	70		第2小	55	=SMALL(B1:B5, 2)		

E1 儲存格：B1 儲存格（50），在全體資料 B1:B5 範圍中的排名。

● 預設排名參數值為 0：遞減 → 由大到小 → 數值最大者第 1 名

● 若想要反向排序，必須設定第 2 個參數：1 → 遞增

= RANK(B1 , B1:B5 , 1)

E2 儲存格：要取出 B1:B5 範圍內最大值。

E3 儲存格：要取出 B1:B5 範圍內第 2 大的值。

E4 儲存格：要取出 B1:B5 範圍內最小值。

E5 儲存格：要取出 B1:B5 範圍內第 2 小的值。

實作：IF   •••

IF(條件式 , 成立 , 不成立)：條件式

A2 儲存格：判斷 A1 儲存格是否 >=60

● 若成立就代入："PASS"

● 若不成立就代入："DOWN"

	A	B
1	87	
2	PASS	
3	=IF(A1>=60, "PASS", "DOWN")	

第 1 個參數：條件式,「A1>=60」檢驗 A1 成績是否及格。

第 2 個參數：當條件成立了,IF( ) 的運算結果就是 "PASS"。

第 3 個參數：當條件不成立,IF( ) 的運算結果就是 "DOWN"。

SUMIF(條件範圍 , 條件式 , 加總範圍)：範圍內符合條件的資料加總

COUNTIF(範圍 , 條件式)：範圍內符合條件的資料筆數

	C	D	E	F	G
1	獎金	達成率	條件加總	條件筆數	
2	5,000	70%	15,000	2	
3	10,000	80%	=SUMIF(D2:D4, ">=60%", C2:C4)	=COUNTIF(D2:D4, ">=60%")	
4	3,000	50%			

SUMIF( )： 第 1 個參數 → 設定比對範圍 D2:D4（達成率）

第 2 個參數 → 設定比對條件 >=60%

第 3 個參數 → 設定加總範圍（獎金）

E2 儲存格：「達成率」若 >=60%,就將相對應的「獎金」加總。

D2、D3 的達成率符合條件,因此加總相對應的 C2、C3 = 15,000。

若省略第 3 個參數,參數 1 就是系統預設加總範圍,舉例如下：

將獎金 >= 5,000 的進行加總： = SUMIF(C2:C4 , ">=5000")

F2 儲存格：統計 D2:D4 範圍（達成率）>=60% 的資料筆數。

實作：邏輯運算 ●●●

AND(條件 1 , 條件 2 , …)：且運算

	A	B	C	D	E	F
1	姓名	薪資	部門	薪資>=60,000 且 部門=財務	是否合格	
2	陳一哥	74,000	財務	TRUE	是	
3				=AND(B2>=60000, C2="財務")	=IF(D2, "是", "否")	

本範例要找出合格的總經理秘書，條件如下：

條件 1：薪資 6 萬以上 (含)　　條件 2：部門為 " 財務 "

D2 儲存格：判斷 B2>=60000、C2 = " 財務 " 兩個條件是否都成立

E2 儲存格：使用 IF() 函數將 D2 結果轉換為：" 是 " 或 " 否 "

OR(條件 1 , 條件 2 , …)：或運算

	G	H	I	J	K	
1	姓名	曠職	績效	年齡	資遣條件：曠職>2 或 績效<70 或 年齡>50	
2	陳一哥	5	70	45	是	
3					=IF(OR(H2>2, I2<70, J2>50), "是", "否")	

本範例要列出裁員名單，只要符合以下「任一」條件，即辦理優退：

條件 1：曠職天數超過 2 天

條件 2：績效評量低於 70 分

條件 3：年齡超過 50

任一成立即可 → OR(H2>2 , I2<70 , J2>50)

OR( ) 函數與 AND( ) 函數一樣，只能產生 TRUE、FALSE。

使用 IF( ) 函數將 TRUE、FALSE 轉換為（ " 是 "、" 否 "）

實作：欄列　　●●●

ROW(儲存格)：第 N 列

COLUMN(儲存格)：第 N 欄

	A	B	C	D	E	F	G	H
1	列數			欄數	1	2	3	
2	1	=ROW(A1)			=COLUMN(A1)	=COLUMN(B1)	=COLUMN(C1)	
3	2	=ROW(A2)						
4					5			
5	5	=ROW( )			=COLUMN()			

A2 儲存格：=ROW(A1)，參數 A**1** → 第 **1** 列

A3 儲存格：=ROW(A2)，參數 A**2** → 第 **2** 列

A5 儲存格：=ROW( )，無參數 → A**5** → 第 **5** 列

E1 儲存格：=COLUMN(A1)，參數 **A**1 → 第 **1** 欄

F1 儲存格：=COLUMN(B1)，參數 **B**1 → 第 **2** 欄

G1 儲存格：=COLUMN(C1)，參數 **C**1 → 第 **3** 欄

E4 儲存格：=COLUMN( )，無參數→ **E**4 →第 **5** 欄

實作：VLOOKUP　　●●●

VLOOKUP(查表值 , 資料表 , 欄位數 , 查表方式)：垂直查表

	A	B	C	D	E	F	G
1	成績	67		成績	等級	備註	
2	等級	D		0	F	0~49	
3				50	E	50~59	
4				60	D	60~69	
5				70	C	70~79	
6				80	B	80~89	
7				90	A	90~100	

B2 儲存格：=VLOOKUP(B1, D2:E7, 2, TRUE)

　　參數 1：B1（查詢值）

　　參數 2：D2:E7（成績等級對照表）

　　參數 3：2（對照表第 2 欄：等級）

　　參數 4：TRUE（或 1），比對方式：不大於 B1 的最大值

　　67 介於 60、70 兩個等級之間，取低的一級：60

	A	B	C	D	E
10	員工編號	C111		員工編號	姓名
11	姓名	王三叔		A013	林一哥
12				B015	張二姊
13				C111	王三叔
14				D239	李四爺
15				E224	陳五妹

	A	B	C	D	E
10	員工編號	C999		員工編號	姓名
11	姓名：	#N/A		A013	林一哥
12				B015	張二姊
13				C111	王三叔
14				D239	李四爺
15				E224	陳五妹

B11 儲存格：=VLOOKUP(B10 , D11:E15 , 2 , FALSE)

一般而言：

數字資料查詢：一個範圍內（例如：體重級距），第 4 個參數：TRUE（1）

文字資料查詢：一個精確值（例如：名稱、編號），第 4 個參數：FALSE（0）

當進行文字查詢時（參數 4：FALSE），有可能因為查詢值錯誤而找不到該資料，結果如右上圖：出現「#N/A」錯誤訊息時，我們就會使用 ISNA( )、IF( ) 函數處理，將在後續單元介紹。

HLOOKUP(查表值 , 資料表 , 欄位數 , 查表方式)：水平查表

	H	I	J	K	L	M	N	O	P	Q	R
1	成績	0	50	60	70	80	90				
2	等級	F	E	D	C	B	A				
3											
4	成績	67		等級	D						

L4 儲存格：=HLOOKUP(I4 , I1:N2 , 2 , TRUE)

HLOOKUP( ) 與 VLOOKUP( ) 參數規則完全相同。

HLOOKUP( ) 與 VLOOKUP( ) 唯一差異就是資料表的方向由垂直變為水平。

實作：MATCH

MATCH(查表值 , 資料表 , 查表方式)：匹配

INDEX(資料表 , 列數 , 欄數)：索引

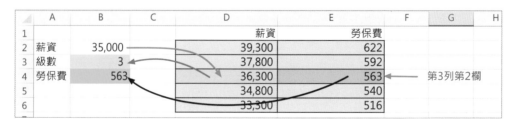

	A	B	C	D	E	F	G	H
1				薪資	勞保費			
2	薪資	35,000		39,300	622			
3	級數	3		37,800	592			
4	勞保費	563		36,300	563		第3列第2欄	
5				34,800	540			
6				33,300	516			

B3 儲存格：＝MATCH(B2, D2:D6, -1)

> 參數 1：B2 為查表值

> 參數 2：D2:D6 為查表範圍

> 參數 3：1（小於）、0（等於）、-1（大於）

> VLOOKUP( ) 的查詢規則為「不大於」或「等於」
> 本範例的勞保費查詢規則：大於等於，因此必須使用 MATCH( )

> 當第 3 個參數為 -1（大於）時，「資料表」範圍內的值必須是：遞減排序

> MATCH( ) 的查表結果為匹配資料位於「資料表」的第幾列
> 本範例結果是：第 3 列

> 只查出第 3 列是沒有意義的，我們真正要的是右欄的「勞保費」，因此必須配合
> 下一個 INDEX( ) 函數。

B4 儲存格：＝INDEX(D2:E6, B3, 2)

> 參數 1：D2:E6 為資料表範圍

> 參數 2：B3 為資料表「列」數

> 參數 3：2 為資料表「欄」數

實作：IS ●●●

Excel 對於錯誤訊息的處理，提供以下三個判斷函數：

- ISERROR()：功能最全面，所有的錯誤值（ #N/A、#VALUE!、#REF!、#DIV/0!、
  #NUM!、#NAME? 或 #NULL!）都可以判斷。

- ISERR()：功能稍微受限，只有 #N/A 無法判斷。

- ISNA()：只能判斷 #N/A。

ISNA(儲存格)：查表錯誤

	A	B	C	D	E
1		查薪資		姓名	薪資
2	姓名	李三媚		陳一哥	74,000
3	薪資	#N/A		章二姊	56,000
4	狀態	查無此人		李三妹	70,000

B3 儲存格： =VLOOKUP(B2 , D2:E4 , 2 , FALSE)

由於姓名輸入錯誤，導致 VLOOKUP( ) 查詢產生 #N/A 錯誤。

錯誤處理是 EXCEL 函數應用中最重要的一環，處理分為 2 個階段：

- 判斷是否錯誤？採用：ISNA( )、ISERROR( )、ISERR( )

- 如果錯誤？否則？採用：IF( )

B4 儲存格： =IF(ISNA(B3) , " 查無此人 " , " 正確 ")

- ISNA( )：檢查 B3 儲存格是否「錯誤」

- IF( )：B3 儲存格是錯誤→ " 查無此人 "，不是錯誤→ " 正確 "

ISERROR()：通用錯誤

	G	H	I
1		身份證號含"7"優惠	
2	身份證號	"7"位置	優惠
3	A808715221	5	YES
4	C331542820	#VALUE!	NO

H4 儲存格： =FIND("7" , G4)

查詢 G4 儲存格是否包含 "7"，結果：產生錯誤訊息 #VALUE。

I4 儲存格： =IF(ISERROR(H4) , "NO", "YES")

- 以 IF( ) 將 ISERROR( ) 結果轉換為："NO" 或 "YES"。

ISBLANK(儲存格)：是否空白

	K	L	M	N	O	P	Q
1		自動序號					
2	序號	員工編號	姓名				
3	1	A013	林大同				
4	2	B011	李辛酸				
5							
6							

K5 儲存格：=IF(ISBLANK(L5) , "" , ROW(A3))

● 以 ISBLANK( ) 判斷 L5 儲存格是否為空白。

● 以 IF( ) 將 ISBLANK( ) 結果轉換為："" 或 ROW(A3)

以上圖為例：

L4 儲存格有內容，因此 K4 的值 =ROW(A2) = 2
L5 儲存格是空白，因此 K5 的值 = ""

實作：CHOOSE

CHOOSE(索引值 , 項目 1 , 項目 2 , …)：清單

	A	B	C	D	E	F	G	H	I	J
1	3			分組1	分組2		分組	2		
2	週三			90	10		總和	60		
3				80	20					
4				70	30					

A2 儲存格：=CHOOSE(A1 , "週一" , "週二" , "週三" , "週四" , "週五")

參數 1：取出清單中第 3 個項目（A1 儲存格的值為 3）

參數 2：「週一…週五」就是一份清單

清單中的第 3 個項目就是：「週三」。

H2 儲存格：=SUM(CHOOSE(H1 , D2:D4 , E2:E4))

參數 1：取出清單中第 2 個項目（H1 儲存格的值為 2）

參數 2：「D2:D4 , E2:E4」就是一份清單

清單中的第 2 個項目就是：「D2:D4」，SUM(D2:D4) = 60。

實作：INDIRECT   ● ● ●

INDIRECT(儲存格)：值轉名稱

	A	B	C	D	E	F	G
1	早鳥獎學金	3,000		入學資格	獎學金		
2	敦品勵學獎學金	5,000		敦品勵學獎學金	5,000		
3	學霸獎學金	20,000					

B1 名稱：早鳥獎學金

B2 名稱：敦品勵學獎學金

B3 名稱：學霸獎學金

範圍名稱將於第 05 單元進行介紹。

D2 儲存格是一個下拉清單，清單內容：A1:A3。

E2 儲存格：=INDIRECT(D2)

● 以 INDIRECT( ) 將內容 " 敦品勵學獎學金 " 轉換為名稱「敦品勵學獎學金」，因此
   取得 B2 儲存格的值 5,000。

實作：其他   ● ● ●

CLEAN(儲存格)：清除不可見字元

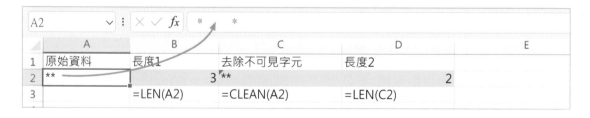

A2 儲存格：顯示「**」，編輯列中卻顯示「*   *」，* 之間有看不見的內容。

B2 儲存格運算式：=LEN(A2)，結果：3，表示 A1 儲存格資料長度為 3

C2 儲存格運算式：=CLEAN(A2)，結果顯示 "**"

D2 儲存格：=LEN(C2)，結果：2，表示不可見字元已被刪除

注意：

● CLEAN( ) 函數只能清除 ASCII 字碼表內的不可見字元。

● 其他不可見字元的清除將在：第 04 單元介紹。

RAND( )：隨機亂數

RANDBETWEEN( )：整數亂數

	F	G	H	I	J	K
1	0~1之間的：隨機小數		30~100之間的：隨機整數			
2	0.588769473		70			
3	=RAND()		=RANDBETWEEN(30,100)			

F2 儲存格：=RAND( )

● RAND( ) 函數不需要任何參數。

● 會產生一個隨機「小數」，亂數值：＞＝ 0 AND ＜1。

● 每當工作表內有任何資料異動，亂數值就會跟著產生異動。

● 一般而言，產生亂數後我們都會將此亂數值固定下來，以避免隨時亂動，採用的方法就是以「巨集」進行：複製 / 貼上（選項：123），在後續各個單元都會用到此技巧。

H2 儲存格：=RANDBETWEEN(30 ,100)

● 會產生一個隨機「整數」，隨機值：＞＝ 參數 1 AND ＜＝ 參數 2。

● 本範例就是產生一個 30~100 之間的隨機整數。

≫ 函數精靈

編輯列快速輔助

函數名稱對於英文較差的學習者的確有一定程度的障礙，但如果可以記住函數的發音，例如：VLOOKUP( ) 函數若記得 VL 開頭，在編輯列中就會出現輔助功能，舉例如下：

● 在編輯列中輸入：=VL

編輯列自動出現：VLOOKUP(、函數說明，如下圖：

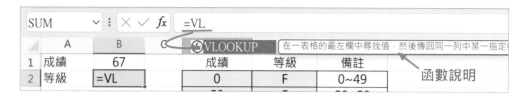

● 按下 Tab 鍵：

完整函數名稱就會被代入編輯列，並顯示出完整的參數說明，如下圖：

> **說明** 上圖參數說明的英文字看似嚇人，其實翻來覆去就是那麼幾個字，配合下一節的說明，以後你看到這幾個字就不會心慌了。

函數精靈

● 接續上個畫面，按下 F1 功能鍵後，出現如下圖的「說明」對話方塊：

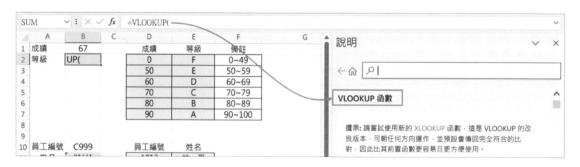

● 往下捲動說明欄
出現一段實作解說影片
如右圖：

● 再往下捲動說明欄
　出現參數說明
　如右圖：

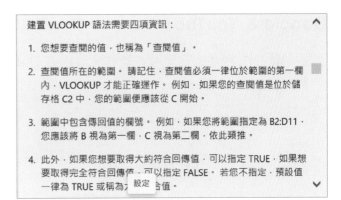

● 再往下捲動說明欄
　出現範例說明
　如右圖：

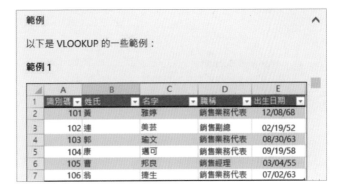

說明 看完中文參數說明後，再回頭對照英文參數名稱，幾個回合下來，這些英文參數就不是問題了。

fx

● 若是對於函數的確不熟，那就點選編輯列左側的 fx 鈕，出現如右圖對話方塊：

　　■ 選取：類別

　　■ 逐一瀏覽左側函數

　　■ 參考最下方函數說明

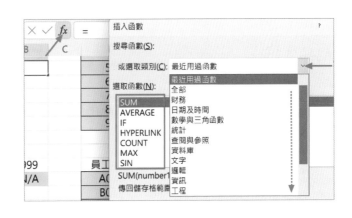

Google & YouTube

上面 3 個方法若還是不管用，筆者強烈建議 Google 或 YouTube 搜尋，將會有許多意想不到收益。

- 在 Google 搜尋器中輸入「EXCEL 查表」，顯示資料如下圖：

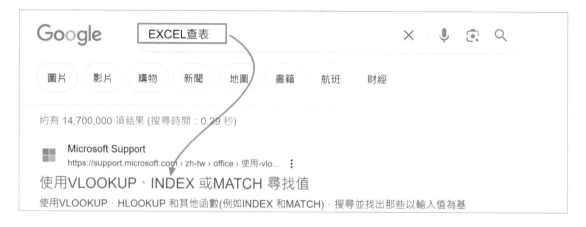

- 在 YouTube 搜尋器中輸入「EXCEL 查表」，顯示資料如下圖：

- 一篇一篇往下看，有點耐心，羅馬就一天一天地蓋出來了！

月收支表

常用工具列

合併匯算

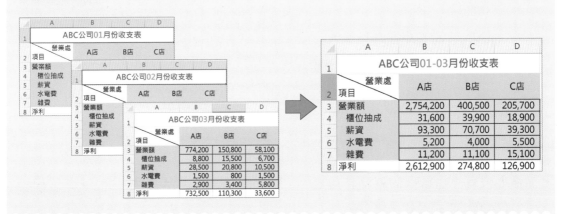

群組大綱

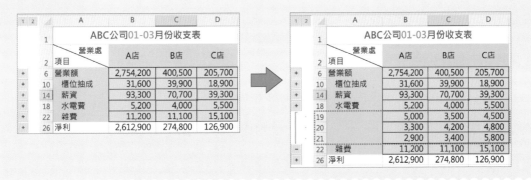

教學重點

- ☑ 輸入：文字、數字、運算式
- ☑ 同一儲存格多列資料
- ☑ 設定：儲存格
  資料格式、字體、框線、填滿
- ☑ 選取：欄、列、範圍、多範圍
- ☑ 調整：欄寬、列高
- ☑ 複製：運算式

- ☑ 顯示：運算式
- ☑ 相對位置
- ☑ 工作表：移動、複製、更改名稱
- ☑ 工作表群組：多表同步作業
- ☑ 合併匯算

實作：收支範本

》 輸入：文字資料

- 根據右圖，輸入相關資料
  - 以鍵盤輸入內容
  - 按 Enter 鍵結束儲存格輸入
  - 以上、下、左、右鍵移動位置

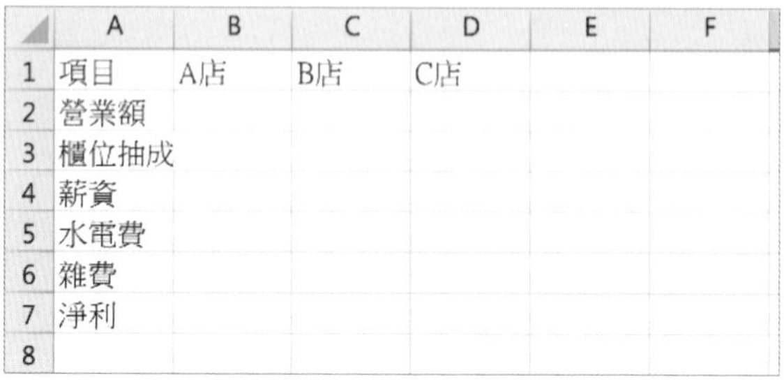

	A	B	C	D	E	F
1	項目	A店	B店	C店		
2	營業額					
3	櫃位抽成					
4	薪資					
5	水電費					
6	雜費					
7	淨利					
8						

作用儲存格

儲存格上方有綠色框框的就是作用儲存格，右圖的 A1 就是作用儲存格。

輸入資料前必須先選取作用儲存格。

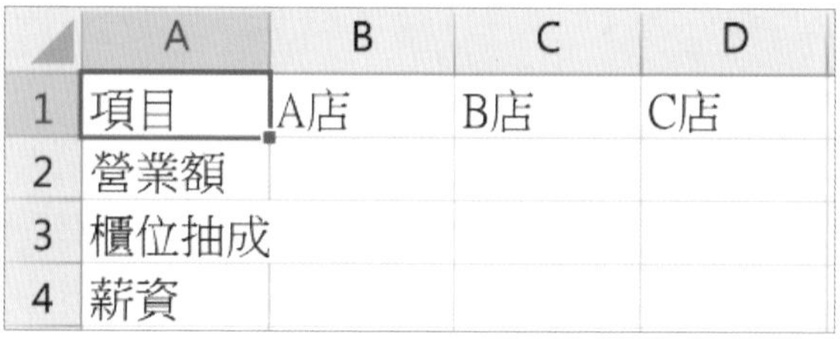

	A	B	C	D
1	項目	A店	B店	C店
2	營業額			
3	櫃位抽成			
4	薪資			

移動作用儲存格

輸入資料後按 Enter 鍵，作用儲存格往下移動。

輸入資料後，以方向鍵（← → ↑ ↓），移動作用儲存格是最方便的。

若下一個資料輸入點不相鄰，一般都以滑鼠點選儲存格。

編輯資料

● 簡短資料：重新輸入即可。

● 長資料或運算公式，編輯方式有 2 種：

　A. 在儲存格內連點 2 下，插入點進入作用儲存格即可進行編輯。

　B. 使用資料編輯列（使用滑鼠點選編輯列或按 F2 功能鍵），如下圖：

▶▶ 調整：欄位寬度

● 以滑鼠向右拖曳 A、B 欄邊界線
A 欄變寬，如右圖：

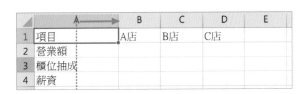

● 拖曳選取 B、C、D 欄
以滑鼠向右拖曳 B、C 欄邊界線
B、C、D 欄同時變寬且相等寬度
如右圖：

選取連續欄位

在工作表上方欄位名稱上左右拖曳即可選取連續欄位，如上方圖的：B、C、D 欄。

多欄位同時設定

選取 B、C、D 欄後，雖然只拖曳 B、C 欄邊界線，卻同時調整 B、C、D 欄位之欄寬，而且 3 個欄位的寬度相同。

≫ 設定：資料對齊方式

常用資料對齊方式有 5 種：縮排、凸
排、靠左、靠右、置中，請參考右圖
工具列：

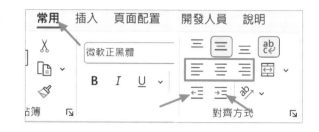

設定資料縮排

● 選取：A3:A6 範圍
　點選：常用→對齊方式→縮排
　結果如右圖：

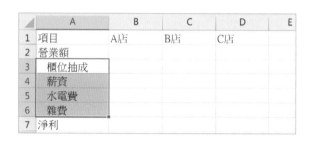

> **說明** A3:A6 範圍都是費用（減項），為了與 A2 營業額（加項）區隔，因此作「縮
> 排」設定。
>
> 強烈建議！不要以敲打空白鍵來產生「縮排」效果。

儲存格範圍

A3、A4、A5、A6 連續儲存格
我們都以儲存格範圍表示：A3:A6
表示由 A3 ～ A6 的連續儲存格
右圖所標示範圍：A10:C13

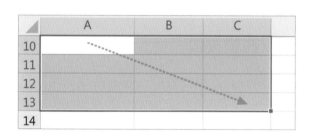

設定資料水平置中對齊

● 選取範圍：B1:D1
　點選：常用→對齊方式→水平置
　中，結果如右圖：

》》 輸入：數字資料

輸入數字資料時務必小心，少敲一個數字就起碼產生 10 倍的誤差，本範例中有許多數字包含多個 0，輸入時極容易產生錯誤，因此建議輸入數字資料前先設定「千分位」格式，以便輸入後即時檢查資料的正確性。

1. 選取：B2:D7 範圍

2. 點選：千分位鈕
   點選 2 次：減少小數位數鈕

3. 選取：B2:D6 範圍

4. 輸入：1000000，按 Enter 鍵

5. 輸入：10000，按 Enter 鍵

6. 依右圖輸入儲存格資料

	A	B	C	D
1	項目	A店	B店	C店
2	營業額	1,000,000	110,000	90,000
3	櫃位抽成	10,000	11,000	7,000
4	薪資	30,000	27,000	18,000
5	水電費	2,000	2,000	1,800
6	雜費	5,000	3,500	4,500
7	淨利			

 輸入資料前預先選取輸入範圍，每一個儲存格完成資料輸入後按 Enter 鍵，作用儲存格便會自動移動至下一個位置，移動規則：先由上而下→再由左而右，以上圖為例，B2 → … → B6 → C2 → … → C6 → D2 → … → D6 → B2。

資料格式：千分位

資料的樣子（格式）是「設定」出來的，而不是以鍵盤敲打出來的，在本範例中，所有的數字都只需要輸入 0~9 的阿拉數字，而千分位（,）是設定出來的，若在財務報表中需要在數字前方顯示 $ 也是設定出來的，後續會有更多介紹。

》》 輸入：運算公式

1. 選取：B7 儲存格

2. 輸入：「=B2-B3-B4-B5-B6」
   如右圖：

	A	B	C	D
1	項目	A店	B店	C店
2	營業額	1,000,000	110,000	90,000
3	櫃位抽成	10,000	11,000	7,000
4	薪資	30,000	27,000	18,000
5	水電費	2,000	2,000	1,800
6	雜費	5,000	3,500	4,500
7	淨利	=B2-B3-B4-B5-B6		

輸入運算式

- 運算式開頭一定是「＝」，若漏掉了「＝」開頭，輸入的資料將被視為文字。

- 運算式內儲存格位置，強烈建議以滑鼠選取，以避免輸入錯誤。

- 系統會以不同顏色標示儲存格，以協助使用者確認運算式的正確性。

≫ 複製：運算式

1. 將滑鼠置於 B7 儲存格右下角
   （滑鼠形狀呈黑色十字）

2. 向右拖曳至 D7 儲存格
   運算結果正確如右圖：

	A	B	C	D
1	項目	A店	B店	C店
2	營業額	1,000,000	110,000	90,000
3	櫃位抽成	10,000	11,000	7,000
4	薪資	30,000	27,000	18,000
5	水電費	2,000	2,000	1,800
6	雜費	5,000	3,500	4,500
7	淨利	953,000	66,500	58,700

填滿鄰近儲存格

作用儲存格右下角的小方框就是：
「填滿鄰近儲存格」

只要拖曳「它」，就可以：向上或向下
或向左或向右複製資料或運算式。

	A	B	C
6	雜費	5,000	3,500
7	淨利	953,000	66,500
8			

≫ 顯示：運算式

- 按 Ctrl + `（Esc 鍵下方）
  B7、C7、D7 儲存格內的數字被轉換為運算式，如下圖：

	A	B	C	D
1	項目	A店	B店	C店
2	營業額	1000000	110000	90000
3	櫃位抽成	10000	11000	7000
4	薪資	30000	27000	18000
5	水電費	2000	2000	1800
6	雜費	5000	3500	4500
7	淨利	=B2-B3-B4-B5-B6	=C2-C3-C4-C5-C6	=D2-D3-D4-D5-D6
8		B ⟶	C ⟶	D

相對位置

A 店淨利計算公式與 B 店、C 店淨利計算方式相同，因此應該是可以將 B7 運算式複製給 C7、D7，但如果不懂得變通，將 B7 運算「＝B2-B3-B4-B5-B6」複製到 C7 結果當然是錯誤的。

Excel 系統相當聰明：
當運算式向右複製時 → 原運算式內儲存格位置的欄位數會自動 +1（B 欄→ C 欄），這就是相對移動，因此：

上圖 C7 儲存格內運算式轉換為「＝C2-C3-C4-C5-C6」

上圖 D7 儲存格內運算式轉換為「＝D2-D3-D4-D5-D6」

複製完成的運算式就不用逐一修改儲存格位置。

- 再按一次 Ctrl + `（Esc 鍵下方）B7、C7、D7 儲存格內的運算式就被轉換為數字，如右圖。

	A	B	C	D
1	項目	A店	B店	C店
2	營業額	1,000,000	110,000	90,000
3	櫃位抽成	10,000	11,000	7,000
4	薪資	30,000	27,000	18,000
5	水電費	2,000	2,000	1,800
6	雜費	5,000	3,500	4,500
7	淨利	953,000	66,500	58,700

填滿色彩、框線基本設定

- 功能鈕：如右圖。

- 選取：B2:D6 範圍
  點選：常用→填滿顏色：淡綠
  點選：常用→框線：所有框線
  結果如右圖。

	A	B	C	D	E
1	項目	A店	B店	C店	
2	營業額	1,000,000	110,000	90,000	
3	櫃位抽成	10,000	11,000	7,000	
4	薪資	30,000	27,000	18,000	
5	水電費	2,000	2,000	1,800	
6	雜費	5,000	3,500	4,500	
7	淨利	953,000	66,500	58,700	

字體設定

- 功能鈕：如右圖。

- 選取：A1:D7 範圍
  設定字型：微軟正黑體

	A	B	C	D	E
1	項目	A店	B店	C店	
2	營業額	######	110,000	90,000	
3	櫃位抽成	10,000	11,000	7,000	
4	薪資	30,000	27,000	18,000	
5	水電費	2,000	2,000	1,800	
6	雜費	5,000	3,500	4,500	
7	淨利	953,000	66,500	58,700	

字號錯誤訊息

右上圖 B2 儲存格內顯示 # # # # # # ，表示：欄位寬度不足，無法正確顯示數字資料。

欄寬太窄處理方法

- 將欄位寬度調寬，即可正常顯示資料。

若增大欄位寬度依然無法顯示資料，請檢查儲存格運算結果是否為無窮大，也就是運算式中使用除號（/），當分母為 0 時，就會產生無窮大的情況！

≫ 調整：列高

單一儲存格的強迫分行

在工作表中，按 Enter 鍵代表「完成輸入」，作用儲存格會移動至下一格，若要在同一儲存格內產生下一列就必須按 Alt + Enter 鍵。

- 調整第 1 列列高為 2 列高
- 拖曳編輯列下邊線（2 列高）

● 選取：A1 儲存格
　輸入：營業處
　按：Alt + Enter 鍵
　輸入：項目
　按：Enter 鍵

A1	✓ : × ✓ fx	營業處 ← ALT + ENTER 項目		
	A	B	C	D
1	營業處 項目	A店	B店	C店
2	營業額	1,000,000	110,000	90,000

● 在「營業處」前方按數次空白鍵
　結果如右圖：

A1	✓ : × ✓ fx	營業處 項目		
	A	B	C	D
1	營業處 項目	A店	B店	C店
2	營業額	1,000,000	110,000	90,000

> **說明** 由於在一個儲存格內無法同時設定「營業處」靠左,「項目」靠右,因此採取土法煉鋼方式。

● 選取：常用→框線→其他框線
　選取：左上右下對角線

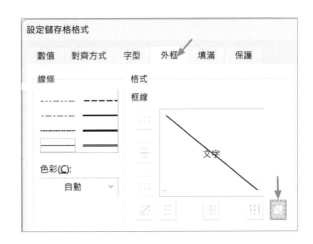

● 完成結果如右圖：

	A	B	C	D
1	＼　營業處 項目	A店	B店	C店
2	營業額	1,000,000	110,000	90,000

> **說明** 【月收支表】是每一個月都會產生一份的,因此應該是製作一份範本後,每一個月只要在新表內填入資料即可,一是提升工作效率,二是避免前後資料結構不一致,期末進行年度資料整合時將會產生大問題。

>> 更改：工作表名稱

1.　在【收支表】標籤上連點 2 下

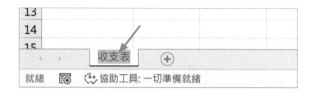

2.　輸入：一月，按 Enter 鍵
　　完成如右圖：

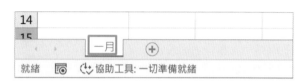

>> 複製：工作表

1.　按住 Ctrl 鍵不放
　　向右拖曳【一月】標籤

2.　將【一月 (2)】標籤更改為
　　【收支範本】

>> 移動工作表

1.　向左拖曳【收支範本】標籤
　　至【一月】左側
　　結果如右圖：

2.　刪除 B2:D6 範圍資料
　　【收支範本】完成如右圖：

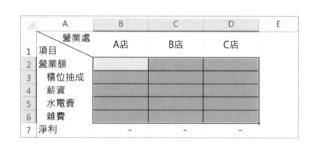

說明 以後每一個月只要複製【收支範本】，並更名為當月份即可。

≫ 同步編輯多張工作表

當我們的收支表要進行改版時，到了年底若希望改變收支表的格式或內容，並不需要逐一修改每一張工作表，「工作表群組」可以讓使用者一次施工→全部完工。

1. 點選：【收支範本】標籤

2. 按住 Ctrl 鍵不放
   點選：【一月】、【二月】、【三月】

建立工作表群組

4 個工作標籤都反白，就自動成為一個「群組」，後續編輯動作同步執行在 4 張工作表上。

多範圍選取

選取第一個範圍後，按住 Ctrl 鍵不放，就可繼續選取其他範圍。

1. 選取：A2:A6 範圍
   按住 Ctrl 鍵不放
   選取：B1:D1 範圍

2. 點選：常用→填滿色彩→黃色
   完成如右圖：

跨欄置中鈕

功能：合併儲存格 + 水平置中對齊

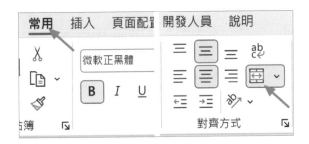

- 在第 1 列標號上按右鍵→插入

- 選取：A1:D1 範圍
  點選：跨欄置中鈕

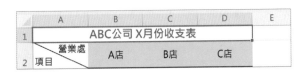

- 輸入標題，設定字體格式：微軟正黑體、14PT、粗體、藍色，如右上圖：

解除工作群組

- 點選：任一個工作表標籤（即可解除：工作表群組）
- 點選：【一月】工作表，編輯 A1 儲存格標題
- 點選：【二月】工作表，編輯 A1 儲存格標題
- 點選：【三月】工作表，編輯 A1 儲存格標題，結果如下圖：

	A	B	C	D
1	ABC公司01月份收支表			
2	項目＼營業處	A店	B店	C店
3	營業額	1,000,000	110,000	90,000
4	櫃位抽成	10,000	11,000	7,000
5	薪資	30,000	27,000	18,000
6	水電費	2,000	2,000	1,800
7	雜費	5,000	3,500	4,500
8	淨利	953,000	66,500	58,700

	A	B	C	D
1	ABC公司02月份收支表			
2	項目＼營業處	A店	B店	C店
3	營業額	980,000	139,700	57,600
4	櫃位抽成	12,800	13,400	5,200
5	薪資	34,800	22,900	10,800
6	水電費	1,700	1,200	2,200
7	雜費	3,300	4,200	4,800
8	淨利	927,400	98,000	34,600

	A	B	C	D
1	ABC公司03月份收支表			
2	項目＼營業處	A店	B店	C店
3	營業額	774,200	150,800	58,100
4	櫃位抽成	8,800	15,500	6,700
5	薪資	28,500	20,800	10,500
6	水電費	1,500	800	1,500
7	雜費	2,900	3,400	5,800
8	淨利	732,500	110,300	33,600

實作：合併匯算　● ● ●

ABC 公司應股東要求，每 3 個月必須提供季報表，我們希望將上面 3 張收支表數據加總。

≫ 建立【第一季】工作表

1. 按住 Ctrl 鍵不放
   向右拖曳【收支範本】工作表
   產生：【收支範本 (2) 】工作表

2. 更改【收支範本 (2) 】工作表
   名稱：【第一季】

3. 修改 A1 儲存格報表標題
   如右圖：

	A	B	C	D
1	ABC公司01-03份收支表			
2	項目＼營業處	A店	B店	C店
3	營業額			
4	櫃位抽成			
5	薪資			
6	水電費			
7	雜費			
8	淨利	-	-	-

說明　我們要將【一月】、【二月】、【三月】工作表數據加總後，彙整於【第一季】工作表中。

≫ 合併匯算

- 合併匯算工具列
  如右圖：

1. 點選：【第一季】工作表
2. 點選：B3 儲存格
3. 資料→合併匯算
   操作步驟如下：

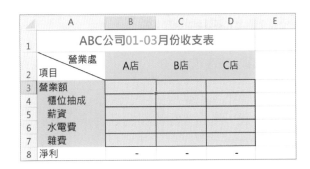

- 匯入【一月】數據

  A. 點選向上鈕↑

  B. 點選：【一月】工作表

  C. 拖曳選取：B3:D8 範圍（工作表名稱及儲存格範圍被代入「參照地址」）

  D. 點選：新增鈕（「參照地址」內容被代入「所有參照地址」）

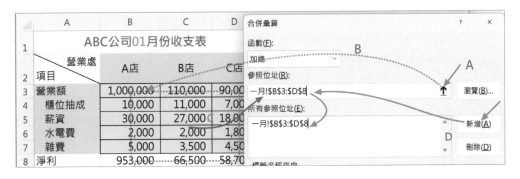

- 匯入【二月】數據：
  重複上方 A~D 步驟
  【一月】改為【二月】

- 匯入【三月】數據：
  重複上方 A~D 步驟
  【一月】改為【三月】

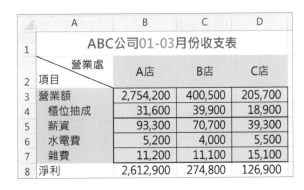

說明 上面完成的結果就是單純加總運算的結果，請參考下圖 B3 儲存格內容：

建立資料連節

1. 選取：B3 儲存格

2. 資料→合併匯算
   點選：建立來源資料的連節
   如右圖：

● 完成結果：

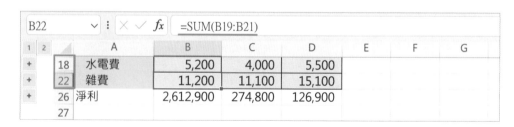

說明 工作表左側顯示「大綱層級」、「展開＋/摺疊－」鈕。

● 點選：B22 儲存格，內容為運算式「＝SUM(B19:B21)，如下圖：

		A	B	C	D	E	F	G
B22			=SUM(B19:B21)					
+	18	水電費	5,200	4,000	5,500			
+	22	雜費	11,200	11,100	15,100			
+	26	淨利	2,612,900	274,800	126,900			
	27							

說明 請注意看「列編號」，18 接著 22，表示 19:21 被隱藏了。

● 點選：22 列左方的＋
　19:21 列被展開如右圖：

1 2		A	B	C	D
+	18	水電費	5,200	4,000	5,500
	19		5,000	3,500	4,500
	20		3,300	4,200	4,800
	21		2,900	3,400	5,800
-	22	雜費	11,200	11,100	15,100
+	26	淨利	2,612,900	274,800	126,900

說明 ▶ 上圖 19:21 列就是【一月】、【二月】、【三月】的明細資料。

● 點選：22 列左方的－
　19:21 列被摺疊
　如右圖：

1 2		A	B	C	D
	1	ABC公司01-03月份收支表			
	2	營業處／項目	A店	B店	C店
+	6	營業額	2,754,200	400,500	205,700
+	10	櫃位抽成	31,600	39,900	18,900
+	14	薪資	93,300	70,700	39,300
+	18	水電費	5,200	4,000	5,500
+	22	雜費	11,200	11,100	15,100
+	26	淨利	2,612,900	274,800	126,900

● 資料→大綱→取消群組→清除大綱，完整資料呈現如下圖：

	A	B	C	D	E	F	G	H
1	ABC公司01-03月份收支表							
2	營業處／項目	A店	B店	C店				
3		1,000,000	110,000	90,000	←	一月		
4		980,000	139,700	57,600	←	二月		
5		774,200	150,800	58,100	←	三月		
6	營業額	2,754,200	400,500	205,700	←		01-03	
7		10,000	11,000	7,000	←	一月		
8		12,800	13,400	5,200	←	二月		
9		8,800	15,500	6,700	←	三月		
10	櫃位抽成	31,600	39,900	18,900	←		01-03	

說明 ▶ 有關「群組」我們將在第 11 單元做進一步說明。

meno

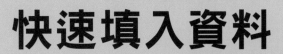

快速填入資料

快速填滿

	A	B	C	D	E	F
1	連續數字	整數遞增	小數遞增	文數字遞增	清單填滿	自訂清單
2	2000	2000	0.125%	民國100年	星期一	北區
3	2001	2004	0.250%	民國101年	星期二	中區
4	2002	2008	0.375%	民國102年	星期三	南區
5	2003	2012	0.500%	民國103年	星期四	東區
6	2004	2016	0.625%	民國104年	星期五	離島

空格填滿

	A	B	C	D	E
1	業務姓名	客戶寶號	90年交易	91年交易	92年交易
2	毛渝南	九和汽車股份有限公司	19,646,570	19,691,020	25,355,560
3		有萬貿易股份有限公司		3,991,550	10,081,750
4		羽田機械股份有限公司	29,893,350	4,461,940	2,110,080
5		漢寶農畜產企業公司	19,472,240	6,600,330	1,985,940
6	王玉治	中衛聯合開發公司	13,139,910	5,703,500	4,020,500
7		善品精機股份有限公司		28,783,200	39,523,200
8		菱生精密工業股份有限公司	30,427,920	4,264,120	3,165,120
9		達亞汽車股份有限公司	15,761,460	1,324,300	1,791,700

自動序號

	A	B	C	D	E	F	G
1	序號	客戶代號	業務姓名	產品代號	數量	交易年	交易月
2	001	A0015	吳國信	SVGAV2M	1970	88	1
3	002	A0046	張志輝	SVGAV1M	790	88	1
4	003	A0049	林玉堂	SVGAP2M	1210	88	1

教學重點

☑ 快速輸入有規則資料　　　　☑ 自動化序號

☑ 自訂清單　　　　　　　　　☑ 尋找 / 取代

☑ 填滿空格　　　　　　　　　☑ 表格

應用函數

ROW( )：第 N 列	TEXT( )：數字轉換文字

實作：填滿鄰近儲存格 ● ● ●

≫ 填入：連續的數字資料

1. 選取：A2 儲存格
   輸入：2000

2. 向下拖曳填滿至 A5 儲存格
   產生複製效果，如右圖：

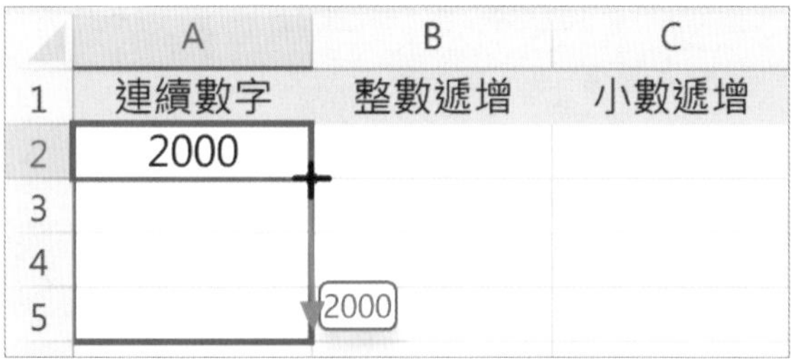

	A	B	C
1	連續數字	整數遞增	小數遞增
2	2000		
3			
4			
5	2000		

3. 再一次選取：A2 儲存格
   按住 Ctrl 鍵
   （滑鼠指標右上角出現＋）
   向下拖曳填滿至 A5 儲存格
   產生遞增填滿效果，如右圖：

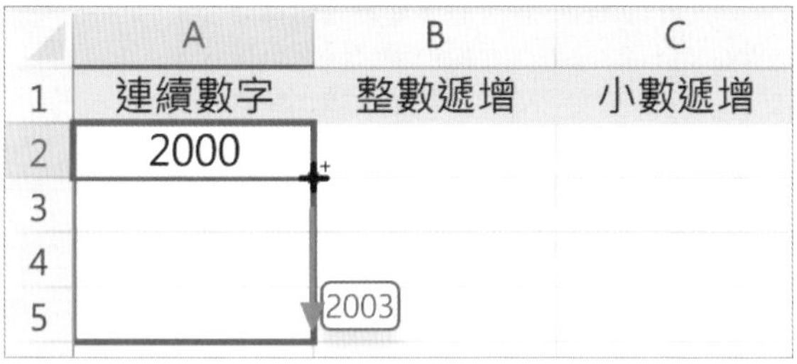

	A	B	C
1	連續數字	整數遞增	小數遞增
2	2000		
3			
4			
5	2003		

≫ 填入：遞增整數資料

1. 輸入：B2:B3 範圍資料
   如右圖：

2. 選取：B2:B3 範圍
   向下拖曳「填滿鄰近儲存格」

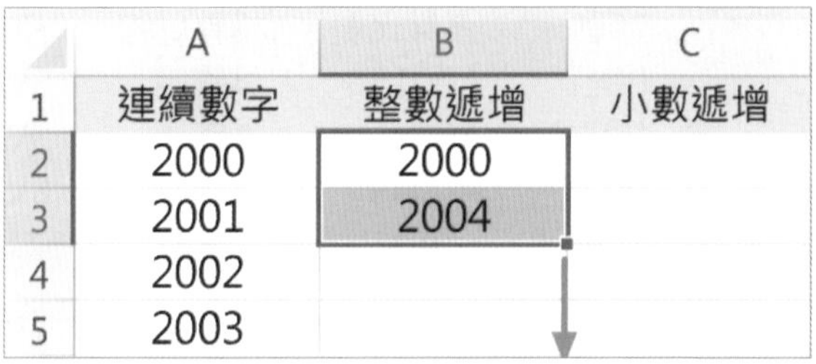

	A	B	C
1	連續數字	整數遞增	小數遞增
2	2000	2000	
3	2001	2004	
4	2002		
5	2003		

● 結果如右圖：

	A	B	C
1	連續數字	整數遞增	小數遞增
2	2000	2000	
3	2001	2004	4
4	2002	2008	4
5	2003	2012	4
6	2004	2016	4

填入：遞增小數資料

1. 選取：C 欄
   設定格式：百分比、小數 3 位

2. 輸入：C2:C3 範圍資料

3. 選取：C2:C3 範圍
   連點 2 下「填滿鄰近儲存格」
   結果如右圖：

	B	C	D
1	整數遞增	小數遞增	文數字遞增
2	2000	0.125%	
3	2004	0.250%	
4	2008	0.375%	
5	2012	0.500%	
6	2016	0.625%	

說明 當你在「填滿鄰近儲存格」上連點 2 下時，系統會檢查作用儲存格左側（B 欄）是否有資料，所果有，就會自動向下填滿至左邊欄位的最後 1 列。

填入：文數字資料

1. 選取：D2 儲存格
   輸入：民國 100 年

2. 連點 2 下「填滿鄰近儲存格」
   結果如右圖：
   （文字不變，數字遞增）

	C	D	E
1	小數遞增	文數字遞增	清單填滿
2	0.125%	民國100年	
3	0.250%	民國101年	
4	0.375%	民國102年	
5	0.500%	民國103年	

填入：清單資料

1. 選取：E2 儲存格
   輸入：星期一

2. 連點 2 下「填滿鄰近儲存格」
   結果如右圖：

	D	E	F
1	文數字遞增	清單填滿	自訂清單
2	民國100年	星期一	
3	民國101年	星期二	
4	民國102年	星期三	
5	民國103年	星期四	

自訂清單

Excel 的「自訂清單」功能內建常用資料清單，只要是清單內的資料，便可以使用快速填入功能。

● 檔案→其他→選項→進階：編輯自訂清單

上圖紅色框線內容就是系統預設的清單資料，只要是清單內的資料就可使用快速填入功能，使用者也可以新增清單內容，將在下一節介紹。

》新增：自訂清單資料

1. 選取：F2 儲存格
   輸入：北區

2. 連點 2 下「填滿鄰近儲存格」
   結果如右圖：

	E	F	G	H
1	清單	自訂清單		
2	星期一	北區		
3	星期二	北區		
4	星期三	北區		
5	星期四	北區		
6	星期五	北區		

> **說明** 「北區」並不存在於「自訂清單」中，因此填滿的效果為：「複製」。

3. 檔案→其他→選項→進階
   點選：「編輯自訂清單」鈕

4. 輸入清單內容如右圖
   點選：「新增」鈕

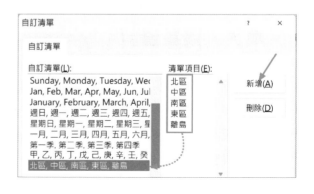

5. 再一次選取：F2 儲存格
　　連點 2 下「填滿鄰近儲存格」
　　結果如右圖：

	E	F	G
1	清單填滿	自訂清單	
2	星期一	北區	
3	星期二	中區	
4	星期三	南區	
5	星期四	東區	
6	星期五	離島	

實作：功課表

≫ 填入：節次

1. 選取：A2 儲存格
　　輸入：第 1 節

2. 向下拖曳填滿至 A9 儲存格
　　結果如右圖：

	A	B	C	D	E	F	G	H
1	星期 / 節次							
2	第1節							
3	第2節							
4	第3節							
5	第4節							
6	第5節							
7	第6節							
8	第7節							
9	第8節							

≫ 填入：星期

1. 選取：B1 儲存格
　　輸入：星期一

2. 向右拖曳填滿至 H1 儲存格
　　結果如右圖：

	A	B	C	D	E	F	G	H
1	星期 / 節次	星期一	星期二	星期三	星期四	星期五	星期六	星期日
2	第1節							
3	第2節							
4	第3節							
5	第4節							
6	第5節							
7	第6節							
8	第7節							
9	第8節							

實作：業績表

≫ 填入：季別

1. 選取：B1 儲存格
　　輸入：第一季

2. 向右填滿至 E1 儲存格
　　如右圖：

	A	B	C	D	E
1	區域	第一季	第二季	第三季	第四季
2		9,200	6,800	9,100	6,500
3		6,700	7,800	9,500	9,900
4		8,900	8,400	8,000	8,000
5		9,700	6,700	6,200	8,800
6		7,100	8,300	9,800	9,000

≫ 填入：區域

1. 選取：A2 儲存格
   輸入：北區

2. 選取：A2 儲存格
   向下填滿至 A6 儲存格
   如右圖：

	A	B	C	D	E
1	區域	第一季	第二季	第三季	第四季
2	北區	9,200	6,800	9,100	6,500
3	中區	6,700	7,800	9,500	9,900
4	南區	8,900	8,400	8,000	8,000
5	東區	9,700	6,700	6,200	8,800
6	離島	7,100	8,300	9,800	9,000

實作：填滿空格

≫ 空白儲存格快速填入

	A	B	C	D	E
1	業務姓名	客戶寶號	90年交易	91年交易	92年交易
2	毛渝南	九和汽車股份有限公司	19,646,570	19,691,020	25,355,560
3		有萬貿易股份有限公司		3,991,550	10,081,750
4		羽田機械股份有限公司	29,893,350	4,461,940	2,110,080
5		漢寶農畜產企業公司	19,472,240	0 6,600,330	1,985,940
6	王玉治	中衛聯合開發公司	13,139,910	5,703,500	4,020,500
7		善品精機股份有限公司		28,783,200	39,523,200
8		菱生精密工業股份有限公司	30,427,920	4,264,120	3,165,120
9		達亞汽車股份有限公司	15,761,460	1,324,300	1,791,700

> **說明** 上面工作表中，淡綠色儲存格都希望被填入資料：
>
> A 欄：A2:A5 填入空格上方的「毛渝南」，若使用「拖曳填滿」必須花費大量時間。
>
> B、C、D 欄：填入 0，一一輸入不僅費時更容易產生資料誤植的問題。

1. 選取：A 欄

2. 按 Ctrl + G（或 F5 功能鍵）
   點選：特殊鈕
   點選：空格

3. 游標跳至 A3 空格上

    輸入：＝

    點選：A2

    按 Ctrl ＋ Enter 鍵

A2		:	× ✓ fx	=A2

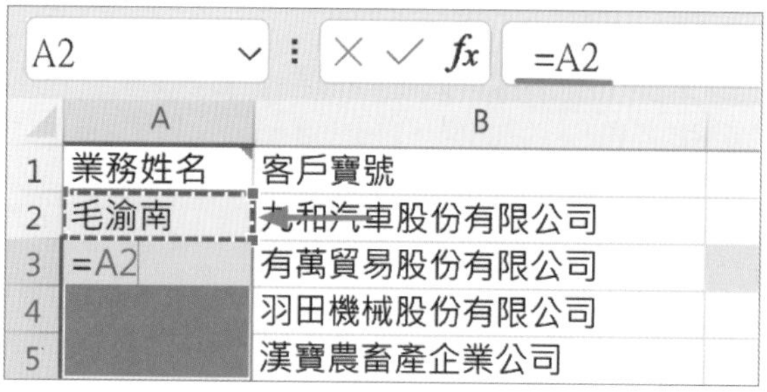

	A	B
1	業務姓名	客戶寶號
2	毛渝南	九和汽車股份有限公司
3	=A2	有萬貿易股份有限公司
4		羽田機械股份有限公司
5		漢寶農畜產企業公司

● 成功填入資料

   如右圖：

	A	B	C
1	業務姓名	客戶寶號	90年交易
2	毛渝南	九和汽車股份有限公司	19,646,570
3	毛渝南	有萬貿易股份有限公司	
4	毛渝南	羽田機械股份有限公司	29,893,350
5	毛渝南	漢寶農畜產企業公司	19,472,240
6	王玉治	中衛聯合開發公司	13,139,910
7	王玉治	善品精機股份有限公司	
8	王玉治	菱生精密工業股份有限公司	30,427,920
9	王玉治	達亞汽車股份有限公司	15,761,460

4. 選取：C:E 欄

5. 按 Ctrl ＋ G（或 F5 功能鍵）

    點選：特殊鈕，點選：空格

6. 游標跳至 C3 空格上，輸入：0

7. 按 Ctrl ＋ Enter 鍵

    成功填入資料

    如右圖：

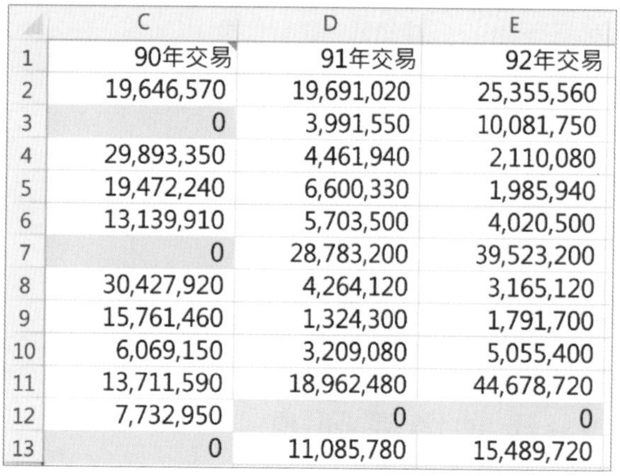

	C	D	E
1	90年交易	91年交易	92年交易
2	19,646,570	19,691,020	25,355,560
3	0	3,991,550	10,081,750
4	29,893,350	4,461,940	2,110,080
5	19,472,240	6,600,330	1,985,940
6	13,139,910	5,703,500	4,020,500
7	0	28,783,200	39,523,200
8	30,427,920	4,264,120	3,165,120
9	15,761,460	1,324,300	1,791,700
10	6,069,150	3,209,080	5,055,400
11	13,711,590	18,962,480	44,678,720
12	7,732,950	0	0
13	0	11,085,780	15,489,720

》 快速清空：淡綠色儲存格內容

1. 選取：A1 儲存格

2. 常用→編輯→取代，設定如下圖：

    ■ 尋找目標：保持淨空、取代成：保持淨空

    ■ 點選：尋找目標格式鈕→選取：淡綠色

    ■ 點選：全部取代鈕

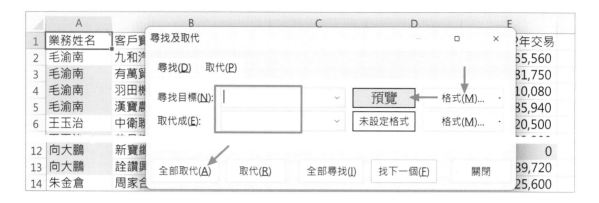

● 完成結果，如下圖：

	A	B	C	D	E
1	業務姓名	客戶寶號	90年交易	91年交易	92年交易
2	毛渝南	九和汽車股份有限公司	19,646,570	19,691,020	25,355,560
3		有萬貿易股份有限公司		3,991,550	10,081,750
4		羽田機械股份有限公司	29,893,350	4,461,940	2,110,080
5		漢寶農畜產企業公司	19,472,240	6,600,330	1,985,940
6	王玉治	中衛聯合開發公司	13,139,910	5,703,500	4,020,500
7		善品精機股份有限公司		28,783,200	39,523,200
8		菱生精密工業股份有限公司	30,427,920	4,264,120	3,165,120
9		達亞汽車股份有限公司	15,761,460	1,324,300	1,791,700

實作：自動列號　●●●

》 手動填滿列號

1. 選取：A2 儲存格，輸入：'001（文字）

2. 向下填滿，結果如下圖：

	A	B	C	D	E	F	G
1	序號	客戶代號	業務姓名	產品代號	數量	交易年	交易月
2	001	⚠ 015	吳國信	SVGAV2M	1970	88	1
3	002	A0046	張志輝	SVGAV1M	790	88	1
4	003	A0049	林玉堂	SVGAP2M	1210	88	1
5	004	A0050	林鳳春	SCSIPB	1120	88	1

說明　假設第 4 列資料被刪除了，如下圖：

	A	B	C	D	E	F	G	H
1	序號	客戶代號	業務姓名	產品代號	數量	交易年	交易月	
2	001	A0015	吳國信	SVGAV2M	1970	88	1	
3	⚠ 2	A0046	張志輝	SVGAV1M	790	88	1	
4	003	A0049	林玉堂	SVGAP2M	1210	88	1	
5	004	A0050	林鳳春	SCSIPB	1120	88	1	
6	005	A0053	林鵬翔	EIDE2RP	1700	88	2	

序號將產生不連續的情況，因為我們填入的資料是「固定」的，不會自動更新。

≫ ROW() 函數填滿列號

1. 選取：A2 儲存格，輸入：=ROW()，結果顯示如下圖：

A2		⨉ ✓ fx	=ROW()					
	A	B	C	D	E	F	G	H
1	序號	客戶代號	業務姓名	產品代號	數量	交易年	交易月	
2	2	A0015	吳國信	SVGAV2M	1970	88	1	
3		A0046	張志輝	SVGAV1M	790	88	1	
4		A0049	林玉堂	SVGAP2M	1210	88	1	

說明　不提供參數的狀態下，系統便以目前作用儲存格（A2）作為參數，因此得到 2（第 2 列），我們希望編號由 1 開始。

2. 選取：A2 儲存格，輸入：=ROW(A1)，結果顯示如下圖：

A2		⨉ ✓ fx	=ROW(A1)					
	A	B	C	D	E	F	G	H
1	序號	客戶代號	業務姓名	產品代號	數量	交易年	交易月	
2	1	A0015	吳國信	SVGAV2M	1970	88	1	
3		A0046	張志輝	SVGAV1M	790	88	1	
4		A0049	林玉堂	SVGAP2M	1210	88	1	

說明　我們希望編號是 3 碼，不足 3 位的左邊補 0，例如：001，因此必須把數字 1 轉換為文字 001，因此使用 TEXT( ) 函數。

3. 選取：A2 儲存格，輸入運算式如下圖：

| A2 | ⌄ | ⋮ | ✕ ✓ | *fx* | =TEXT(ROW(A1), "000") |

	A	B	C	D	E	F	G	H
1	序號	客戶代號	業務姓名	產品代號	數量	交易年	交易月	
2	001	A0015	吳國信	SVGAV2M	1970	88	1	
3		A0046	張志輝	SVGAV1M	790	88	1	
4		A0049	林玉堂	SVGAP2M	1210	88	1	

說明 日常作業中單一函數所能解決的問題十分有限，多數都必須同時使用多個函數，以本範例而言，就是先使用 ROW( ) 函數取得列數，再以 TEXT( ) 函數將列數轉位為 3 碼流水號。

4. 選取：A2 儲存格
向下填滿
結果如右圖：

	A	B	C	D
1	序號	客戶代號	業務姓名	產品代號
2	001	A0015	吳國信	SVGAV2M
3	002	A0046	張志輝	SVGAV1M
4	003	A0049	林玉堂	SVGAP2M
5	004	A0050	林鳳春	SCSIPB
6	005	A0053	林鵬翔	EIDE2RP
7	006	A0055	陳雅賢	MB486V3R3

說明 當資料列有刪除或插入的情況發生時，流水號會自動更新。

記得！快捷鍵的操作雖然簡單、方便，但卻是半自動，一旦資料更新，就必須手動再執行一遍，浪費時間是「小事」，忘了更新資料產生錯誤才是「大事」。

》 「表格」自動化

「表格」在 Excel 系統中有特殊的意義，以本範例而言，A1:G252 是一份資料、是一個範圍，當我要往下繼續輸入交易資料時，A 欄的序號便必須再次手動操作或輸入，但如果將 A1:G252 宣告為一個「表格」，A 欄的序號就可藉由函數自動產生。

1. 選取：A2 儲存格

2. 插入→表格（選取：我的表格有標題），如下圖：

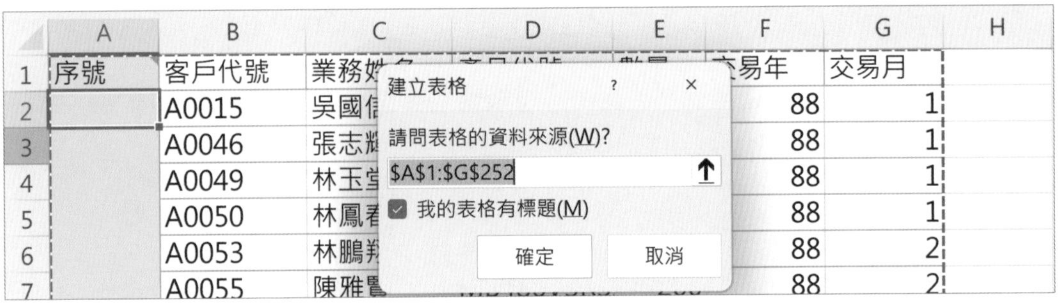

	A	B	C	D	E	F	G	H
1	序號	客戶代號	業務姓名	產品代號	數量	交易年	交易月	
2		A0015	吳國信				88	1
3		A0046	張志輝				88	1
4		A0049	林玉堂				88	1
5		A0050	林鳳春				88	1
6		A0053	林鵬翔				88	2
7		A0055	陳雅慧				88	2

建立表格　　　?　×

請問表格的資料來源(W)?

$A$1:$G$252

☑ 我的表格有標題(M)

確定　　取消

● 完成結果，如下圖：

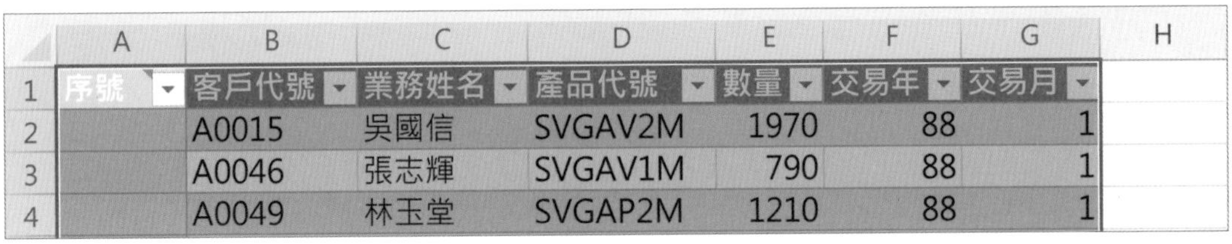

	A	B	C	D	E	F	G	H
1	序號 ▼	客戶代號 ▼	業務姓名 ▼	產品代號 ▼	數量 ▼	交易年 ▼	交易月 ▼	
2		A0015	吳國信	SVGAV2M	1970	88	1	
3		A0046	張志輝	SVGAV1M	790	88	1	
4		A0049	林玉堂	SVGAP2M	1210	88	1	

> **說明** 每一個標題名稱的右側多了下拉方塊，整個表格被套入色彩樣式。

3. 選取：A2 儲存格，輸入運算式，如下圖：

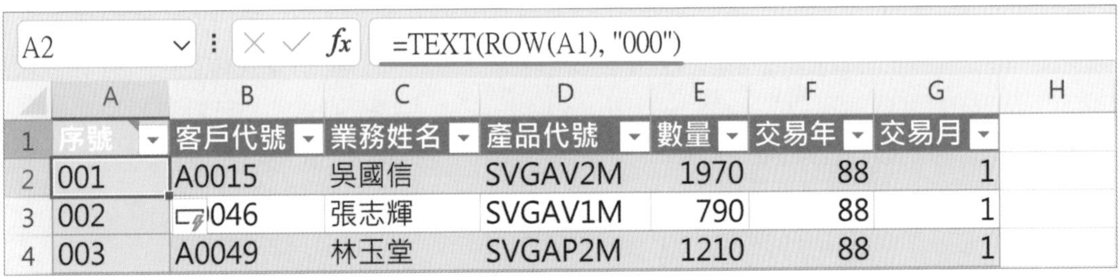

A2　　　⌄ ⋮ ✕ ✓ *fx*　=TEXT(ROW(A1), "000")

	A	B	C	D	E	F	G	H
1	序號 ▼	客戶代號 ▼	業務姓名 ▼	產品代號 ▼	數量 ▼	交易年 ▼	交易月 ▼	
2	001	A0015	吳國信	SVGAV2M	1970	88	1	
3	002	⌐ᵠ046	張志輝	SVGAV1M	790	88	1	
4	003	A0049	林玉堂	SVGAP2M	1210	88	1	

> **說明** A 欄序號自動填滿，不需要向下拖曳。

4. 向下捲動至 252 列，選取：G252 儲存格（交易月）

按 Tab 鍵，253 列的序號（252）自動產生，如下圖：

	序號 ▼	客戶代號 ▼	業務姓名 ▼	產品代號 ▼	數量 ▼	交易年 ▼	交易月 ▼	H
251	250	A0013	吳國信	MB586E7R1(	450	90	12	
252	251	A0060	陳曉蘭	SVGAV2M	670	90	12	TAB
253	252							
254								

「表格」的範圍自動擴大為 A1:G253。

在「表格」中，使用函數產生的「有規則」資料，會自動填滿，不需要手動填滿。

>> 解除「表格」

將「表格」恢復為一般範圍儲存格，
方法如下：

- 表格設計→轉換為範圍
  如右圖：

- 結果如下圖：

	A	B	C	D	E	F	G	H	I
1	序號	客戶代號	業務姓名	產品代號	數量	交易年	交易月		
2	001	A0015	吳國信	SVGAV2M	1970	88	1		
3	002	A0046	張志輝	SVGAV1M	790	88	1		
4	003	A0049	林玉堂	SVGAP2M	1210	88	1		
5	004	A0050	林鳳春	SCSIPB	1120	88	1		

 表格的邊界線不見了，第 1 列欄位名稱右邊的下拉鈕消失了，最重要的是「表格」的各種功能沒有了。

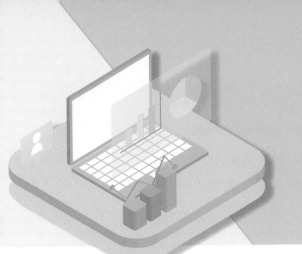

拆解資料

資料剖析

	A	B
1	姓名,班級座號,出生年月日,身分證號碼,住址,電話	
2	武嶍嶍,10101,30730,C131410290,台中市龍井區通明街53巷7 號,02-26811212	
3	邵欣瑜,10102,30729,C223450309,台中市豐原區國安路30巷6 號1F,06-61801681	
4	邱惠朗,10103,30694,C198765316,台中市霧峰區深澳坑路13-1號,03-34224499	

	A	B	C	D	E	F	G
1	姓名	班級座號	出生年月日	身分證號碼	住址	電話	
2	武嶍嶍	10101	1984/02/18	C131410290	台中市龍井區通明街53巷7 號	02-26811212	
3	邵欣瑜	10102	1984/02/17	C223450309	台中市豐原區國安路30巷6 號1F	06-61801681	
4	邱惠朗	10103	1984/01/13	C198765316	台中市霧峰區深澳坑路13-1號	03-34224499	

智慧拆解

	A	B	C	D	I	J	K	L	M	N	O
1	姓名	姓	名		出生年月日	年	月	日		身分證號碼	個資
2	武嶍嶍	武	嶍嶍		1984/2/18	1984	2	18		C131410290	C1*****290
3	邵欣瑜	邵	欣瑜		1984/2/17	1984	2	17		C223450309	C2*****309
4	邱惠朗	邱	惠朗		1984/1/13	1984	1	13		C198765316	C1*****316

擷取數字資料

	A	B	D	E	F	G	H	I
1	原始資料	擷取數字	加上負號					
2	零用金共計20000元	20000	20000					
3	預支-1001元	1001	-1001					
4	維修費共計1002元	1002	1002					

📺 教學重點

☑ 不可見字元處理　　　　　　☑ 局部資料智慧拆解

☑ 資料剖析　　　　　　　　　☑ 條件判斷

☑ 自訂格式　　　　　　　　　☑ 擷取數字內容

π 應用函數

CLEAN( )：清除不可見 ASCII CODE　　FIND( )：搜尋內容

LEFT( )：左字串　　　　　　　　　　IF( )：條件式

RIGHT( )：右字串　　　　　　　　　ISERROR( )：通用錯誤判斷

LEN( )：資料長度

實作：看不見的資料　　　● ● ●

》 ASCII 碼不可見字元

當我們由 WORD 文件或是網頁上複製資料到 Excel 工作表時，常會產生一些「不可見字元」，例如：

Char (9)：定位點符號
Char (10)：分行符號
Char (13)：段落符號

這些都是 ASCII 碼，如右圖：

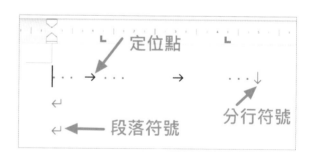

1. 點選：A2 儲存格

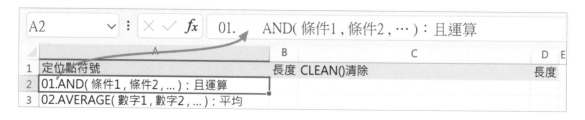

> **說明** 在 A2 儲存格內我們看到前三個字 "01."，後面就接著 "AND"，請仔細對照編輯列，"AND" 前方居然有一個大大的空白，這個大大的空白其實是「定位點」符號，但它在 Excel 是看不見的。

2. 選取：B2 儲存格，輸入運算式並向下填滿，如下圖：

	B2		✕ ✓ *fx*	=LEN(A2)		
	A		B	C		D E
1	定位點符號		長度	CLEAN()清除		長度
2	01.AND(條件1 , 條件2 , …) : 且運算		28			
3	02.AVERAGE(數字1 , 數字2 , …) : 平均		31			
4	04.COLUMN(儲存格) : 欄數		20			

3. 選取：C2 儲存格，輸入運算式，向下填滿，如下圖：

	C2		✕ ✓ *fx*	=CLEAN(A2)		
	A		B	C		D E
1	定位點符號		長度	CLEAN()清除		長度
2	01.AND(條件1 , 條件2 , …) : 且運算		28	01.AND(條件1 , 條件2 , …) : 且運算		
3	02.AVERAGE(數字1 , 數字2 , …) : 平均		31	02.AVERAGE(數字1 , 數字2 , …) : 平均		
4	04.COLUMN(儲存格) : 欄數		20	04.COLUMN(儲存格) : 欄數		

4. 選取：D2 儲存格，輸入運算式，向下填滿，如下圖：

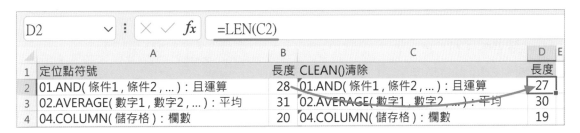

	D2		✕ ✓ *fx*	=LEN(C2)		
	A		B	C		D E
1	定位點符號		長度	CLEAN()清除		長度
2	01.AND(條件1 , 條件2 , …) : 且運算		28	01.AND(條件1 , 條件2 , …) : 且運算		27
3	02.AVERAGE(數字1 , 數字2 , …) : 平均		31	02.AVERAGE(數字1 , 數字2 , …) : 平均		30
4	04.COLUMN(儲存格) : 欄數		20	04.COLUMN(儲存格) : 欄數		19

> **說明** CLEAN( ) 函數清除了 A2 儲存格資料中的「定位點符號」，因此資料長度由 28 變成 27。

≫ 非 ASCII 碼不可見字元

有些不可見字元並不屬於 ASCII 碼（美國國家標準碼），此時就無法以 CLEAN( ) 函數清除，因此我們介紹另一個清除的方法。

1. 選取：F2 儲存格，如下圖：

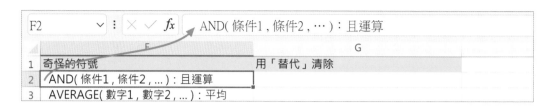

> **說明** 仔細觀察 F2 儲存格，可以看到 "AND" 前方有一小小的空白間隙，再看看編輯
> 列就可清楚看見大大的空白，但這個大大的空白不是「定位點」符號，因此使
> 用 CLEAN( ) 函數無法清除。

2. 複製 F2:F18 範圍，貼至 G2 儲存格

3. 選取：G2 儲存格

4. 以滑鼠拖曳選取 "AND" 前方的不可見字元，按複製鈕，如下圖：

5. 選取：G 欄，常用→編輯→取代
    尋找目標：按 Ctrl +V
    取代成：(保持淨空)
    點選：全部取代鈕

-   完成結果如下圖：

> **說明** AND 左側的空白間隙消失了。

實作：資料剖析　● ● ● ●

》 將有規則的資料進行拆解

1.　點選：A 欄

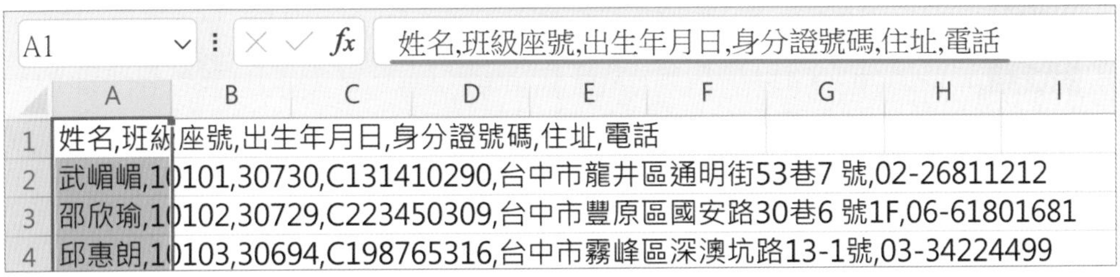

A1	∨	⋮	× ✓ fx	姓名,班級座號,出生年月日,身分證號碼,住址,電話				
	A	B	C	D	E	F	G	H	I
1	姓名,班級座號,出生年月日,身分證號碼,住址,電話							
2	武崤嵋,10101,30730,C131410290,台中市龍井區通明街53巷7 號,02-26811212							
3	邵欣瑜,10102,30729,C223450309,台中市豐原區國安路30巷6 號1F,06-61801681							
4	邱惠朗,10103,30694,C198765316,台中市霧峰區深澳坑路13-1號,03-34224499							

> **說明**　看著儲存格會以為資料散佈在 A:I 欄，仔細看編輯列，其實所有資料都在 A 欄，因為 B:I 欄沒有資料，因此借給 A 欄顯示。

2.　複製【文字資料】工作表 A 欄資料，貼至：【資料剖析】工作表 A1 儲存格
　　調整 A 欄欄寬，如下圖：

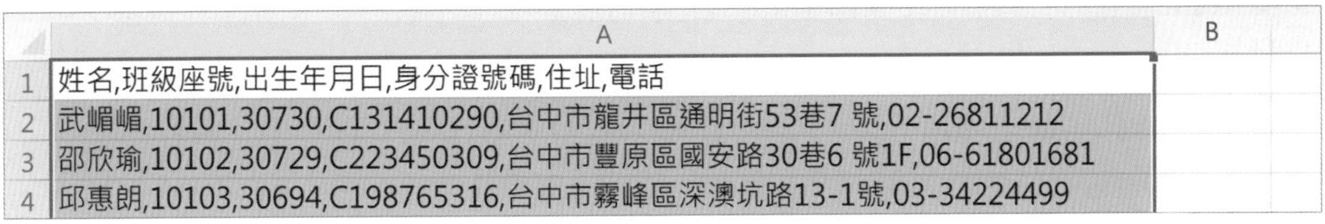

	A	B
1	姓名,班級座號,出生年月日,身分證號碼,住址,電話	
2	武崤嵋,10101,30730,C131410290,台中市龍井區通明街53巷7 號,02-26811212	
3	邵欣瑜,10102,30729,C223450309,台中市豐原區國安路30巷6 號1F,06-61801681	
4	邱惠朗,10103,30694,C198765316,台中市霧峰區深澳坑路13-1號,03-34224499	

3.　資料→資料剖析
　　步驟 3 之 1：
　　選取：分隔符號
　　點選：下一步鈕

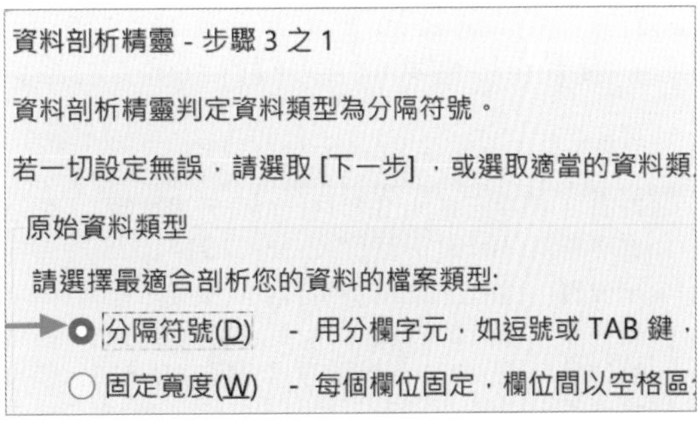

資料剖析精靈 - 步驟 3 之 1

資料剖析精靈判定資料類型為分隔符號。

若一切設定無誤，請選取 [下一步]，或選取適當的資料類

原始資料類型

請選擇最適合剖析您的資料的檔案類型：

→ ● 分隔符號(D)　- 用分欄字元，如逗號或 TAB 鍵，

○ 固定寬度(W)　- 每個欄位固定，欄位間以空格區

4.　步驟 3 之 2：
　　選取：逗點
　　點選：下一步鈕

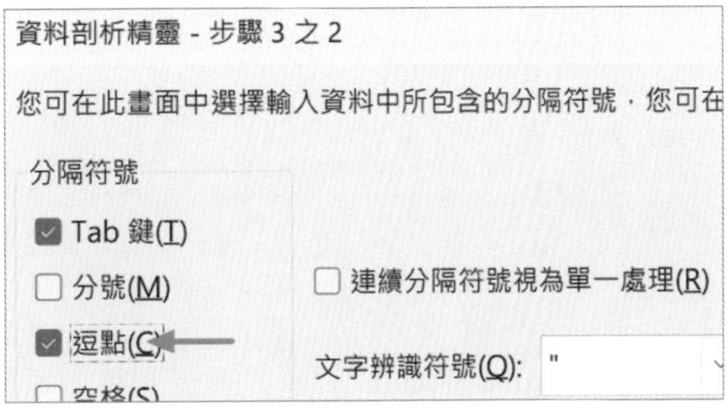

資料剖析精靈 - 步驟 3 之 2

您可在此畫面中選擇輸入資料中所包含的分隔符號，您可在

分隔符號

☑ Tab 鍵(T)

☐ 分號(M)　　　　　　☐ 連續分隔符號視為單一處理(R)

☑ 逗點(C)　←　　　　文字辨識符號(Q): "

☐ 空格(S)

5. 步驟 3 之 3 → 點選：完成鈕

■ 資料完成拆解，如下圖：

	A	B	C	D	E	F	G
1	姓名	班級座號	出生年月	身分證號	住址	電話	
2	武嵋嵋		10101	30730	C13141C	台中市龍	02-26811212
3	邵欣瑜		10102	30729	C22345C	台中市豐	06-61801681
4	邱惠朗		10103	30694	C198765	台中市霧	03-34224499

6. 選取：A:F 欄，在任一欄邊界線上連點 2 下，欄寬調整如下圖：

	A	B	C	D	E	F	G
1	姓名	班級座號	出生年月日	身分證號碼	住址	電話	
2	武嵋嵋	10101	30730	C131410290	台中市龍井區通明街53巷7 號	02-26811212	
3	邵欣瑜	10102	30729	C223450309	台中市豐原區國安路30巷6 號1F	06-61801681	
4	邱惠朗	10103	30694	C198765316	台中市霧峰區深澳坑路13-1號	03-34224499	

> **說明** C 欄（出生年月日）顯示的是「數字」而非日期，其實上面的資料剖析精靈還可進行每一個欄位的資料格式設定，但筆者習慣由功能表進行後續資料格式設定作業。

7. 選取：C 欄，常用→數值→日期，選取：類型第 1 項，結果如下圖：

	A	B	C	D	E	F	G
1	姓名	班級座號	出生年月日	身分證號碼	住址	電話	
2	武嵋嵋	10101	1984/2/18	C131410290	台中市龍井區通明街53巷7 號	02-26811212	
6	侯保貴	10105	1985/2/9	F156395337	南投縣水里鄉十三層路45號	02-39940799	
7	姜陵贏	10106	1983/10/23	F135682346	台中市大安區259巷38號4F	03-30515895	
8	姚樺軒	10107	1984/7/14	F161803355	南投縣信義鄉水源路二段184巷7號	02-66504274	
9	段雅惠	10108	1983/11/14	C269474361	台中市大肚區明德2路1巷111號2F	02-34587046	

> **說明** 日期中「月」、「日」呈現不規則，有 1 碼、2 碼。

8. 常用→數值→自訂
　設定類型如右圖：

說明 yyyy/mm/dd：4 位數「年」、2 位數「月」2 位數「日」，以 "/" 作為分隔符號。

■ 結果如下圖：

	A	B	C	D	E	F	G
1	姓名	班級座號	出生年月日	身分證號碼	住址	電話	
5	金惠粵	10104	1984/02/11	C185149325	台中市大甲區中華路69巷52號	03-30917871	
6	侯保貴	10105	1985/02/09	F156395337	南投縣水里鄉十三層路45號	02-39940799	
7	姜陵贏	10106	1983/10/23	F135682346	台中市大安區259巷38號4F	03-30515895	
8	姚樺軒	10107	1984/07/14	F161803355	南投縣信義鄉水源路二段184巷7號	02-66504274	

實作：智慧拆解 ● ● ●

》拆解：姓名資料

1. 選取：B2 儲存格
　輸入：武（A2 儲存格第 1 個字）

	A	B	C	D	E	F	G
1	姓名	姓	名		班級座號	班級	座號
2	武嵋嵋	武			10101		
3	邵欣瑜				10102		
4	邱惠朗				10103		
5	金惠粵				10104		

2. 按 Ctrl + E 鍵
　B2 儲存格以下全部自動填滿
　（根據 A 欄姓名第 1 個字）

	A	B	C	D	E	F	G
1	姓名	姓	名		班級座號	班級	座號
2	武嵋嵋	武			10101		
3	邵欣瑜	邵			10102		
4	邱惠朗	邱			10103		
5	金惠粵	金			10104		

說明　上面範例中：
A 欄（姓名）資料都是 3 個字
「武」相對於 A2 就是第 1 個字
這就是系統自動填入規則。

資料→資料工具→快速填入
（快捷鍵：Ctrl + E）

3.　選取：C2 儲存格
　　輸入：嵋嵋（A2 儲存格第 2~3 字）

4.　按 Ctrl + E 鍵
　　C2 儲存格以下全部自動填滿
　　（根據 A 欄資料第 2~3 字）

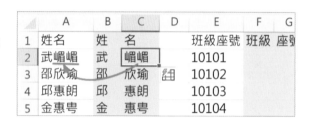

說明　上面範例中所有姓名都是相同長度 3 個字，若遇到 2 個字（單名）或 4 個字
（複姓），上方的簡易規則就會產生疑難雜症，我們最後一節再以其他範例進
行說明。

替代解決方案：
LEFT( )：取出左邊字串、RIGHT( )：取出右邊字串。

≫ 拆解：「文」數字

1.　選取：F2 儲存格
　　輸入：101（E2 儲存格左 3 碼）

	E	F	G	H		I	J
1	班級座號	班級	座號			出生年月日	年
2	10101	101				1984/2/18	
3	10102	101				1984/2/17	
100	10312	103				1983/12/1	
101	10313	103				1983/5/16	

2.　按 Ctrl + E 鍵
　　F2 儲存格以下全部填滿
　　（根據 E 欄左 3 碼）

說明　請注意！E 欄資料靠左是「文字」資料，F 欄資料靠右是「數字」資料！

3. 選取：G2 儲存格
    輸入：01（E2 儲存格右 2 碼）

	E	F	G	H		I	J
1	班級座號	班級	座號			出生年月日	年
2	10101	101	1			1984/2/18	
3	10102	101	1			1984/2/17	
100	10312	103	1			1983/12/1	
101	10313	103	1			1983/5/16	

4. 按 Ctrl + E 鍵
    C2 儲存格以下全部填入：1
    錯誤如右圖：

> **說明** 儲存格原始資料設定為「通用格式」，若是輸入阿拉伯數字，則資料屬性為數字，數字的開頭若是 0，0 將會被省略，因此輸入 01 便被省略為數字 1。
>
> 數字 1 就是儲存格 E2 的左邊第 1 個字，因此所有儲存格都被填入 1。

5. 選取：G 欄
    常用→數值：文字

	E	F	G	H		I	J
1	班級座號	班級	座號			出生年月日	年
2	10101	⚠1	01			1984/2/18	
3	10102	101	01			1984/2/17	
100	10312	103	03			1983/12/1	
101	10313	103	03			1983/5/16	

6. 選取：G2 儲存格
    輸入：01、按 Ctrl + E
    產生錯誤果如右圖：

> **說明** 在 G2 儲存格輸入 01，系統誤以為是要抓取 E2 的第 2~3 碼，因此產生錯誤。
>
> 若在 G3 儲存格輸入 02，就很明確是 E2 的右邊 2 碼。

7. 選取：G3 儲存格
    輸入：02、按 Ctrl + E
    結果正確，如右圖：

	E	F	G	H		I	J
1	班級座號	班級	座號			出生年月日	年
2	10101	101	01			1984/2/18	
3	10102	⚠1	02			1984/2/17	
100	10312	103	12			1983/12/1	
101	10313	103	13			1983/5/16	

》 取出：年、月、日

1. 選取：J2 儲存格
    輸入：1984，按 Ctrl + E 鍵

	I	J	K	L	M	N
1	出生年月日	年	月	日		身分證號碼
2	1984/2/18	1984				C1314102
3	1984/2/17	1984				C2234503
7	1983/10/23	1983				F1356823
8	1984/7/14	1984				F1618033

2. 選取：K2 儲存格

   輸入：2，按 Ctrl + E 鍵

	I	J	K	L	M	N
1	出生年月日	年	月	日		身分證號碼
2	1984/2/18	1984	2			C13141029
3	1984/2/17	1984	2			C22345030
7	1983/10/23	1983	10			F13568234
8	1984/7/14	1984	7			F16180335

3. 選取：L2 儲存格

   輸入：18，按 Ctrl + E 鍵

	I	J	K	L	M	N
1	出生年月日	年	月	日		身分證號碼
2	1984/2/18	1984	2	18		C13141029
3	1984/2/17	1984	2	17		C22345030
7	1983/10/23	1983	10	23		F13568234
8	1984/7/14	1984	7	14		F16180335

≫ 個資保護

1. 選取：O2 儲存格

2. 輸入：C1*****290

   按 Ctrl + E 鍵

	N	O	P
1	身分證號碼	個資	住址
2	C131410290	C1*****290	台中市
3	C223450309	C2*****309	台中市
7	F135682346	F1*****346	台中市
8	F161803355	F1*****355	南投縣

說明 "*****"：以 5 個「*」取代原有資料，也可以是 "○○○○○"。

≫ 分解地址

1. 選取：R2 儲存格，輸入：台中市，按 Ctrl + E 鍵

2. 選取：S2 儲存格，輸入：龍井區，按 Ctrl + E 鍵

	Q	R	S	T	U	V	W
1	住址	縣市	區		電話	電話	
2	台中市龍井區通明街53巷7 號	台中市	龍井區		02-26811212		
3	台中市豐原區國安路30巷6 號1F	台中市	豐原區		06-61801681		
7	台中市大安區259巷38號4F	台中市	大安區		03-30515895		

≫ 區域碼加 ()

1. 選取：V2 儲存格

2. 輸入：(02)-26811212

   按 Ctrl + E 鍵

	U	V	W	X
1	電話	電話		
2	02-26811212	(02)-26811212		
3	06-61801681	(06)-61801681		
7	03-30515895	(03)-30515895		
8	02-66504274	(02)-66504274		

實作：條件判斷 •••

在台灣多數人的姓名是 3 個字，有些人是複姓（多數是 4 個字），有些人是單名（多數是 2 個字），當然還有其他多種可能，本範例只探討上述 3 種情況：

A. 姓：1 碼、名：1 碼　　B. 姓：1 碼、名：2 碼　　C. 姓：2 碼、名：2 碼

1. 選取：B2 儲存格，輸入運算式，向下填滿，如下圖：

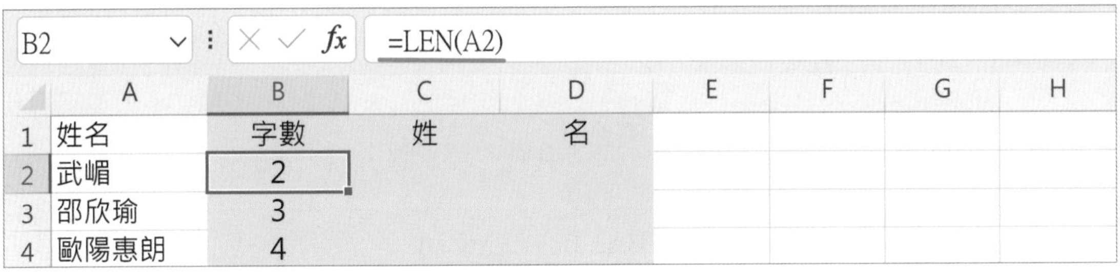

B2	▾ : × ✓ fx	=LEN(A2)					
	A	B	C	D	E	F	G	H
1	姓名	字數	姓	名				
2	武嶍	2						
3	邵欣瑜	3						
4	歐陽惠朗	4						

2. 選取：C2 儲存格，輸入運算式，結果如下圖：

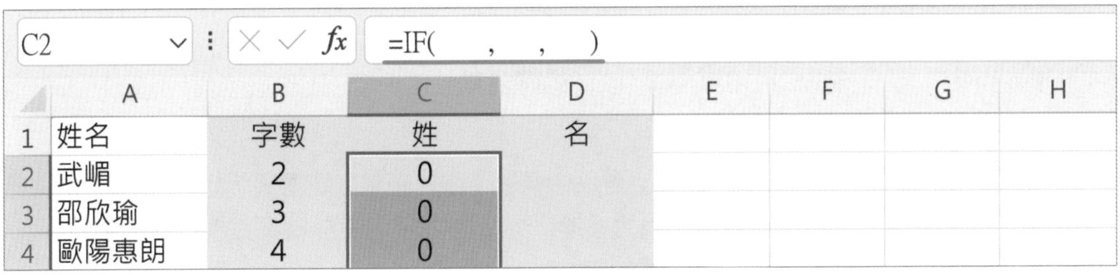

C2	▾ : × ✓ fx	=IF(　,　,　)					
	A	B	C	D	E	F	G	H
1	姓名	字數	姓	名				
2	武嶍	2	0					
3	邵欣瑜	3	0					
4	歐陽惠朗	4	0					

> **說明** 上面我們先輸入函數的架構，不用急著填入參數。
>
> 根據姓名字數，取出「姓」有 3 種狀況：
>
> A. 姓名 2 字：左邊 1 個字為姓
>
> B. 姓名 3 字：左邊 1 個字為姓
>
> C. 姓名 4 字：左邊 2 個字為姓
>
> 簡化如下：
>
> A、B、C 合併：姓名長度 <=3：左邊 1 個字為姓，否則：左邊 2 個字為姓。
>
> IF( ) 函數如下：條件式：<=3，成立：LEFT(姓名 , 1)，不成立：LEFT(姓名 , 2)

3. 編輯 C2 儲存格運算式，下向填滿，如下圖：

C2	▼ ⋮ ✕ ✓ *fx*	=IF(B2<=3, LEFT(A2,1), LEFT(A2, 2)　　)					
◢	A	B	C	D	E	F	G	H
1	姓名	字數	姓	名				
2	武嶠	2	武					
3	邵欣瑜	3	邵					
4	歐陽惠朗	4	歐陽					

> **說明** 「名」的長度 =「姓名」長度 -「姓」長度。

4. 選取：D2 儲存格，輸入運算式，向下填滿，如下圖：

D2	▼ ⋮ ✕ ✓ *fx*	=RIGHT(A2, B2 - LEN(C2))					
◢	A	B	C	D	E	F	G	H
1	姓名	字數	姓	名				
2	武嶠	2	武	嶠				
3	邵欣瑜	3	邵	欣瑜				
4	歐陽惠朗	4	歐陽	惠朗				

> **說明** 傳統人事資料表格中，「姓名」是一個欄位，因此產生了需要將「姓」與「名」拆解的情況，新型人事資料表大多將「姓」與「名」設計為獨立欄位，這在資料庫設計規畫上是很重要的基本觀念。

實作：擷取數字　●●●

某些資料「文字」中夾雜「數字」，而這些數字若單獨取出來，就可進行資料統計分析，上面的智慧擷取可以幫我們快速地將「數字」由文字中剝離出來，但若遇到負數，就需要多一點技巧。

1. 選取：B2 儲存格，輸入：20000（比對 A2 儲存格數字）
　　按 Ctrl + E 鍵，如下圖：

	A	B	C	D	E	F
1	原始資料	攫取數字	有負號	加上負號		
2	零用金共計20000元	20000				
3	預支-1001元	1001				
4	維修費共計1002元	1002				

> **說明** A 欄資料中有些數字是有「負」號的。

2. 選取：C2 儲存格，輸入運算式並向下填滿，如下圖：

C2	∨ : × ✓ *fx*	=FIND("-", A2)				
	A	B	C	D	E	F
1	原始資料	攫取數字	有負號	加上負號		
2	零用金共計20000元	20000	#VALUE!			
3	預支-1001元	1001	3			
4	維修費共計1002元	1002	#VALUE!			

> **說明** A 欄資料沒有「負」號的，C 欄顯示錯誤訊息 #VALUE。

3. 選取：D2 儲存格，輸入運算式，向下填滿，如下圖：

D2	∨ : × ✓ *fx*	=IF(ISERROR(C2), B2, -1*B2)				
	A	B	C	D	E	F
1	原始資料	攫取數字	有負號	加上負號		
2	零用金共計20000元	20000	#VALUE!	20000		
3	預支-1001元	1001	3	-1001		
4	維修費共計1002元	1002	#VALUE!	1002		

> **說明** 以 ISERROR( ) 函數取得錯誤訊息，以 IF( ) 為數字乘以 -1。

meno

進階成績單

條件式格式設定

	A	B	C	D	E	F	G	H	I	J	K
1	權重	1.2	1.0	1.0	1.5					高標：93	低標：50
2											
3	學號	國文	數學	英文	自然	加權總分	名次		名次	學號	加權總分
4	990101	97	95	93	47	374.9	1		1	990101	374.9
5	990102	70	76	74	49	307.5	11		2	990115	371.4
6	990103	71	62	69	41	277.7	15		3	990118	352.6
7	990104	44	60	58	64	266.8	16		4	990109	350.2
8	990105	72	80	68	68	336.4	6		5	990120	337.6

表單應用

	A	B	C
1	商品編號 ▼	品名規格 ▼	單 ▼
2	A1101	HP Laser Printer	12,000
3	A1103	Acer Midea Player	50,000
4	A2101	Ausu 14" Notebook	25,000
5	A2103	Foxcon HD 100G	3,600
6	B1102	Logitech Wisdom Mouse	1,200
7	B1104	Tomorrow Game	360
8	B2104	HP Joy Stick	500
9	C1101	Acer DRAM	450
10	Z999	ZERO UPS	999
11			
12			

表單　　　　　　　　　　　?　×

商品編號：　A1101　　　　　　　　1 / 9

品名規格：　HP Laser Printer　　　　新增(W)

單價：　　　12000　　　　　　　　刪除(D)

還原(R)

找上一筆(P)

找下一筆(N)

準則(C)

📺💬 教學重點

- ☑ 亂數的應用
- ☑ 條件式格式設定
- ☑ 自訂格式
- ☑ 絕對位置
- ☑ 四捨五入

- ☑ 範圍名稱
- ☑ 排序應用
- ☑ 統計函數
- ☑ 表格
- ☑ 表單

π±×÷ 應用函數

RANDBETWEEN( )：隨機整數

SUMPRODUCT( )：數列相乘後相加

COUNTIF( )：符合條件的資料筆數

ROUND( )：四捨五入

LEN( )：資料長度

RANK( )：排名

MAX( )：最大值

MIN()：最小值

AVERAGE：( ) 平均

SUM( )：加總

INDIRECT( )：文字轉名稱

實作：進階成績單 ● ● ●

≫ 產生亂數資料

1. 選取：B4 儲存格，輸入運算式，結果如下圖：

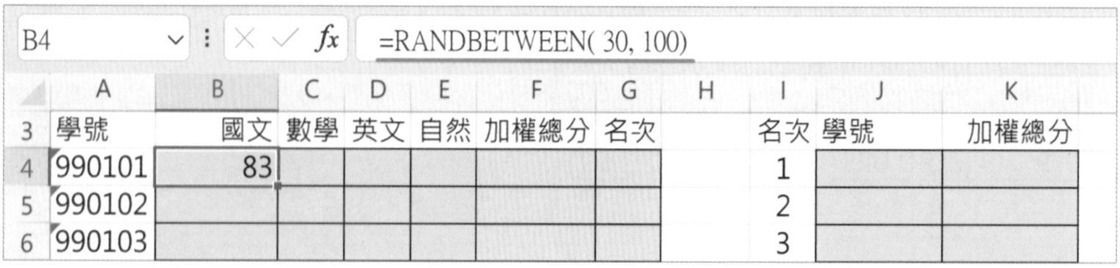

B4			f_x	=RANDBETWEEN(30, 100)						
	A	B	C	D	E	F	G	H	I	J	K
3	學號	國文	數學	英文	自然	加權總分	名次		名次	學號	加權總分
4	990101	83							1		
5	990102								2		
6	990103								3		

> **說明** 傳說中有一種資深教師，期末打成績就靠電風扇，哪一張成績單吹得比較遠（筆墨少重量輕），成績就比較低。
>
> 傳說中有一種科技教師，期末打成績就靠亂數值，3 秒鐘就可完成全班成績。
>
> 上面的運算式產生一個：30~100 的隨機整數→ 83。

2. 將 B4 儲存格向右填滿至 E4 儲存格，再向下填滿整張成績單，結果如下圖：

	A	B	C	D	E	F	G	H	I	J	K
3	學號	國文	數學	英文	自然	加權總分	名次		名次	學號	加權總分
4	990101	97	95	93	47				1		
5	990102	70	76	74	49				2		
6	990103	71	62	69	41				3		

> **說明** 填滿的過程中 B4 儲存格的數值不斷產生變化，只要工作表中有任編輯動作，亂數就會產生新的值，這份成績單傳到教務處後，檔案被開啟後所有成績又是一份新的值，這下科技老師糗大了！（鐵定會被開除）

固定亂數資料

1. 選取：B4:E23 範圍
   按 Ctrl +C（複製）

2. 在 B4 儲存格上按右鍵
   貼上選項：123
   結果如右圖：

> **說明** 我們將「運算式」轉換為「值」，亂數就變成固定數值。

條件式格式設定

老師為班級設定管理規則，90 分以上為資優生，89~50 為一般生，50 分以下為低成就生，並以顏色來加以區分，提高管理效率。

1. 選取：B4:E23 範圍
   常用→條件式格式設定
   →醒目提示儲存格規則→大於 >
   輸入：89
   顯示為：自訂格式
   　　字體樣式：粗體、藍
   結果如右圖：

2. 常用→條件式格式設定
→醒目提示儲存格規則→小於 >
輸入：50
顯示為：自訂格式
　字體樣式：粗斜體、紅
結果如右圖：

> **說明** 89 分以上的資優生太多了（浮濫），50 分以下的低學習生太多了（教學績效不彰），若要重新設定標準，必須手動重新操作一次設定步驟，顯然很不科學。

3. 選取：J1 儲存格

> **說明** 編輯列上看到「95」，儲存格上卻顯示「高標：95」。

≫ 自訂格式

數字、日期類型資料可以加上文字註解，以本範例而言，J1 儲存格是用來儲存高標成績，K1 儲存格是用來儲存低標成績，一般的做法：「在 J1、K1 的上方或左方儲存格輸入 "高標"、"低標"」，這樣的做法會讓版面顯得雜亂，本範例的做法：輸入值「90」、顯示格式→「高標：90」，簡潔有力。

1. 常用→數值→自訂
　類型："高標:"#

2. 選取：H1 儲存格

3. 常用→數值→自訂
　類型:" 低標:"#

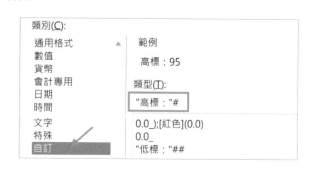

> **說明**　輸入說明文字「高標：」時，前後必須要加雙引號（""），系統有時不會自動產生。
>
> 「#」代表數字。
>
> "高標："#：先顯示「高標：」，再接著顯示數字。

4. 選取：B4:E23 範圍，常用→條件式格式設定
   →清除規則→清除選取儲存格規則

5. 選取：B4:E23 範圍
   常用→條件式格式設定→醒目提示儲存格規則→大於 >
   點選：向上箭號，點選：J1 儲存格、點選：顯示為下拉方塊
   點選：自訂格式→字體樣式：粗體、色彩：藍

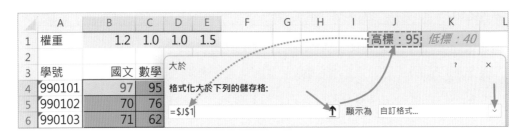

6. 常用→條件式格式設定→醒目提示儲存格規則→小於 <
   點選：向上箭號，點選：K1 儲存格、點選：顯示為下拉方塊
   點選：自訂格式→字體樣式：粗斜體、色彩：紅：

	A	B	C	D	E	F	G	H	I	J	K
1	權重	1.2	1.0	1.0	1.5					高標：95	低標：40
2											
3	學號	國文	數學	英文	自然	加權總分	名次		名次	學號	加權總分
11	990108	58	69	63	77						
12	990109	36	94	96	78						
13	990110	43	94	85	33						
14	990111	83	46	51	78						

7. 更改 J1 儲存格：93、更改 K1 儲存格：35，結果如下圖：

	A	B	C	D	E	F	G	H	I	J	K
1	權重	1.2	1.0	1.0	1.5					高標：93	低標：35
2											
3	學號	國文	數學	英文	自然	加權總分	名次		名次	學號	加權總分
11	990108	58	69	63	77						
12	990109	36	94	96	78						
13	990110	43	94	85	33						
14	990111	83	46	51	78						

將成績單的「高標」與「低標」設定為可變更資料的「儲存格」，就可以達到自動化，不懂 Excel 的老師也可以使用本範例。

絕對位置

1. 選取：F4 儲存格，輸入運算式（加權總分計算），如下圖：

F4			✓ f_x	=SUMPRODUCT(B1:E1, B4:E4)						
	A	B	C	D	E	F	G	H	I	J	K
1	權重	1.2	1.0	1.0	1.5					高標：93 低標：35
2										
3	學號	國文	數學	英文	自然	加權總分	名次		名次	學號	加權總分
4	990101	97	95	93	47	374.9			1	
5	990102	70	76	74	49				2	

　SUMPRODUCT(B1:E1 , B4:E4) = B1xB4+ C1xC4+ D1xD4+ E1xE4

每一位學生的加權總分的計算方式是相同的，因此 F4 儲存格運算式必須能夠複製，但 Excel 的「相對移動」法則將使上面的運算式複製產生錯誤。

F4 儲存格 =SUMPRODUCT(**B1:E1** , **B4:E4**)

F5 儲存格 =SUMPRODUCT(**B2:E2** , **B5:E5**) →權重範圍 **B1:E1** 是不可移動的！

2. 編輯 F4 儲存格：

在「B1」的 1 前方輸入：$，在「E1」的 1 前方輸入：$，如下圖：

F4			✓ f_x	=SUMPRODUCT(B$1:E$1, B4:E4)						
	A	B	C	D	E	F	G	H	I	J	K
1	權重	1.2	1.0	1.0	1.5					高標：93 低標：35
2										
3	學號	國文	數學	英文	自然	加權總分	名次		名次	學號	加權總分
4	990101	97	95	93	47	374.9			1	
5	990102	70	76	74	49				2	

　$ 代表綁定，$1：儲存格向下複製時列數 1 不會變 2。

F4 儲存格 =SUMPRODUCT(**B$1:E$1** , B4:E4)

F5 儲存格 =SUMPRODUCT(**B$1:E$1** , B5:E5) →權重數列位置不變

3. 選取：F4 儲存格，向下填滿

檢查 F5 儲存格，結果正確如下圖：

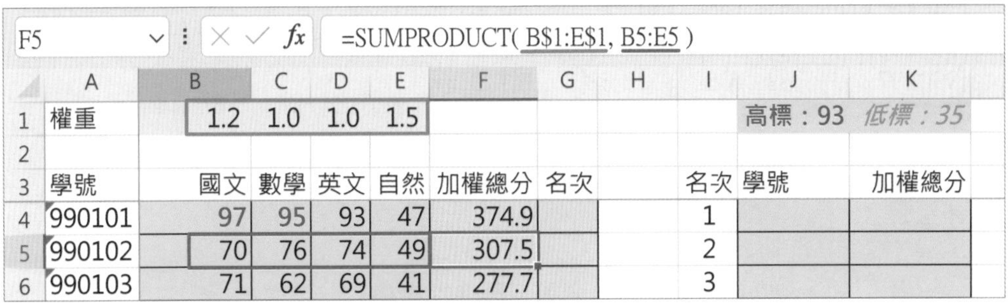

	A	B	C	D	E	F	G	H	I	J	K
F5				fx	=SUMPRODUCT(B$1:E$1, B5:E5)						
1	權重	1.2	1.0	1.0	1.5				高標：93	低標：35	
2											
3	學號	國文	數學	英文	自然	加權總分	名次		名次	學號	加權總分
4	990101	97	95	93	47	374.9			1		
5	990102	70	76	74	49	307.5			2		
6	990103	71	62	69	41	277.7			3		

≫ 四捨五入

加權總分資料中，有的有小數，有的沒小數，處理方法有 2 種：

A. 格式設定：以小數點加一位、小數點減一位，來統一資料的「樣子」。

B. 函數處理：以 ROUND() 函數對「值」進行處理。

筆者強力建議採用「函數處理」，因為只調整格式，對於後續的資料計算容易產生小數點進位的錯誤，因為 Excel 的資料處理的標的是「值」而非「格式」，舉例如下：

● 0.3 → 調整格式小數 0 位 → 儲存格顯示 0、真正的值 0.3

● 0.3 → 以 ROUND() 取小數 0 位 → 儲存格顯示 0、真正的值 0

1. 選取：F4 儲存格，編輯運算式，向下填滿，結果如下圖：

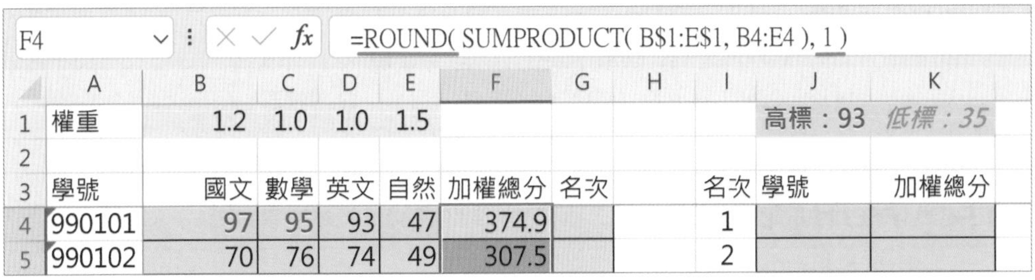

	A	B	C	D	E	F	G	H	I	J	K
F4				fx	=ROUND(SUMPRODUCT(B$1:E$1, B4:E4), 1)						
1	權重	1.2	1.0	1.0	1.5				高標：93	低標：35	
2											
3	學號	國文	數學	英文	自然	加權總分	名次		名次	學號	加權總分
4	990101	97	95	93	47	374.9			1		
5	990102	70	76	74	49	307.5			2		

2. 往下捲動資料，發現資料格式不一致，如下圖 F9 儲存格是沒有小數的：

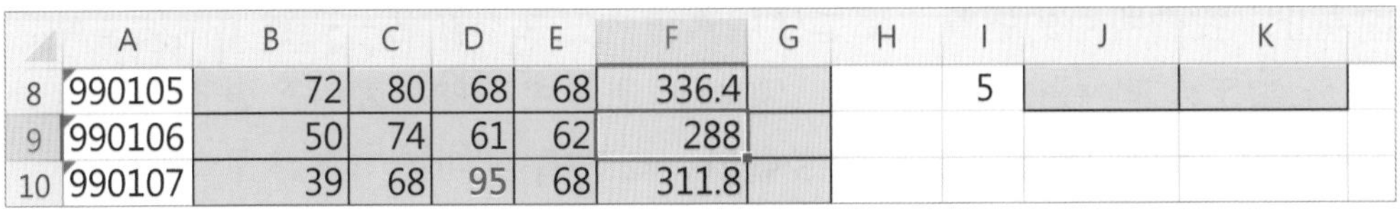

	A	B	C	D	E	F	G	H	I	J	K
8	990105	72	80	68	68	336.4			5		
9	990106	50	74	61	62	288					
10	990107	39	68	95	68	311.8					

3. 選取：F4:F23 範圍，設定小數點：1 位

	A	B	C	D	E	F	G	H	I	J	K
8	990105	72	80	68	68	336.4			5		
9	990106	50	74	61	62	288.0					
10	990107	39	68	95	68	311.8					

> **說明** 上圖 F9 儲存格的運算結果為 288，設定小數 1 位後→ 288.0，所有資料就整齊了。
>
> 記得：先以函數進行「值」的運算，再進行「格式」設定。

4. 選取：G4 儲存格，輸入運算式，在運算式中加入 $
   向下填滿，結果正確如下圖：

G4			f_x	=RANK(F4, F\$4:F\$23)						
	A	B	C	D	E	F	G	H	I	J	K
3	學號	國文	數學	英文	自然	加權總分	名次		名次	學號	加權總分
4	990101	97	95	93	47	374.9	1		1		
5	990102	70	76	74	49	307.5	11		2		
6	990103	71	62	69	41	277.7	15		3		

> **說明** RANK( ) 函數：單一個體在群體內的排名。
>
> 單一個體：每一個學生的加權總分的位置是相對變動的。
>
> 群體：所有學生的加權總分是集合體→ F4:F23，是不能變動的
>
> 因此固定列號：F4:F23 → F\$4:F\$23。

實作：常用統計函數 ●●●

》》 範圍名稱

到目前為止，我們所用的運算式都是使用真實的儲存格欄名、列號（例如：A1，A 欄第 1 列），當工作表內資料量龐大時，這樣的運算式不容易理解，更不容易除錯，尤其是還要考慮「相對 / 絕對」移動的 $ 號時，如下圖：

● 按 Ctrl + ` 鍵（切換為：顯示運算式模式）

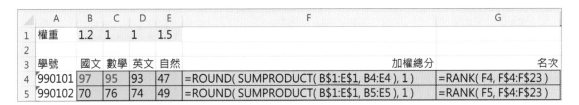

其實 B$1:E$1 就是「權重」，F$4:F$23 就是「所有學生的加權總分」，如果可以對這些範圍進行名稱設定，那我們的運算式就會變得簡單、易懂，請看以下實作。

1. 選取：A1:E1 範圍

2. 公式→從選取範圍建立：最左欄

　　■ 公式→名稱管理員，可看到「權重」的範圍設定，如下圖：

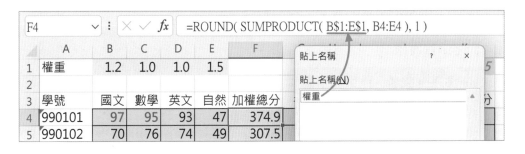

3. 選取：F4 儲存格，選取：B$1:E$1

　　按 F3 功能鍵，選取：權重，如下圖：

4. 選取：F4 儲存格，向下填滿，結果正確如下圖：

F4				f_x	=ROUND(SUMPRODUCT(權重, B4:E4), 1)					
	A	B	C	D	E	F	G	H	I	J	K
3	學號	國文	數學	英文	自然	加權總分	名次		名次	學號	加權總分
4	990101	97	95	93	47	374.9	1		1		
5	990102	70	76	74	49	307.5	11		2		
6	990103	71	62	69	41	277.7	15		3		

5. 選取：F3:F23 範圍，公式→從選取範圍建立：頂端列

6. 選取：G4 儲存格，選取：F$4:F$23

   按 F3 功能鍵，將第 2 個參數更改為「加權總分」

   向下填滿，結果正確如下圖：

G4				f_x	=RANK(F4, 加權總分)					
	A	B	C	D	E	F	G	H	I	J	K
3	學號	國文	數學	英文	自然	加權總分	名次		名次	學號	加權總分
4	990101	97	95	93	47	374.9	1		1		
5	990102	70	76	74	49	307.5	11		2		
6	990103	71	62	69	41	277.7	15		3		

> **說明** 請特別注意！使用範圍名稱時，順帶連 $ 的問題都解決了。

>> 排序的應用

老師要挑出前五名學生頒發獎學金，使用「排序」是最簡單的方法，但只能做到半自動，一旦學生成績出現異動，前 5 名名單是不會自動更新的！

1. 選取：G4 儲存格

2. 資料→排序→遞增，結果如下圖：

	A	B	C	D	E	F	G	H	I	J	K
3	學號	國文	數學	英文	自然	加權總分	名次		名次	學號	加權總分
4	990101	97	95	93	47	374.9	1		1		
5	990115	52	98	61	100	371.4	2		2		
6	990118	88	56	47	96	352.6	3		3		
7	990109	36	94	96	78	350.2	4		4		
8	990120	88	32	74	84	337.6	5		5		

> **說明** 排序時不要選取資料表範圍，只要選取資料表內任一個儲存格，系統會自動感應整體資料表範圍，不但簡單更不會出錯。

3. 選取：A4:A8 範圍，按住 Ctrl 鍵不放，選取：F4:F8 範圍，放掉 Ctrl 鍵

   按 Ctrl + C，在 J4 儲存格上按右鍵→選擇性貼上：123，結果如下圖：

	A	B	C	D	E	F	G	H	I	J	K
3	學號	國文	數學	英文	自然	加權總分	名次		名次	學號	加權總分
4	990101	97	95	93	47	374.9	1		1	990101	374.9
5	990115	52	98	61	100	371.4	2		2	990115	371.4
6	990118	88	56	47	96	352.6	3		3	990118	352.6
7	990109	36	94	96	78	350.2	4		4	990109	350.2
8	990120	88	32	74	84	337.6	5		5	990120	337.6

> **說明** 讀者請自行將 B4 儲存格 97 更改為 0，加權總分、名次都更新了，因為它們是「運算式」產生的結果，而 J、K 欄的前 5 名名單卻不會自動更新，因為它們是手動操作的結果。

4. 選取：A4 儲存格，資料→排序→遞增，成績單恢復學號遞增排序，如下圖：

	A	B	C	D	E	F	G	H	I	J	K
3	學號	國文	數學	英文	自然	加權總分	名次		名次	學號	加權總分
4	990101	⚠ 97	95	93	47	374.9	1		1	990101	374.9
5	990102	70	76	74	49	307.5	11		2	990115	371.4
6	990103	71	62	69	41	277.7	15		3	990118	352.6
7	990104	44	60	58	64	266.8	16		4	990109	350.2
8	990105	72	80	68	68	336.4	6		5	990120	337.6

實作：進階統計函數　　●●●

本節我們將應用統計函數，分別得出 4 個科目的：最高分、最低分、及格人數、平均分數，並搭配「範圍名」、INDIRECT( ) 來進行高階的運算式複製。

≫ 複製運算式的超級魔王：INDIRECT()

1. 選取：H2 儲存格，輸入運算式，如下圖：

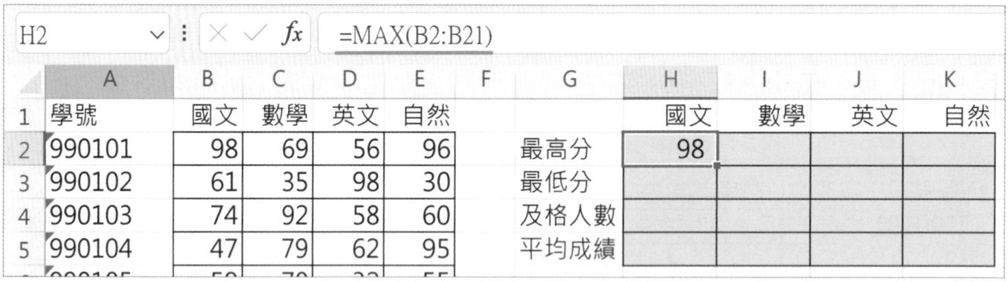

H2				f_x	=MAX(B2:B21)					
	A	B	C	D	E	F	G	H	I	J	K
1	學號	國文	數學	英文	自然			國文	數學	英文	自然
2	990101	98	69	56	96		最高分	98			
3	990102	61	35	98	30		最低分				
4	990103	74	92	58	60		及格人數				
5	990104	47	79	62	95		平均成績				

> **說明** B2:B21 範圍就是國文科目所有學生成績。

2. 選取：H2 儲存格，向右填滿至 K2 儲存格

    檢查 K2 儲存格運算式正確無誤，如下圖：

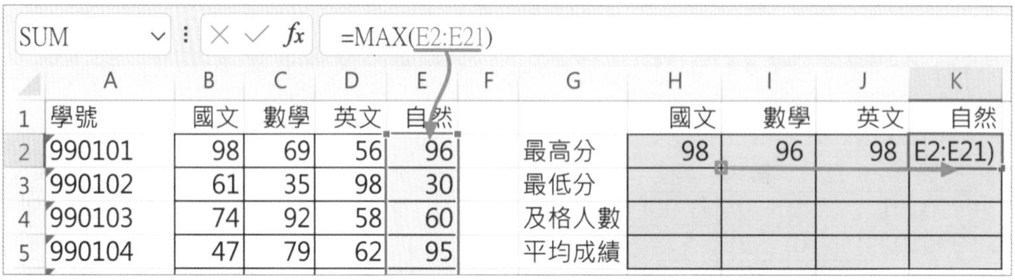

SUM				f_x	=MAX(E2:E21)					
	A	B	C	D	E	F	G	H	I	J	K
1	學號	國文	數學	英文	自然			國文	數學	英文	自然
2	990101	98	69	56	96		最高分	98	96	98	E2:E21)
3	990102	61	35	98	30		最低分				
4	990103	74	92	58	60		及格人數				
5	990104	47	79	62	95		平均成績				

3. 選取：B:E 欄，公式→從選取範圍建立：頂端列

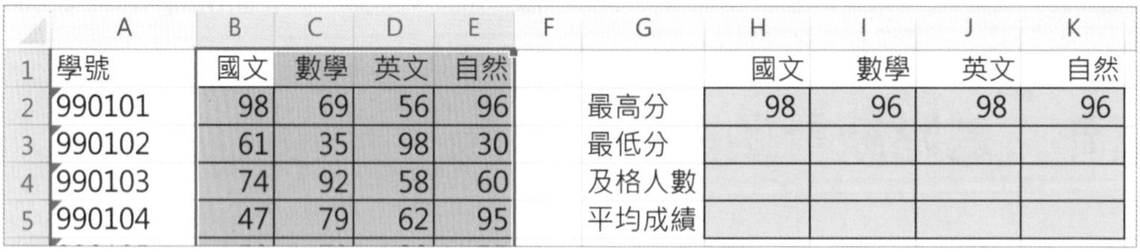

	A	B	C	D	E	F	G	H	I	J	K
1	學號	國文	數學	英文	自然			國文	數學	英文	自然
2	990101	98	69	56	96		最高分	98	96	98	96
3	990102	61	35	98	30		最低分				
4	990103	74	92	58	60		及格人數				
5	990104	47	79	62	95		平均成績				

4. 將 H4 儲存格內參數更改為 " 國文 "，結果正確如下圖：

H2				f_x	=MAX(國文)					
	A	B	C	D	E	F	G	H	I	J	K
1	學號	國文	數學	英文	自然			國文	數學	英文	自然
2	990101	98	69	56	96		最高分	98	96	98	96
3	990102	61	35	98	30		最低分				

5. 選取：H2 儲存格，向右填滿至 K2 儲存格

檢查 K2 儲存格運算式錯誤，如下圖：

K2		⌄	:	✕ ✓	f_x	=MAX(國文)				
	A	B	C	D	E	F	G	H	I	J	K
1	學號	國文	數學	英文	自然			國文	數學	英文	自然
2	990101	98	69	56	96		最高分	98	98	98	98
3	990102	61	35	98	30		最低分				

說明 範圍名稱在運算式複製的過程中式無法相對移動的，因此產生錯誤。

6. 更改 H2 儲存格運算式，結果錯誤，如下圖：

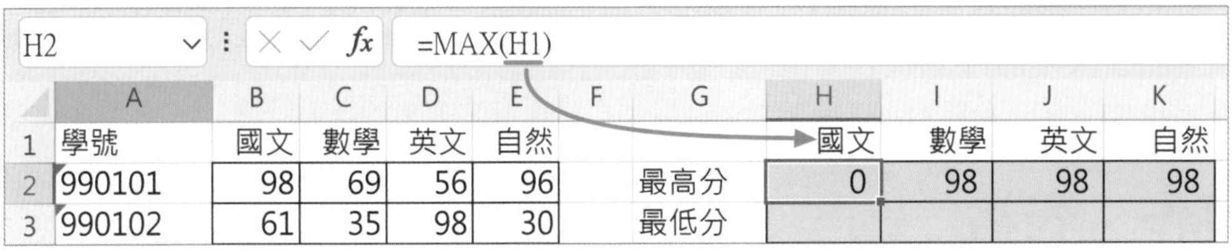

H2		⌄	:	✕ ✓	f_x	=MAX(H1)				
	A	B	C	D	E	F	G	H	I	J	K
1	學號	國文	數學	英文	自然			國文	數學	英文	自然
2	990101	98	69	56	96		最高分	0	98	98	98
3	990102	61	35	98	30		最低分				

說明 雖然 H1 內容為「國文」，但 MAX(H1) 不等於 MAX(國文)！

7. 編輯 H2 儲存格運算式，結果如下圖：

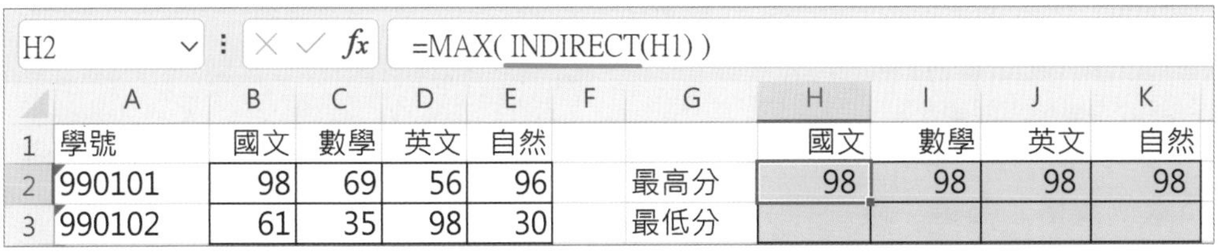

H2		⌄	:	✕ ✓	f_x	=MAX(INDIRECT(H1))				
	A	B	C	D	E	F	G	H	I	J	K
1	學號	國文	數學	英文	自然			國文	數學	英文	自然
2	990101	98	69	56	96		最高分	98	98	98	98
3	990102	61	35	98	30		最低分				

說明 INDIRECT( ) 函數的功能：將文字 " 國文 " 轉換為名稱「國文」。

8. 選取：H2 儲存格，向右填滿至 K2 儲存格

檢查 K2 儲存格運算式正確，如下圖：

K2				f_x	=MAX(INDIRECT(K1))					
	A	B	C	D	E	F	G	H	I	J	K
1	學號	國文	數學	英文	自然			國文	數學	英文	自然
2	990101	98	69	56	96		最高分	98	96	98	96
3	990102	61	35	98	30		最低分				

9. 以同樣的方法分別取得 H3:K5 範圍的統計資料

切換到運算式模式後（Ctrl + `），結果如下圖：

	G	H	I	J	K
1		國文	數學	英文	自然
2	最高分	=MAX(INDIRECT(H1))	=MAX(INDIRECT(I1))	=MAX(INDIRECT(J1))	=MAX(INDIRECT(K1))
3	最低分	=MIN(INDIRECT(H1))	=MIN(INDIRECT(I1))	=MIN(INDIRECT(J1))	=MIN(INDIRECT(K1))
4	及格人數	=COUNTIF(INDIRECT(H1),">=60")	=COUNTIF(INDIRECT(I1),">=60")	=COUNTIF(INDIRECT(J1),">=60")	=COUNTIF(INDIRECT(K1),">=60")
5	平均成績	=AVERAGE(INDIRECT(H1))	=AVERAGE(INDIRECT(I1))	=AVERAGE(INDIRECT(J1))	=AVERAGE(INDIRECT(K1))

實作：表格 ●●●

在 Excel 系統中「表格」是一個專有名詞，一個連續範圍經過設定後成為「表格」，最上方一列為「標題」列，標題列以下的稱為「資料」錄，表格內不可以有任何合併儲存格，表格雖然有產生一些使用上的限制，但產生了更大的便利性。

》 建立表格

1. 選取：B2 儲存格（表格範圍內任一儲存格）

2. 插入→表格，點選：確定鈕

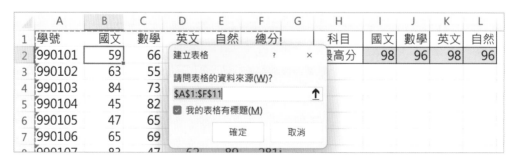

	A	B	C	D	E	F	G	H	I	J	K	L
1	學號	國文	數學	英文	自然	總分		科目	國文	數學	英文	自然
2	990101	59	66					最高分	98	96	98	96
3	990102	63	55									
4	990103	84	73									
5	990104	45	82									
6	990105	47	65									
7	990106	65	69									

建立表格

請問表格的資料來源(W)？

$A$1:$F$11

☑ 我的表格有標題(M)

確定　　取消

> **說明** 正常情況下，「表格」的第 1 列就是「標題」，上面的對話方塊不要更改預設值。

- A1:E11 範圍變成表格後，產生以下幾個改變：
    - 表格被套上色彩格式
    - 標題列的每一個欄位都有下拉鈕
    - 產生明顯的表格邊界線，如下圖：

≫ 表格操作

- 可以使用欄位右側下拉鈕對資料進行：篩選、排序

- 輸入資料時：

    超過資料範圍右邊界時，作用儲存格會自動跳至下一列最左欄。

	A	B	C	D	E	F	G	H	I	J	K	L
1	學號	國	數	英	自	總		科目	國文	數學	英文	自然
2	990101	59	66	77	86	288		最高分	98	96	98	96
3	990102	63	55	72	53	243						
4	990103	84	73	72	54	283						
5	990104	45	82	64	40	231						

超過資料範圍下邊界時，表格會在下方新增一列。

	A	B	C	D	E	F	G	H	I	J	K	L
	學號	國文	數學	英文	自然	總分	G	H	I	J	K	L
10	990109	81	50	64	62	257						
11	990110	40	86	79	67	272						
12												
13												

● 若某一個欄位資料是「運算式」，只要輸入第 1 筆，表格會自動填滿所有下方儲存格。

1. 選取：F2:F11 範圍，刪除資料

2. 選取：F2 儲存格，點選：自動加總鈕

SUM	⌄	⋮	✕ ✓ *fx*		=SUM(表格2[@[國文]:[自然]])						

	A	B	C	D	E	F	G	H	I	J	K	L
1	學號 ▾	國 ▾	數 ▾	英 ▾	自 ▾	總 ▾		科目	國文	數學	英文	自然
2	990101	59	66	77	86	=SUM(表格2[@[國文]:[自然]])					98	96
3	990102	63	55	72	53	SUM(number1, [number2], ...)						
4	990103	84	73	72	54							

> **說明**　=SUM(B2:E2) → =SUM(表格 2[@[國文]:[自然]])。
>
> A. 儲存格位置被欄位名稱取代了。
>
> B. @：只有作用儲存格所在的列，即第 2 列。

3. 按下 Enter 鍵之後，下方儲存格自動填滿如下圖：

	A	B	C	D	E	F	G	H	I	J	K	L
1	學號 ▾	國 ▾	數 ▾	英 ▾	自 ▾	總 ▾		科目	國文	數學	英文	自然
2	990101	59	66	77	86	288		最高分	98	96	98	96
3	990102	63	55	72	53	243						
4	990103	84	73	72	54	283						
5	990104	45	82	64	40	231						

> **說明**　上面的「表格 2」並不是一個友善的名稱，可以自行更改。

4. 表格設計→輸入表格名稱：成績表

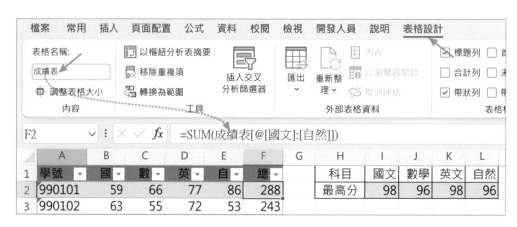

- 表格的「欄位」就是「範圍名稱」，因此針對表格資料進行統計時，不需要建立
  名稱。

1. 刪除 I2:L2 範圍資料

2. 選取：I2 儲存格，輸入運算式，如下圖：（語法：資料表名稱 [欄位名稱] ）

I2		⁝	✕	✓	f_x	=MAX(成績表[國文])					
	A	B	C	D	E	F	G	H	I	J	K	L
1	學號 ▼	國 ▼	數 ▼	英 ▼	自 ▼	總 ▼		科目	國文	數學	英文	自然
2	990101	59	66	77	86	288		最高分	84			
3	990102	63	55	72	53	243						

3. 選取：I2 儲存格，向右填滿至 L2，結果正確如下圖：

L2		⁝	✕	✓	f_x	=MAX(成績表[自然])					
	A	B	C	D	E	F	G	H	I	J	K	L
1	學號 ▼	國 ▼	數 ▼	英 ▼	自 ▼	總 ▼		科目	國文	數學	英文	自然
2	990101	59	66	77	86	288		最高分	84	86	79	89
3	990102	63	55	72	53	243						

> **說明**　表格欄位名稱在向右填滿的過程中，欄位數一樣有相對移動的功能。
>
> 相對於「範圍名稱」，表格「欄位名稱」使用上更為便利！連 INDIRECT( ) 都
> 省了！

實作：表單

輸入表格資料時，Excel 提供一個更有效率的工具：「表單」，使用前必須先行設定。

≫ 開啟表單功能

1. 點選視窗左上方：
   自訂快速存取工具列→其他命令

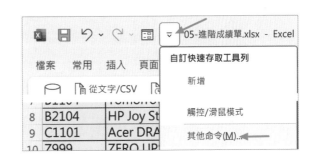

2. 選取：所有命列→表單，點選：新增鈕，設定畫面如下圖：

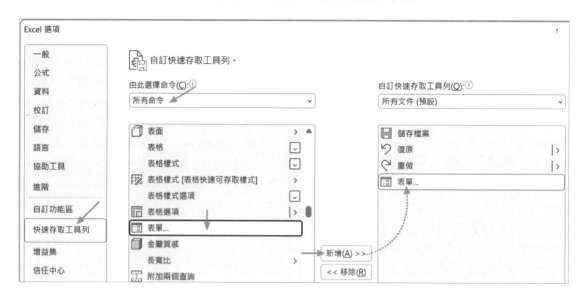

- 完成設定後
  自訂快速存取工具列左側
  出現「表單」鈕

3. 選取：A1 儲存格
   插入→表格
   （A1:C9 範圍轉換為「表格」）
   如右圖：

	A	B	C
1	商品編號 ▼	品名規格 ▼	單 ▼
2	A1101	HP Laser Printer	12,000
3	A1103	Acer Midea Player	50,000
4	A2101	Ausu 14" Notebook	25,000
5	A2103	Foxcon HD 100G	3,600

4. 點選：表單鈕，操作介面如下圖：

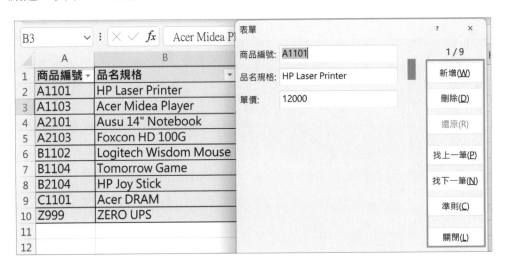

新增資料

1. 點選：新增鈕（3 個欄位輸入文字方塊清空）

2. 輸入商品編號：Z999，按 Enter 鍵（游標移至下一列）

3. 輸入品名規格：ZERO UPS，按 Enter 鍵（游標移至下一列）

4. 輸入單價：999，按 Enter 鍵（資料表中新增第 10 列資料，表單欄位清空）

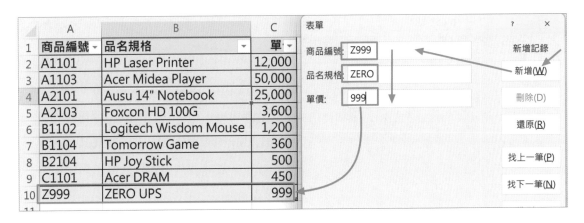

≫ 搜尋→刪除資料

1. 點選：準則鈕

2. 輸入單價：999

3. 點選：找上一筆鈕，欄位中顯示正確資料

4. 點選：刪除鈕，資料表中第 10 列將會被刪除

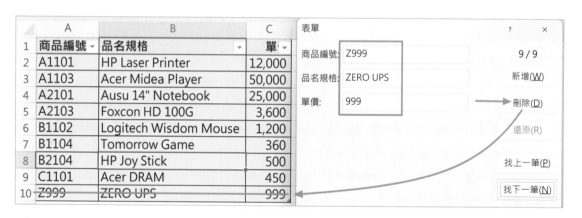

說明　表單功能對於表格資料的編輯提供相當大的便利性。

大型試算表

購屋還款試算

	A	B	V	W	X	Y	Z	AA	AB	AC	AD	AE	AF
1	貸款金額												
2	10,000,000												
3	年數 利率	10年	30年	31年	32年	33年	34年	35年	36年	37年	38年	39年	40年
4	2.000%	- 92,013	- 36,962	- 36,092	- 35,279	- 34,516	- 33,800	- 33,126	- 32,491	- 31,892	- 31,326	- 30,790	- 30,283
31	5.375%	- 107,908	- 55,997	- 55,275	- 54,608	- 53,990	- 53,417	- 52,885	- 52,391	- 51,931	- 51,502	- 51,102	- 50,729
32	5.500%	- 108,526	- 56,779	- 56,064	- 55,404	- 54,793	- 54,227	- 53,702	- 53,214	- 52,760	- 52,338	- 51,944	- 51,577
33	5.625%	- 109,147	- 57,566	- 56,858	- 56,205	- 55,601	- 55,042	- 54,523	- 54,042	- 53,595	- 53,179	- 52,791	- 52,430
34	5.750%	- 109,769	- 58,357	- 57,657	- 57,011	- 56,414	- 55,862	- 55,350	- 54,875	- 54,435	- 54,025	- 53,644	- 53,289
35	5.875%	- 110,394	- 59,154	- 58,461	- 57,822	- 57,232	- 56,687	- 56,182	- 55,714	- 55,280	- 54,877	- 54,502	- 54,153
36	6.000%	- 111,021	- 59,955	- 59,269	- 58,638	- 58,055	- 57,517	- 57,019	- 56,558	- 56,130	- 55,733	- 55,364	- 55,021

大型工作表超連結

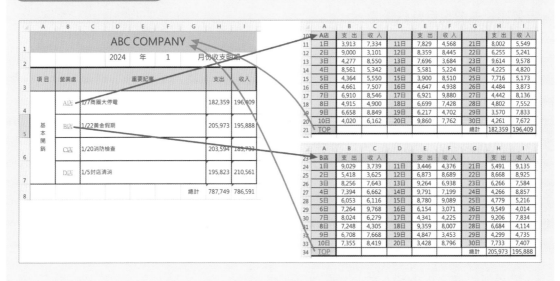

教學重點

☑ 有規則的連續數字	☑ 預覽列印
☑ 自訂格式	☑ 頁首、頁尾設定
☑ 絕對 / 相對位置	☑ 分頁預覽：設定分頁線
☑ 顯示比例	☑ 調整列印縮放比例
☑ 範圍名稱	☑ 工作表保護：允許編輯範圍
☑ 凍結窗格、分割視窗	☑ 工作表超連結
☑ 列印設定	

應用函數

PMT( ) 分期付款

實作：房貸分期還款　•••

本範例要產生一張大型工作表：購屋貸款每月分期還款對照表，貸款期間：10~40年，貸款年利率：2%~6%，由於資料量龐大，會跨越多個頁面，因此在螢幕顯示、報表列印都需要進行特殊設定。

更由於資料量龐大，因此公式複製完全不可能採取手動方式，「絕對 / 相對」位置的觀念必須非常清楚，才能只用一個運算式就全體儲存格適用，最後應用範圍名稱，以提高運算式的可讀性。

≫ 有規則連續數字

1. 選取：B3 儲存格，輸入：10，按 Ctrl 鍵不放，向右拖曳填滿→ 40

2. 選取：A4 儲存格，輸入：2%，選取：A5 儲存格，輸入：2.125%
   選取：A4:A5 範圍，向下拖曳填滿至 6%

3. 設定利率格式：小數 3 位，結果如下圖：

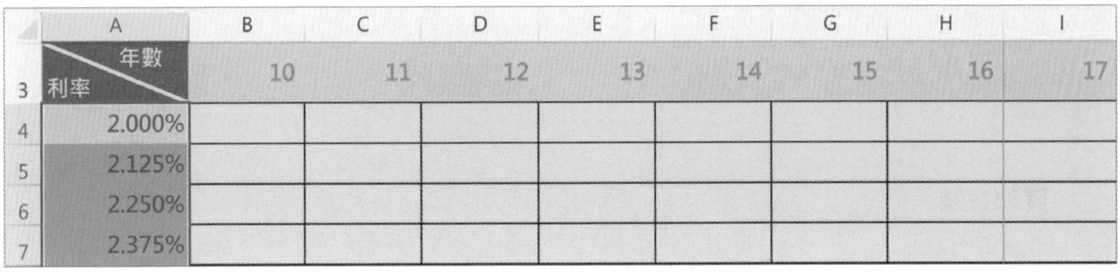

年數 利率	10	11	12	13	14	15	16	17
2.000%								
2.125%								
2.250%								
2.375%								

≫ 自訂格式

1.　選取：B3 儲存格，按 Ctrl + Shift + →鍵（快速選取：B3:AF3 範圍）

2.　常用→數值→自訂：#" 年 "，結果如下圖：

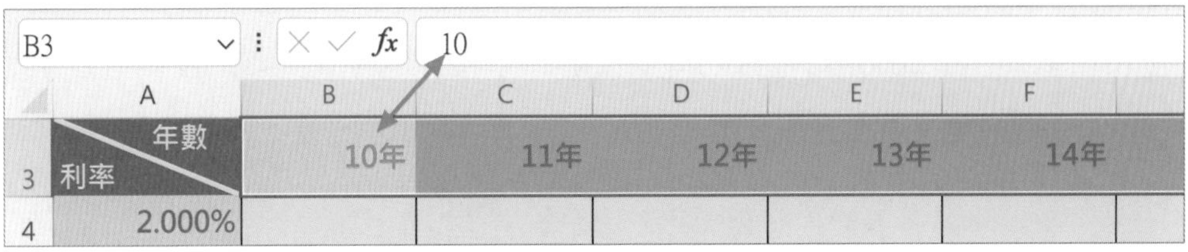

B3		f_x	10			
	A	B	C	D	E	F
年數 利率		10年	11年	12年	13年	14年
2.000%						

> **說明** B3 儲存格的值：10，格式：10 年。
>
> #：數字，" 年 "：固定文字，因此 10 之後附加一個「年」字。
>
> 範例：1000，自訂格式："$ "#,### → $ 1,000。

≫ 分期還貸 PMT()

Excel 提供許多實用的財務函數，對於沒有財經背景的人非常實用，PMT( ) 就是用來計算分期還款金額的函數，只要輸入：貸款金額、貸款年數、年利率、還貸方式，便可快速算出每月還貸金額。

語法：PMT(利率 , 還款期數 , 貸款金額 , 期末現值 , 還貸時間點)

1.　選取：B4 儲存格，輸入運算式，如下圖：

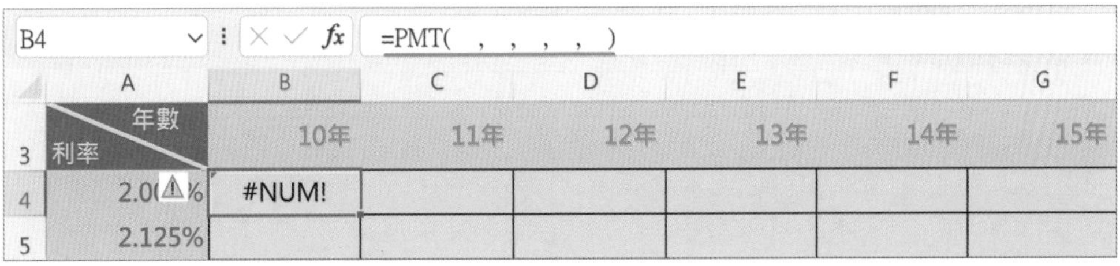

B4		f_x	=PMT(, , , ,)				
	A	B	C	D	E	F	G
年數 利率		10年	11年	12年	13年	14年	15年
2.00⚠%	#NUM!						
2.125%							

2. 填入各項參數，如下圖：

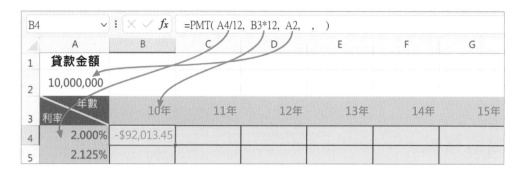

說明
- 利率：A4 儲存格 2% 是「年」利率，我們要計算的是「月」分期還貸，因此必須將年利率除以 12 → A4/12。
- 還款期數：B3 儲存格的 10 年必須換算為月數，因此必須乘以 12 → B3 * 12。
- 期末現值：就是貸款金額。

》 絕對 / 相對位置

- 利率：位於 A 欄是絕對不會移動的，因此向右填滿的過程中，A 欄是必須被綁定，A4/12 → $A4/12。

- 年數：位於第 3 列也是絕對不會移動的，向下填滿的過程中，第 3 列必須被綁定，B3*12 → B$3*12。

- 貸款金額：位於 A2 儲存格，向右、向下填滿的過程中，A 欄、第 2 列都必須被綁定，A2 → $A$2。

1. 編輯 B4 儲存運算式，如下圖：

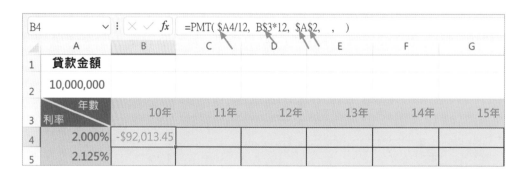

2. 調整顯示比例：30%

3. 選取：B4 儲存格，向右填滿至 40 年，向下填滿至 6%，如下圖：

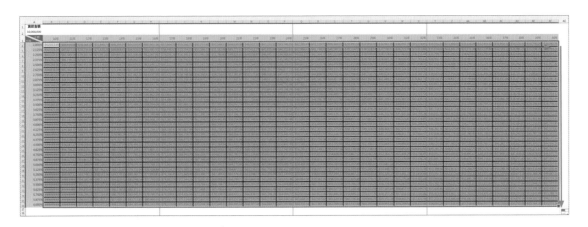

4. 設定資料格式：$、小數 0 位

5. 設定顯示比例：100%，結果下圖：

年數 利率	10年	11年	12年	13年	14年	15年
貸款金額 10,000,000						
2.000%	-$92,013	-$84,459	-$78,168	-$72,850	-$68,295	-$64,351
2.125%	-$92,574	-$85,023	-$78,736	-$73,420	-$68,869	-$64,928
2.250%	-$93,137	-$85,590	-$79,305	-$73,994	-$69,446	-$65,508
2.375%	-$93,703	-$86,158	-$79,878	-$74,570	-$70,025	-$66,092

> **說明** Excel 系統對於金流的規定：收入為正（貸款正值），支出為負（還貸負值）。

》 範圍名稱

有些學習者對於「絕對 / 相對」位置始終不開竅，這時範圍名稱就是救世主了！

1. 刪除報範例中所有還貸儲存格（黃色區域）

2. 選取：A3:A36 範圍，公式→定義名稱：利率
   選取：B3:AF3 範圍，公式→定義名稱：年數
   選取：A2 儲存格，公式→定義名稱：貸款金額

3. 選取：B4 儲存格，輸入運算式，如下圖：

B4		∨	fx	=PMT(, , ,)

	A	B	C	D	E	F	G
1	貸款金額						
2	10,000,000						
3	利率 ＼ 年數	10年	11年	12年	13年	14年	15年
4	2.00⚠%	#NUM!					
5	2.125%						

4. 使用 F3 功能鍵叫出名稱對話方塊

貼上名稱   ?   ✕

貼上名稱(N)

年數
利率
貸款金額

5. 逐一填入參數，結果如下圖：

B4		∨	fx	=PMT(利率/12, 年數*12, 貸款金額, ,)

	A	B	C	D	E	F	G
1	貸款金額						
2	10,000,000						
3	利率 ＼ 年數	10年	11年	12年	13年	14年	15年
4	2.000%	-$92,013	-$84,459	-$78,168	-$72,850	-$68,295	-$64,351
5	2.125%	-$92,574	-$85,023	-$78,736	-$73,420	-$68,869	-$64,928
6	2.250%	-$93,137	-$85,590	-$79,305	-$73,994	-$69,446	-$65,508
7	2.375%	-$93,703	-$86,158	-$79,878	-$74,570	-$70,025	-$66,092

> **說明** 完成 B4 儲存格運算式編輯，按下 Enter 鍵後，產生了奇妙的變化：
>
> - 因為運算式中使用「年數」名稱，Excel 就聰明的自動向右填滿
> - 因為運算式中使用「利率」名稱，Excel 就聰明的自動向下填滿
>
> 使用「名稱」的運算式除了使用方便外，對於工作交接或是日後的工作表編輯，都會輕易上手，因為「名稱」本身就具備高度的說明性。

>> 凍結窗格

● 如果貸款年數為 40，我們就必須將視窗向右捲動，看到 40 年時，最左側的利率（A 欄）就不見了，如下圖：

	W	X	Y	Z	AA	AB	AC	AD	AE	AF	AG
1											
2											
3	31年	32年	33年	34年	35年	36年	37年	38年	39年	40年	
4	-$36,092	-$35,279	-$34,516	-$33,800	-$33,126	-$32,491	-$31,892	-$31,326	-$30,790	-$30,283	
5	-$36,724	-$35,914	-$35,155	-$34,442	-$33,771	-$33,140	-$32,544	-$31,981	-$31,449	-$30,944	

● 如果貸款利率為 6.000%，我們就必須將視窗下捲動，看到 6.000% 時，最上方的貸款金額、年數（1:3 列）都不見了，如下圖：

	A	B	C	D	E	F	G	H	I	J
34	5.750%	-$109,769	-$102,400	-$96,296	-$91,165	-$86,797	-$83,041	-$79,781	-$76,929	-$74,417
35	5.875%	-$110,394	-$103,034	-$96,939	-$91,817	-$87,459	-$83,712	-$80,461	-$77,618	-$75,115
36	6.000%	-$111,021	-$103,670	-$97,585	-$92,472	-$88,124	-$84,386	-$81,144	-$78,310	-$75,816
37										

● 在操作本範例工作表時：

向下捲動時：1:3 列是必須被固定的

向右捲動時：A 欄是必須被固定的，如下圖：

	A	B	C	D	E	F	G
1	貸款金額						
2	10,000,000						
3	年數 利率	10年	11年	12年	13年	14年	15年
4	2.000%	-$92,013	-$84,459	-$78,168	-$72,850	-$68,295	-$64,351
5	2.125%	-$92,574	-$85,023	-$78,736	-$73,420	-$68,869	-$64,928
6	2.250%	-$93,137	-$85,590	-$79,305	-$73,994	-$69,446	-$65,508

1. 選取：B4 儲存格，檢視→凍結窗格→凍結窗格

2. 向下捲動，1:3 列固定不動，如下圖：

	A	B	C	D	E	F	G	H
1	貸款金額							
2	10,000,000							
3	年數 利率	10年	11年	12年	13年	14年	15年	16年
19	3.875%	-$100,652	-$93,167	-$86,947	-$81,700	-$77,216	-$73,344	-$69,968
20	4.000%	-$101,245	-$93,767	-$87,553	-$82,312	-$77,835	-$73,969	-$70,600
21	4.125%	-$101,840	-$94,368	-$88,161	-$82,926	-$78,456	-$74,597	-$71,234
22	4.250%	-$102,438	-$94,972	-$88,772	-$83,544	-$79,080	-$75,228	-$71,872

3. 向右捲動，A 欄固定不動，如下圖：

	A	Z	AA	AB	AC	AD	AE	AF
1	**貸款金額**							
2	10,000,000							
3	年數 利率	34年	35年	36年	37年	38年	39年	40年
32	5.500%	-$54,227	-$53,702	-$53,214	-$52,760	-$52,338	-$51,944	-$51,577
33	5.625%	-$55,042	-$54,523	-$54,042	-$53,595	-$53,179	-$52,791	-$52,430
34	5.750%	-$55,862	-$55,350	-$54,875	-$54,435	-$54,025	-$53,644	-$53,289
35	5.875%	-$56,687	-$56,182	-$55,714	-$55,280	-$54,877	-$54,502	-$54,153
36	6.000%	-$57,517	-$57,019	-$56,558	-$56,130	-$55,733	-$55,364	-$55,021
37								

4. 檢視→凍結窗格→解除凍結窗格，視窗恢復如下圖：

	A	B	C	D	E	F	G	H
1	**貸款金額**							
2	10,000,000							
3	年數 利率	10年	11年	12年	13年	14年	15年	16年
4	2.000%	-$92,013	-$84,459	-$78,168	-$72,850	-$68,295	-$64,351	-$60,903
5	2.125%	-$92,574	-$85,023	-$78,736	-$73,420	-$68,869	-$64,928	-$61,484
6	2.250%	-$93,137	-$85,590	-$79,305	-$73,994	-$69,446	-$65,508	-$62,068
7	2.375%	-$93,703	-$86,158	-$79,878	-$74,570	-$70,025	-$66,092	-$62,655

≫ 分割視窗

使用大型工作表時，經常會有：上、下內容對照，左、右內容查核的需求，單純的凍結窗格功能並不實用，Excel 提供分割視窗功能，可以提供任何範圍的資料對照與查核。

1. 選取：F7 儲存格，檢視→視窗→分割

   F7 儲存格：左側出現水平分割線、上方出現垂直分割線，如下圖：

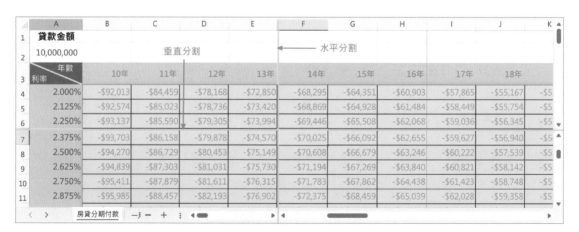

> **說明** 工作表被分割為 4 個視窗，每一個視窗都可單獨顯示一個範圍的資料。

2. 選取左下方視窗任一儲存格，向下捲動

上方視窗固定不動，結果如下圖：

	A	B	C	D	E	F	G	H	I	J	K
1	貸款金額										
2	10,000,000										
3	年數 利率	10年	11年	12年	13年	14年	15年	16年	17年	18年	
4	2.000%	-$92,013	-$84,459	-$78,168	-$72,850	-$68,295	-$64,351	-$60,903	-$57,865	-$55,167	-$5
5	2.125%	-$92,574	-$85,023	-$78,736	-$73,420	-$68,869	-$64,928	-$61,484	-$58,449	-$55,754	-$5
6	2.250%	-$93,137	-$85,590	-$79,305	-$73,994	-$69,446	-$65,508	-$62,068	-$59,036	-$56,345	-$5
34	5.750%	-$109,769	-$102,400	-$96,296	-$91,165	-$86,797	-$83,041	-$79,781	-$76,929	-$74,417	-$7
35	5.875%	-$110,394	-$103,034	-$96,939	-$91,817	-$87,459	-$83,712	-$80,461	-$77,618	-$75,115	-$7
36	6.000%	-$111,021	-$103,670	-$97,585	-$92,472	-$88,124	-$84,386	-$81,144	-$78,310	-$75,816	-$7
37											

3. 選取右下方視窗任一儲存格，向右捲動

左側視窗固定不動，結果如下圖：

	A	B	C	D	E	AB	AC	AD	AE	AF	AG
1	貸款金額										
2	10,000,000										
3	年數 利率	10年	11年	12年	13年	36年	37年	38年	39年	40年	
4	2.000%	-$92,013	-$84,459	-$78,168	-$72,850	-$32,491	-$31,892	-$31,326	-$30,790	-$30,283	
5	2.125%	-$92,574	-$85,023	-$78,736	-$73,420	-$33,140	-$32,544	-$31,981	-$31,449	-$30,944	
6	2.250%	-$93,137	-$85,590	-$79,305	-$73,994	-$33,796	-$33,203	-$32,644	-$32,115	-$31,614	
34	5.750%	-$109,769	-$102,400	-$96,296	-$91,165	-$54,875	-$54,435	-$54,025	-$53,644	-$53,289	
35	5.875%	-$110,394	-$103,034	-$96,939	-$91,817	-$55,714	-$55,280	-$54,877	-$54,502	-$54,153	
36	6.000%	-$111,021	-$103,670	-$97,585	-$92,472	-$56,558	-$56,130	-$55,733	-$55,364	-$55,021	
37											

4. 向左拖曳水分割線，如下圖：

	A	B	C	AB	AC	AD	AE	AF	AG	AH	AI	AJ
1	貸款金額											
2	10,000,000											
3	年數 利率	10年	11年	36年	37年	38年	39年	40年				
4	2.000%	-$92,013	-$84,459	-$32,491	-$31,892	-$31,326	-$30,790	-$30,283				
5	2.125%	-$92,574	-$85,023	-$33,140	-$32,544	-$31,981	-$31,449	-$30,944				
6	2.250%	-$93,137	-$85,590	-$33,796	-$33,203	-$32,644	-$32,115	-$31,614				
34	5.750%	-$109,769	-$102,400	-$54,875	-$54,435	-$54,025	-$53,644	-$53,289				
35	5.875%	-$110,394	-$103,034	-$55,714	-$55,280	-$54,877	-$54,502	-$54,153				
36	6.000%	-$111,021	-$103,670	-$56,558	-$56,130	-$55,733	-$55,364	-$55,021				
37												

5. 向上拖曳垂直分割線，如下圖：

	A	B	C	AB	AC	AD	AE	AF	AG	AH	AI	AJ
1	貸款金額											
2	10,000,000											
3	年數 利率	10年	11年	36年	37年	38年	39年	40年				
34	5.750%	-$109,769	-$102,400	-$54,875	-$54,435	-$54,025	-$53,644	-$53,289				
35	5.875%	-$110,394	-$103,034	-$55,714	-$55,280	-$54,877	-$54,502	-$54,153				
36	6.000%	-$111,021	-$103,670	-$56,558	-$56,130	-$55,733	-$55,364	-$55,021				
37												
38												
39												

> **說明** 拖曳分割線就可改變視窗分割範圍。

6. 檢視→視窗→分割，視窗恢復單一視窗。

》 開新視窗

凍結窗格、分割視窗其實都只有一個視窗，使用上還稱不上是絕對方便，本單元介紹的「開新視窗」才是貨真價實的多視窗功能。

1. 檢視→開新視窗

> **說明** 螢幕上並沒有顯示第 2 個視窗，但仔細觀察視窗左上方：檔案名稱方多了「:2」，表示目前有 2 個視窗。你若再執行一次：檢視→開新視窗，就會出現「:3」。
>
> 由於多個視窗是重疊顯示，因此只看到一個視窗。

2. 檢視→並排顯示
   點選：垂直並排

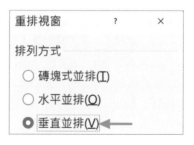

■　垂直並排結果如下圖：

> **說明**　2 個視窗完全獨立，可以分別：調整大小、位置，設定顯示比例，顯示相同或不同工作表。

3.　點選：右視窗【一月】工作表，設定顯示比例：60%，如下圖：

> **說明**　不需要多視窗操作時，關閉多餘視窗即可。

實作：報表列印

● 本單元沿用【房貸分期還款】工作表資料！

》 預覽列印

● 檔案→列印，下圖左側：列印設定，下圖右側：預覽列印，如下圖：

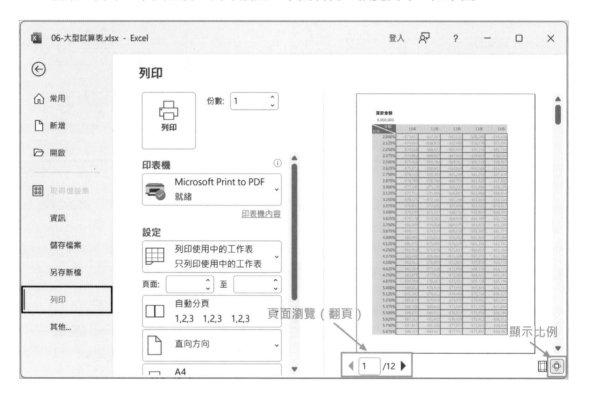

》 列印設定

● 列印設定：與 WORD 文件列印設定相似，不作贅述。

● 列印報表：完成列印設定後，點選：列印鈕，即可印出報表。

● 在單據、報表數位化的今天，多數的企業、組織、單位都以電子文件取代紙本文件，因此「印表機」選項大多設定為：MICROSOFT PRINT TO PDF，產生 PDF 文件後再傳送給相關人等。

● 本單元重點：大型工作表列印。

>> 分頁預覽

大型試算表在列印的時候，直接面臨的問題就是「上下換頁、左右換頁」。

● 檢視→分頁預覽
  （或視窗右下角「分頁預覽鈕」）

● 調整顯示比例：30，如下圖：

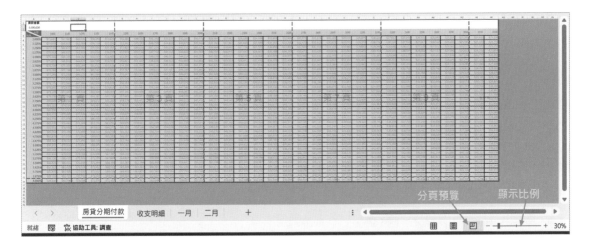

- 在上圖中可看到藍色分頁線（虛線）：橫向 6 頁、縱向 2 頁，這是系統根據實際內容所建議的分頁線。

- 直接拖曳分頁線即可自訂每一頁的列印範圍，拖曳後分頁線由虛線變為實線。

- 除了第 1 頁之外，其他頁都將缺少 1:3 列（貸款金額、貸款年數）或 A 欄（利率），印成一份報表之後，必須全部黏貼在一起，這份報表才能使用，因此我們必須將「凍結窗格」的技巧應用在報表列印上。

>> 標題列、標題欄

● 版面配置→版面設定→工作表

  標題列：A. 點選向上箭號
  　　　　B. 拖曳選取工作表 1:3 列

  標題欄：A. 點選向上箭號
  　　　　B. 選取工作表 A 欄

- 「標題列」就是凍結「列」，「標題欄」就是凍結「欄」。

- 檔案→列印，預覽結果如下：（每一頁都重複：1:3 列、A 欄）

| 第 1 頁 | 第 2 頁 | 第 3 頁 | 第 4 頁 |

》 頁首 / 頁尾

一份完整的報表除了內容，還必須包含「頁首 / 頁尾」的：報表標題、製表日期、製表人、頁碼、…。

1. 頁面配置→版面設定→頁首 / 頁尾

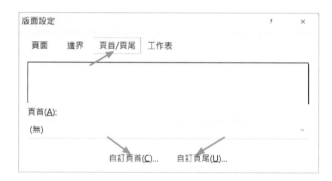

2. 點選：自訂頁首鈕

   中：輸入「房貸還款金額表」，選取：輸入內容

   點選：字體設定鈕，設定：16pt、藍色、粗體、雙底線、微軟正黑體

   結果如下圖：

3. 點選：自訂頁尾鈕

   左：點選日期鈕

   中：點選頁碼鈕、輸入「/」、點選總頁數鈕

   右：輸入「製表人：林文恭」，結果如下圖：

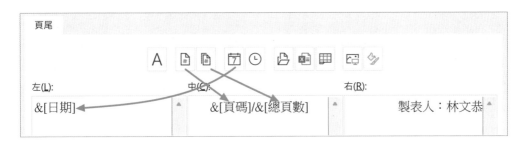

● 預覽結果如下：（每一頁都重複：頁首 / 頁尾）

第1頁   第2頁   第3頁   第4頁

>> 調整列印縮放比例

上面完成的報表總共 14 頁：7 頁寬、2 頁高，事實上第 2 頁只超出一點點，稍微縮小比例，就可將總頁數由 14 頁降為 7 頁。

1. 頁面配置→版面設定→頁面

2. 縮放比例：

   調整成：7 頁寬、1 頁高

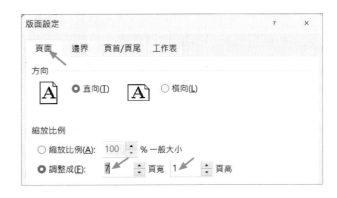

■ 預覽結果如下：（頁數減少為 6 頁寬、1 頁高）

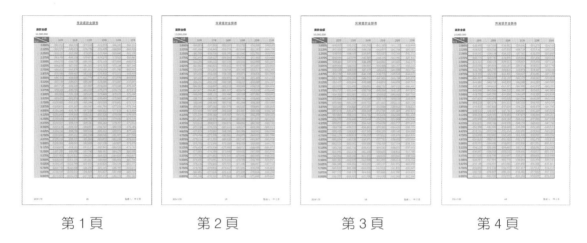

第 1 頁　　　　第 2 頁　　　　第 3 頁　　　　第 4 頁

≫ 調整分頁線

有關列印頁面的設定，Excel 還提供一個更直覺的調整方式：「分頁線」，就是在工作表上根據內容設定分頁線位置。

● 目前系統自動完成的分頁線如下圖：（系統自訂：虛線）

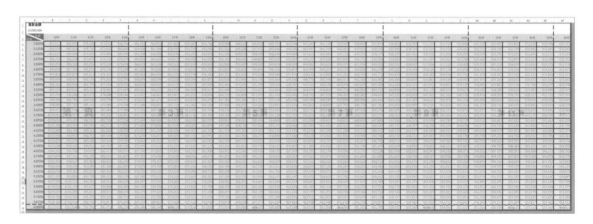

1. 拖曳 14 年右側分頁線至 16 年右側，改變如下：

   A. 被拖曳的分頁線變為實線

   B. 橫向原來 7 頁變成 4 頁、縱向原來 2 頁變成 1 頁

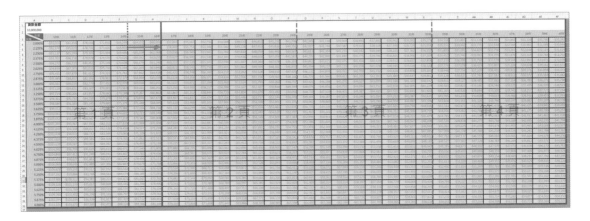

2. 選取：第 20 列（4.000%），按右鍵→插入分頁

縱向由 1 頁變成 2 頁，如下圖：

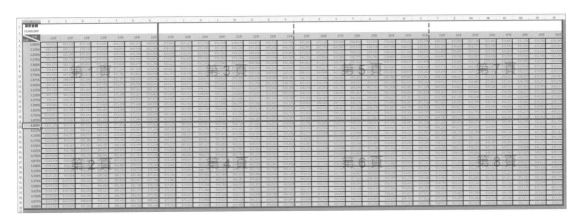

3. 選取：F 欄（14 年），按右鍵→插入分頁，14 年左側多一條分頁線：

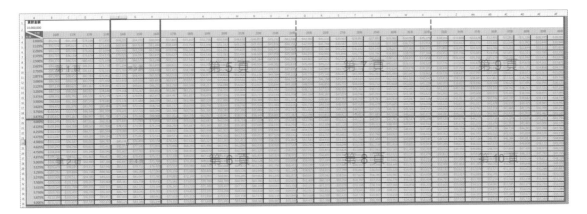

4.　選取：F 欄（14 年），按右鍵→移除分頁線，14 年左側分頁線被刪除：

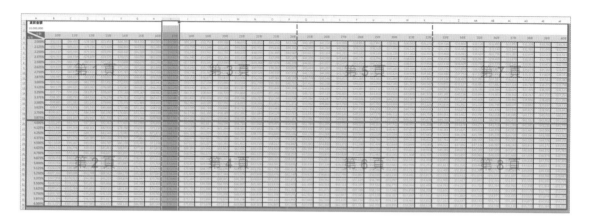

5.　將水平分頁線向下拖曳至視窗外（刪除分頁線）：

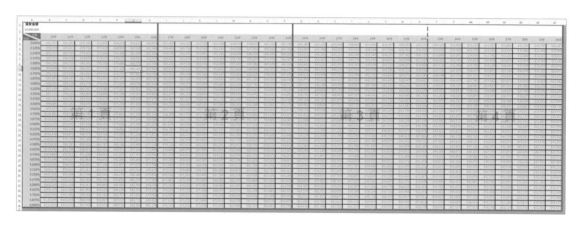

實作：工作表保護

● 本單元沿用【房貸分期還款】工作表資料！

上面的房貸還款金額表主要用途就是查詢，貸款人只需要輸入 A2 儲存格（貸款金額），其他儲存格資料都是自動計算得出，但在工作表開啟的狀態下，不小心按了 Delete 鍵、空白鍵、⋯，工作表某些儲存格內容就被更改了。

》 工作表保護

系統提供「活頁簿」保護、「工作表」保護 2 個層級，在活頁簿設定保護情況下，所有工作表都是被保護的，在被保護的情況下，工作表的內容甚至是格式都無法更改，

一份工作表設計完成後，若要提供給其同事使用，設定「保護」後，工作表內容就不會被更改，進而避免錯誤的產生。

● 校閱→保護工作表

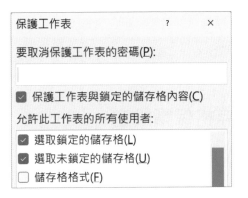

說明　建議不要設定密碼，現代人生活中到處都需要設定密碼，後遺症就是忘了密碼，Excel 系統並沒有提供「忘了密碼」的服務功能。

● 選取：A2 儲存格，不小心按到空白鍵，系統顯示警告訊息：

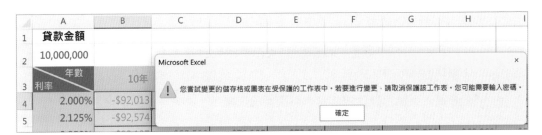

● 校閱→取消保護工作表

選取：A2 儲存格，輸入：80000000，工作表自動計算如下圖：

	A	B	C	D	E	F	G	H
1	貸款金額							
2	8,000,000							
3	年數 利率	10年	11年	12年	13年	14年	15年	16年
4	2.000%	-$73,611	-$67,567	-$62,535	-$58,280	-$54,636	-$51,481	-$48,723
5	2.125%	-$74,059	-$68,019	-$62,989	-$58,736	-$55,095	-$51,942	-$49,187

● 校閱→允許編輯範圍

點選：新範圍鈕

輸入標題：貸款金額

（只開放 A2 允許編輯）

新範圍

標題(I):

貸款金額

參照儲存格(R):

=$A$2

Excel 系統的保護原理：整體保護、局部開放。

系統預設在保護狀態下，整張工作表所有儲存格都是不允許編輯的，需要被編輯的儲存格或範圍必須先設定「允許編輯」。

設定「允許編輯」之前，必須先執行「取消保護工作表」。

》 儲存格保護設定

「允須儲存格編輯」還有另一個設定方法：取消「鎖定」。

● 選取：B4 儲存格
　　常用→數值→保護

 對話方塊中有 2 個設定：

　● 鎖定：功能就如同「允取編輯」，系統預設打勾（不允許編輯），若要允許編輯，就取消此設定。

　● 隱藏：不顯示儲存格內容，系統預設「顯示」。

● 選取：B4 儲存格
　　常用→數值→保護，選取：隱藏，請仔細觀察編輯列內容：

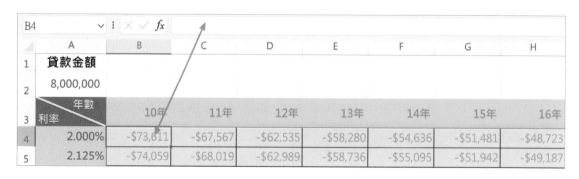

 不希望工作表中的運算公式被人知道時，就可設定為隱藏，但記得必須在工作表保護的情況下「鎖定」、「隱藏」功能才會生效。

實作：工作表超連結　•••

在大型試算表中，常常需要查閱各個範圍的資料，而超連結就是一種快速移動的技巧，為了讓超連結的應用更為完善，以範圍名稱作為超連結的標的，將使超連結後續的應用與維護更加簡單。

本範例是一張每月分店收支明細表，表的上方為總表，紀錄 4 家分店的總計金額，總表下方分別是 A、B、C、D 分店的收支明細紀錄，我們希望在總表上建立超連結，可以直接跳至 4 家分店的明細帳，另外，在每一家分店的明細帳下方，也建立一超連結回到頁首，請參考下圖：

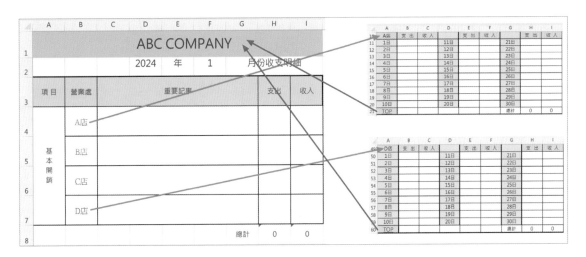

我們將採用範圍名稱作為超連接的標的，因此必須先建立範圍名稱。

》 建立範圍名稱

所有需要建立範圍名稱的儲存格我們都以黃色填滿作為標示。

1. 選取：A1 儲存格，公式→定義名稱，輸入：TOP（頁首）

2. 選取：A10 儲存格，公式→定義名稱，輸入： A 店

   選取：A23 儲存格，公式→定義名稱，輸入： B 店

   選取：A36 儲存格，公式→定義名稱，輸入： C 店

   選取：A49 儲存格，公式→定義名稱，輸入： D 店

	A	B	C	D	E	F	G	H	I	J
10	A店	支　出	收　入		支　出	收　入		支　出	收　入	
11	1日			11日			21日			
12	2日			12日			22日			
13	3日			13日			23日			

3. 公式→名稱管理員

   檢查 5 個名稱建立無誤

   如右圖：

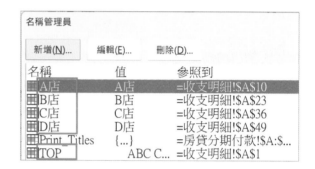

》 建立超連結

所有需要建立超連結的儲存格我們都以橘色填滿作為標示。

1. 選取：B4 儲存格

   插入→連結

   點選：這份文件中…

   點選：A 店

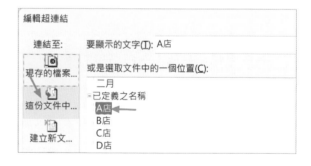

■ 完成如下圖：（「A 店」產生超連結底線，內容靠左對齊）

	A	B	C	D	E	F	G	H	I	J	K
3	項　目	營業處			重要記事			支出	收入		
4		A店									
5	基本	B店									

2. 根據上一個步驟，分別建立 B 店、C 店、D 店超連結

3. 選取：A21 儲存格，插入→連結，點選：這份文件中…，點選：TOP

	A	B	C	D	E	F	G	H	I	J
19	9日			19日			29日			
20	10日			20日			30日			
21	TOP						總計	0	0	
22										
23	B店	支　出	收　入		支　出	收　入		支　出	收　入	
24	1日			11日			21日			

4. 複製 A21 儲存格

　　按住 Ctrl 鍵不放，選取：A34、A47、A60 儲存格，按貼上鈕

5. 測試：

　　點選：D 店超連結，連結沒問題如下圖：

	A	B	C	D	E	F	G	H	I
46	10日			20日			30日		
47	TOP						總計	0	0
48									
49	D店	支　出	收　入		支　出	收　入		支　出	收　入
50	1日			11日			21日		

　< 　>　房貸分期付款　收支明細　一月　二月　＋　⋮　◀

就緒　🔲　⚙ 協助工具: 調查

> **說明** D 店並未位捲動至視窗頂端，因此必須手動向下翻頁才能看到大部分資料。
>
> 而超連結設定中並沒有此一選項設定，因此我們自行解決此難題！

● 在 A 欄上按右鍵→插入
　（新增空白 A 欄）
　將 B10 儲存格拖曳至 A10
　如右圖：

	A	B	C	D	E	F
10	A店←		支　出	收　入		支　出
11		1日			11日	
12		2日			12日	
13		3日			13日	

● 選取：A10:A21 範圍
　常用→跨欄置中
　結果如右圖：

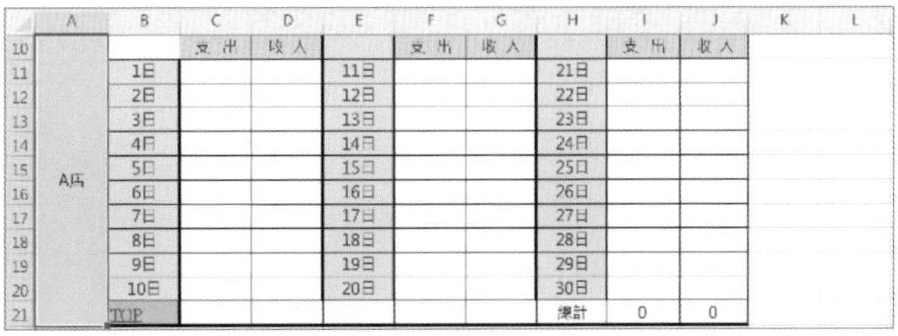

	A	B	C	D	E	F	G	H	I	J	K	L
10			支　出	收　入		支　出	收　入		支　出	收　入		
11		1日			11日			21日				
12		2日			12日			22日				
13		3日			13日			23日				
14		4日			14日			24日				
15	A店	5日			15日			25日				
16		6日			16日			26日				
17		7日			17日			27日				
18		8日			18日			28日				
19		9日			19日			29日				
20		10日			20日			30日				
21		TOP						總計	0	0		

- 根據上一個步驟，分別完成 B 店、C 店、D 店的更新

- 測試：

  點選：D 店超連結，顯示結果良好，如下圖：

	A	B	C	D	E	F	G	H	I	J	K	L
49			支　出	收　入		支　出	收　入		支　出	收　入		
50		1日			11日			21日				
51		2日			12日			22日				
52		3日			13日			23日				
53		4日			14日			24日				
54	D店	5日			15日			25日				
55		6日			16日			26日				
56		7日			17日			27日				
57		8日			18日			28日				
58		9日			19日			29日				
59		10日			20日			30日				
60		TOP						總計	0	0		

‹ ›　房貸分期付款　收支明細　一月　二月　＋　⋮

≫ 測試超連結在複製工作表中的功能

我們的收支明細表每一個月都要產生一份，分別命名為：【 一月 】、【 二月 】、⋯，不同
工作表使用相同的範圍名稱，超連結功能會正常嗎？

1. 點選：【 收支明細 】表
   按住 Ctrl 鍵不放，向右拖曳，產生：【 收支明細 (2) 】表

2. 點選：【 收支明細 】表
   按住 Ctrl 鍵不放，向右拖曳，產生：【 收支明細 (3) 】表，如下圖：

3. 在【 收支明細 (3) 】表連點 2 下，輸入：一月，按 Enter 鍵
   在【 收支明細 (2) 】表連點 2 下，輸入：二月，按 Enter 鍵

4. 選取：【 二月 】表，選取：G2 儲存格，輸入：2，如下圖：

5. 點選：D店超連結，頁面捲動無誤，如下圖：

6. 點選：TOP 超連結，頁面捲動無誤，如下圖：

meno

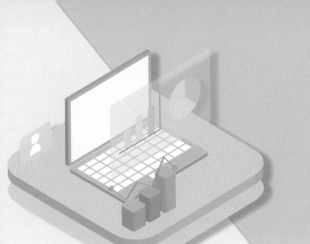

統計圖

簡易圖示統計圖

	A	B	C	D	E
1	月份	營業額	長條圖示	文字圖示	
2	01	34億	34億	***********************************	
3	02	20億	20億	*********************	
4	03	25億	25億	**************************	
5	04	26億	26億	***************************	
6	05	20億	20億	*********************	
7	06	35億	35億	************************************	

	A	B	C	D	E	F	G	H	I	J	K	L	M	N	O	P	Q
1		20xx年台灣景氣燈號													燈號級距	圖示	
2	月份	01	02	03	04	05	06	07	08	09	10	11	12		37以上	●	
3	分數	45	43	40	36	35	33	20	17	15	16	15	22		37~17	●	
4	燈號	●	●	●	●	●	●	●	●	●	●	●	●		16以下	●	

標準統計圖

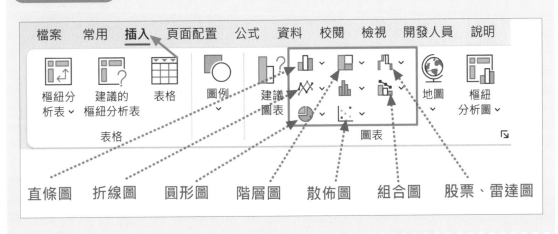

甘特圖

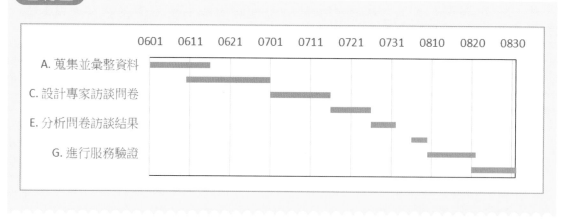

教學重點

☑ 簡易圖示統計圖　　　　　　☑ 各種統計圖的特點

☑ 8 種標準統計圖　　　　　　☑ 甘特圖：統計圖應用

☑ 統計圖標準設定程序

實作：00- 簡易橫條圖

≫ 以條件式格式產生色彩長條圖

1. 選取：B2 儲存格，請特別注意下圖：

> **說明** B2 儲存格的值「34」，顯示結果「34 億」，是因為自訂格式「#" 億 "」。

2. 選取：C2 儲存格，輸入運算式，向下填滿，如下圖：

	A	B	C	D	E	F
	月份	營業額	長條圖示	文字圖示		
2	01	34億	34億			
3	02	20億	20億			

C2 ＝B2

3. 選取：C2:C7 範圍
   條件式格式設定→新增規則
   格式樣式：資料橫條
   填滿：漸層填滿
   色彩：藍色
   如右圖：

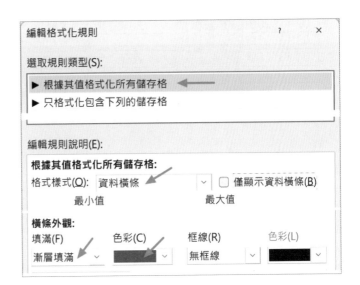

■ 設定結果如下圖：

	A	B	C	D	E	F
1	月份	營業額	長條圖示	文字圖示		
2	01	34億	34億			
3	02	20億	20億			
4	03	25億	25億			
5	04	26億	26億			
6	05	20億	20億			
7	06	35億	35億			

說明 格式化規則對話方塊中有許多設定選項，建議讀者可自行測試以下 2 個項目：
A. 僅顯示資料橫條　　B. 格式樣式

≫ 以函數產生文字長條圖

● 選取：D2 儲存格，輸入運算式，向下填滿，如下圖：

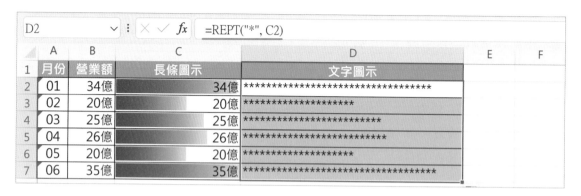

> **說明** 文字必須以雙引號包圍，可以是任意中、英文字、符號。

實作：00- 自設條件圖示 ● ● ●

≫ 以條件式格式產生圖示

1. 選取：B4 儲存格，輸入運算式，向右填滿，如下圖：

2. 選取：B4:M4 範圍，條件式格式設定→新增規則，設定如下圖：

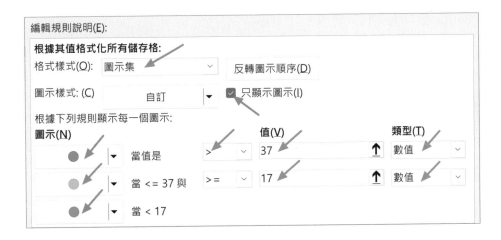

■ 設定結果如下圖：

	A	B	C	D	E	F	G	H	I	J	K	L	M	N	O	P	Q
1		20xx年台灣景氣燈號													燈號級距	圖示	
2	月份	01	02	03	04	05	06	07	08	09	10	11	12		37以上	●	
3	分數	45	43	40	36	35	33	20	17	15	16	15	22		37~17	●	
4	燈號	●	●	●	●	●	●	●	●	●	●	●	●		16以下	●	

實作：00- 完成比例圖

》 快速產生比例長條圖

1. 選取：E1 儲存格，請特別注意下圖：

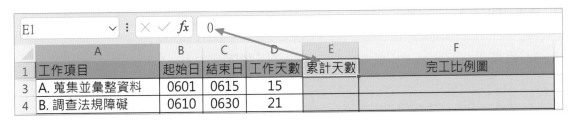

> **說明** E1 儲存格的值「0」，顯示結果「累計天數」，是因為自訂格式「累計天數」。

2. 選取：E2 儲存格，輸入運算式如下圖：

SUM	▼ :	× ✓ *fx*	=E1+D2		

	A	B	C	D	E	F
1	工作項目	起始日	結束日	工作天數	累計天數	完工比例圖
2	A. 蒐集並彙整資料	0601	0615	15	=E1+D2	
3	B. 調查法規障礙	0610	0630	21		

3. 完成運算式向下填滿，錯誤如下圖：

	A	B	C	D	E	F
1	工作項目	起始日	結束日	工作天數	累計天數	完工比例圖
2	A. 蒐集並彙整資料	0601	0615	15	累計天數	
3	B. 調查法規障礙	0610	0630	21	累計天數	

4. 選取：E2:E9 範圍，常用→設值：通用格式，結果如下圖：

	A	B	C	D	E	F
1	工作項目	起始日	結束日	工作天數	累計天數	完工比例圖
2	A. 蒐集並彙整資料	0601	0615	15	15	
3	B. 調查法規障礙	0610	0630	21	36	

5. 選取：F2 儲存格，輸入運算式，如下圖：

SUM	▼ :	× ✓ *fx*	=E2/E$9			

	A	B	C	D	E	F	G
1	工作項目	起始日	結束日	工作天數	累計天數	完工比例圖	
2	A. 蒐集並彙整資料	0601	0615	15	15	=E2/E$9	
3	B. 調查法規障礙	0610	0630	21	36		
8	G. 進行服務驗證	0809	0820	12	78		
9	H. 撰寫期末報告	0820	0831	12	90		

6. 設定格式：百分比、小數 0 位，向下填滿，如下圖：

	A	B	C	D	E	F	G
1	工作項目	起始日	結束日	工作天數	累計天數	完工比例圖	
2	A. 蒐集並彙整資料	0601	0615	15	15	17%	
3	B. 調查法規障礙	0610	0630	21	36	40%	

7. 常用→條件式格式設定：
   選取：資料橫條→漸層填滿
   如右圖：

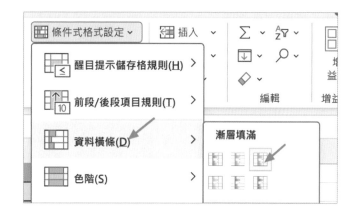

■ 設定完成結果如下圖：

	A	B	C	D	E	F	G
1	工作項目	起始日	結束日	工作天數	累計天數	完工比例圖	
2	A. 蒐集並彙整資料	0601	0615	15	15	17%	
3	B. 調查法規障礙	0610	0630	21	36	40%	
4	C. 設計專家訪談問卷	0701	0710	10	46	51%	
5	D. 進行專家問卷訪談	0716	0725	10	56	62%	
6	E. 分析問卷訪談結果	0726	0731	6	62	69%	
7	F. 舉辦研討會	0805	0808	4	66	73%	
8	G. 進行服務驗證	0809	0820	12	78	87%	
9	H. 撰寫期末報告	0820	0831	12	90	100%	

> **說明**
> ● 變更設定：條件式格式設定→管理規則→編輯規則
> ● 清除設定：條件式格式設定→清除規則→清除選取儲存格的規則

實作：01- 直條圖　●●●

》統計圖實作步驟

1. 選取：B2 儲存格
   （資料表內任一儲存格）

	A	B	C	D	E
1	部門名稱	業績目標	達成業績	毛利	
2	業務一課	277680000	247867390	86593350	
3	業務二課	189720000	219769732	94507620	
4	業務三課	270000000	310152340	133382180	
5	業務四課	246400000	288444890	124050510	
6					

> **說明** 系統會自動感應作用儲存格周圍的連續資料作為統計圖「資料範圍」。

2. 插入→直條圖
   平面直條圖→群組直條圖
   （工作表中產生一統計圖）

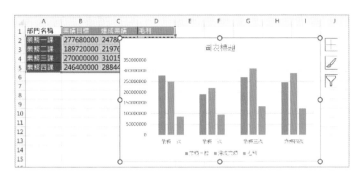

說明 系統會根據預設值繪製一統計圖，置於工作表中。

3. 圖表設計→快速版面配置
   選取：版面配置 9

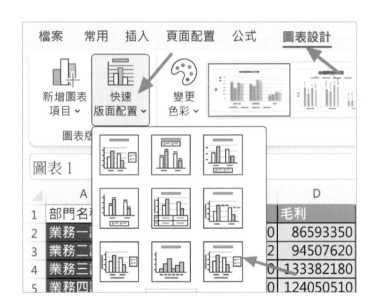

■ 版面配置 9 說明如下圖：

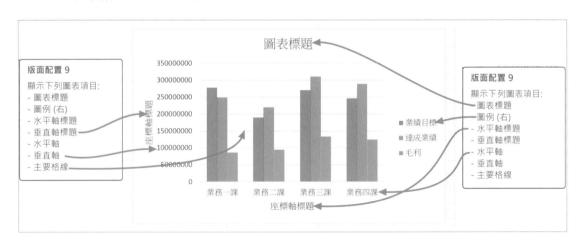

4. 點選：橘色長條（達成業績）
　　點選：＋鈕 → 資料標籤，結果如下圖：

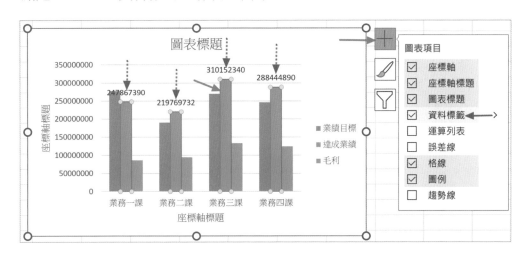

說明　版面配置 9 缺少的部分就由＋鈕來增加。

　　　若有多餘的部分，選取後直接按 Delete 鍵刪除即可。

5. 點選：水平軸標題
　　按 Delete 鍵
　　（刪除水平軸標題）

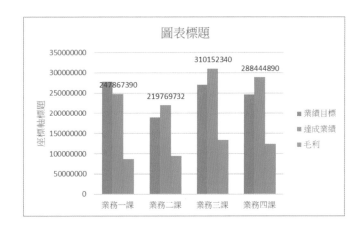

6. 輸入圖表標題文字
　　輸入垂直軸標題文字

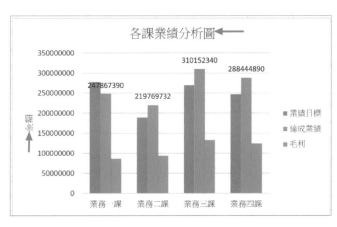

說明　點選項目後直接輸入
　　　文字即可。

7. 在垂直軸標題數字上連點 2 下，設定如下圖：

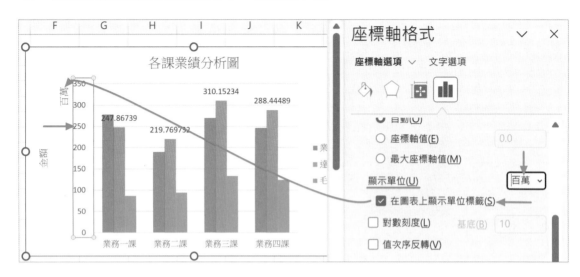

8. 點選：單位標籤（百萬），常用→對齊方式→方向：由上而下
　　點選：垂直軸標題（金額），常用→對齊方式→方向：由上而下

9. 在資料標籤數字上連點 2 下，設定如下圖：

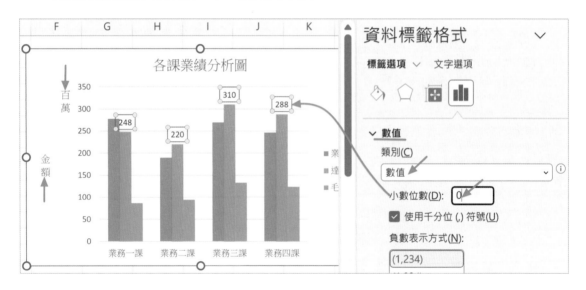

10. 在統計圖空白處按右鍵
　　　點選：A 文字
　　　設定字體：微軟正黑體、粗體
　　　（統計圖內所有文字都更新）

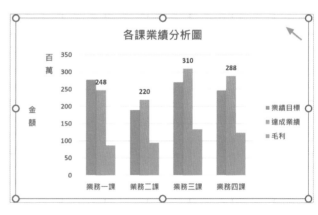

11. 在繪圖區內空白處點一下
（選取繪圖區）
在邊線上按右鍵，點選：外框
設定顏色：自動

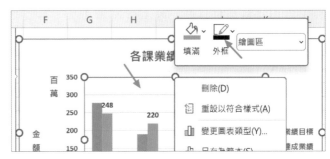

12. 重複上個步驟
設定：圖例框線

13. 重複上個步驟
設定：統計圖框線
結果如右圖：

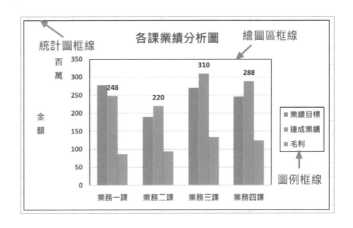

統計圖繪製流程整理

A. 統計圖資料

B. 統計圖類型

C. 快速版面配置

D. 新增、刪除項目

E. 輸入各項標題文字

F. 設定刻度單位

G. 調整文字格式

H. 設定各項目框線

一份資料兩種看法

● 這是同一份資料，以不同分析角度所繪製的統計圖：

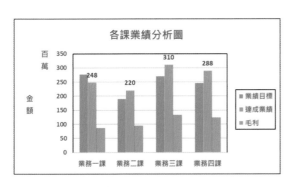

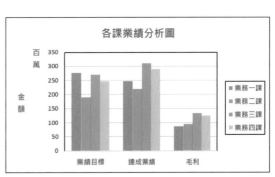

● 圖表設計→切換列／欄，就可將「列」資料轉換為「欄」資料

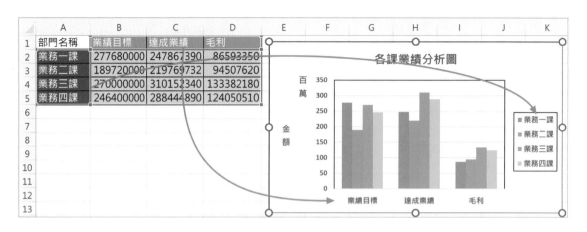

實作：01- 直條 - 圖案

》 建立直條圖

1. 選取：A3 儲存格

2. 插入→直條或橫條圖→平面直條圖
   ：群組直條圖

3. 圖表設計→快速版面配置
   ：版面配置 10

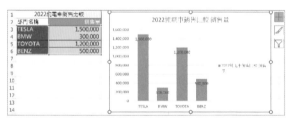

4. 刪除：圖例
   設定垂直軸單位：100000（十萬）
   設定全體字體：微軟正黑體
   結果如右圖：

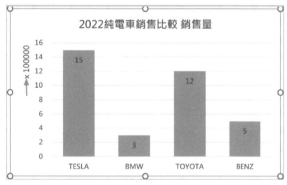

>> 以圖片填滿長條

1. 在瀏覽器上搜尋：TESLA LOGO
挑選一適當圖片
按右鍵→複製圖片

2. 點選：TESLA 長條
點選：TESLA 長條（只選取
TESLA）

3. 連點 2 下：TESLA
點選：填滿→圖片或材質填滿
點選：剪貼簿
點選：堆疊

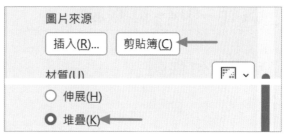

- 結果如右圖：

4. 重複上面步驟
分別搜尋、複製、設定
BMW、BENZ、TOYOTA 圖片
結果如右圖：

> **說明** 同樣的技巧可以用在繪圖區內，以公司的 LOGO 為背景圖。

5.　請讀者自行編輯、設定
　　圖表標題、單位標籤、繪圖區框線

6.　以拖曳方式調整
　　資料標籤位置
　　（長條上方）
　　結果如右圖：

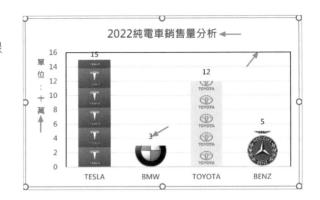

實作：02- 折線圖　● ● ●

≫ 建立折線圖

1.　選取：B3 儲存格

2.　插入→折線圖：平面折線圖
　　產生錯誤，如右圖：

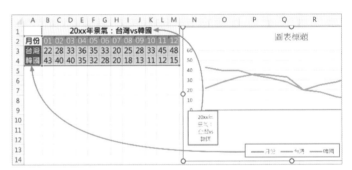

> **說明**　水平軸範圍錯誤，應更正為：B2:M2（01 02 03 …12 才是水平軸內容）
>
> 　　　　　資料範圍錯誤，應更正為：B3:M3（只有台灣、韓國 2 組數據）

≫ 手動設定統計圖資料

1.　圖表設計→選取資料，對話方塊如下圖：

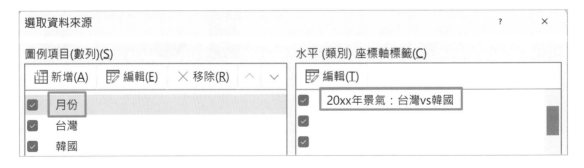

對話方塊左邊（數列）：多了 1 組資料，月份不是資料。

對話方塊右邊（類別）：全部錯誤，應該是：01 02 03 …12 共 12 個項目。

2. 點選左側：「月份」，點選：移除鈕

3. 點選右側：編輯鈕，拖曳選取範圍：B2:M2

● 設定結果如下圖：

● 統計圖更正如右圖：

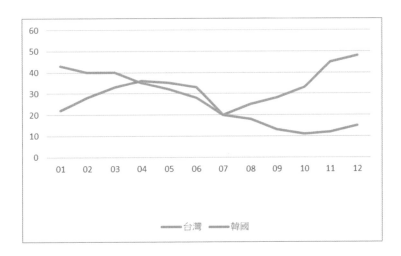

說明　「數列」的設定一次只能一個項目，內容包括：數列名稱、數列值
下圖是「台灣」項目的設定值：

4. 點選：＋鈕→圖表標題
   輸入：標題文字
   設定：字體格式

5. 選取：繪圖區
   向下拖曳（移動位置）
   結果如右圖：

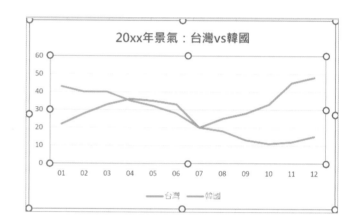

實作：03- 圓形圖　●●●

圓形圖比較特殊，它只能分析 1 組數據，它會計算每一個數值佔全體總和的百分比，繪圖前千萬不要自行轉換為百分比，會產生錯誤結果。

≫ 建立圓形圖

1. 選取：A1 儲存格

2. 插入→圓形圖：立體圓形圖

3. 圖表設計→快速版面配置
   ：版面配置 1
   結果如右圖：

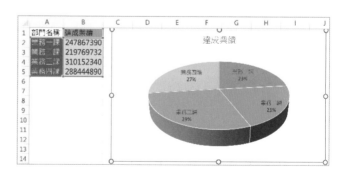

≫ 項目選取與設定

1. 點選：灰色區塊（選取整個圖形）
點選：灰色區塊（只選取灰色區塊）

2. 將灰色區塊向外拖曳
結果如右圖：

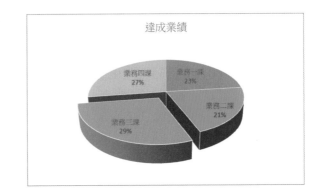

3. 點選：「業務三課」
（4 個資料標籤同時選取）

4. 設定字體：微軟正黑體、粗體
結果如右圖：

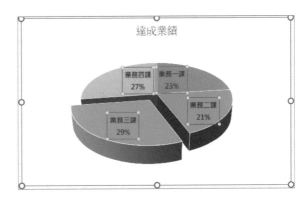

5. 在繪圖區空白處點一下
（選取整個繪圖區）

6. 在「業務三課」連點 2 下
（設定所有資料標籤）

7. 點選：標籤選項
展開：數值
類別：百分比、小數位數：2
設定如右圖：

8. 點選：「業務三課」標籤，向外拖曳
點選：「業務二課」標籤，向外拖曳
點選：「業務一課」標籤，向外拖曳
點選：「業務四課」標籤，向外拖曳
完成結果如右圖：

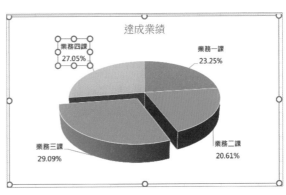

9. 點選：繪圖區
　向中心點拖曳左上方控制點
　向中心點拖曳右上方控制點
　向中心點拖曳左下方控制點
　向中心點拖曳右下方控制點
　繪圖區縮小如右圖：

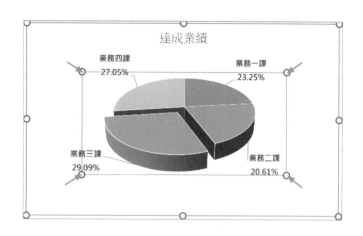

實作：04- 階層圖　● ● ●

階層圖也是一種特殊圖形，它的資料是有層次的，下圖便是學校人數分析，分為 2 個
層次：學院→系：

	A	B	C	D	E	F	G	H	I	J	K	L
1	學院	管理學院			工程學院				觀餐學院			
2	系	國企系	行銷系	資管系	工管系	資工系	航空系	環工系	餐飲系	觀光系	旅館系	航服系
3	人數	120	256	125	150	85	180	30	520	450	130	280

● 插入→插入階層圖圖表
　如右圖：

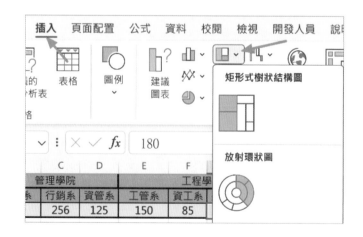

> **說明** 繪圖時作用儲存格不可以選取合併儲存格（例如：B1、E1、J1），系統會誤判
> 資料範圍而產生錯誤。

>> 階層圖的種類

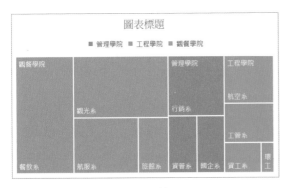

矩形樹狀

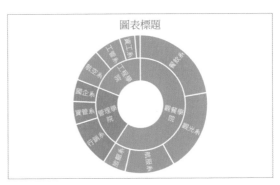

放射環狀

實作：05- 組合圖 ● ● ●

組合圖基本上就是直條圖與折線圖的混合體，同時也會有 2 個座標軸：主垂直軸、副垂直軸，副垂直軸就提供給資料差異性較大的組別使用，請先參考下方資料表：

部門名稱	人事部	企劃部	行政部	研發部	採購部	會計部	業務部	資訊部	圖書室
薪資	33,248	35,029	35,411	50,388	31,915	38,905	37,677	39,258	20,634
獎金	8,312	9,620	5,474	17,572	4,501	7,917	8,516	5,533	2,894
加班費	493	371	576	2,607	981	1,100	571	284	451

上圖有 3 組資料：薪資、獎金、加班費，加班費的值相對於薪資、獎金都是「微」不足道，因此繪製統計圖時便會是一條水平線，完全看不出趨勢，因此便會採用組合圖，讓加班費與薪資為一組，獎金為一組（使用不同的座標軸，不同的單位刻度）。

>> 建立組合圖

1. 選取：B2 儲存格

2. 插入→組合圖：群體直條圖 - 折線圖

3. 圖表設計→快速版面配置
   選取：版面配置 7
   結果如右圖：

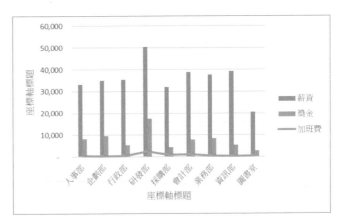

說明 灰色折線幾乎成為一條水平線趴在繪圖區底端，毫無意義。

》 副座標軸

1. 在灰色折線上連點 2 下，開啟數列選項對話方塊如下圖：

2. 設定：數列資料繪製於：副座標軸

   （繪圖區右側產生副垂直軸，灰色折線呈現高低起伏）

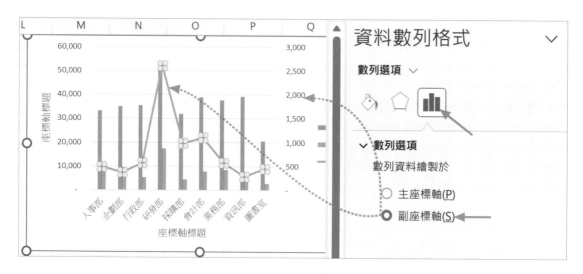

說明 繪圖區左邊的主垂直軸每單位 10,000，提供給薪資、獎金使用。

繪圖區右邊的副垂直軸每單位 500，提供給加班費使用。

》 移動圖表

對於比較大型的統計圖，Excel 提供獨立的統計圖工作表，也就是不跟資料混在一起的統計圖獨立空間。

1. 圖表設計→移動圖表
   選取：新工作表

■ 活頁簿中多了一張工作表【Chart1】，如下圖：

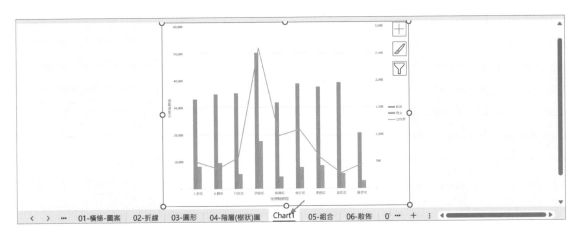

2. 點選：＋鈕，點選：統計圖標題，點選：座標軸標題→副垂直

3. 在繪圖區空白處按右鍵→A字型，設定：微軟正黑體、粗體、12PT

4. 輸入、設定統計圖標題

5. 輸入、設定主垂直軸標題
   輸入、設定副垂直軸標題

6. 將繪圖區底端往上提
   將圖例移至繪圖區底端
   將繪圖區右邊線往右延伸
   結果如右圖：

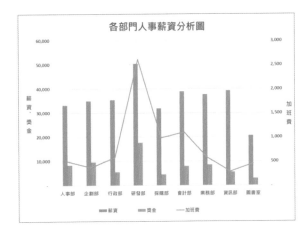

介紹：06- 散佈圖　　　● ● ●

下圖左側是產生散佈圖的資料，右側是散佈圖：

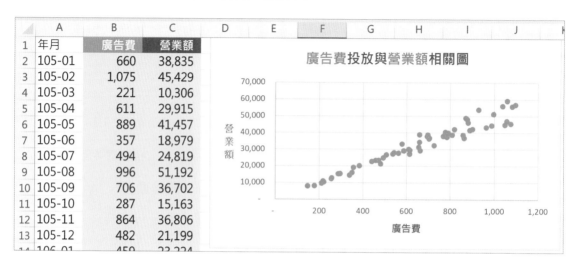

散佈圖是探討 X 軸與 Y 軸的對應關係，因此又稱為 XY 散佈圖，上圖看起來資料部分好像包括 A、B、C 三個欄位，其實 A 欄是沒有作用的，繪圖時資料範圍只能選取 B:C 欄。

介紹：07- 雷達表　　　● ● ●

雷達圖就是直條圖的變形，在直條圖中左右兩端的數據，不容易對照比較，但在雷達圖中（以下圖為例），5 個科系都是等距離，因此可清楚比對，我們還可以快速看出：

A. 行銷系：溝通能力最強（黃色）、專業知識最弱（深藍色）

B. 應英系：語言能力最強（淡藍色）、實作能力最弱（灰色）

C. …

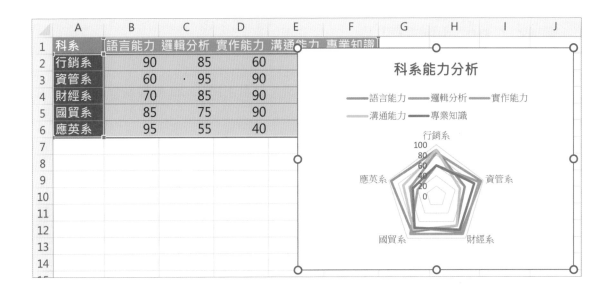

介紹：08- 股票圖

Excel 提供 4 種不同的股票圖，不同的圖形需要不同的數據：

A：最高價、最低價、收盤價

B：開盤價、最高價、最低價、收盤價

C：成交量、最高價、最低價、收盤價

D：成交量、開盤價、最高價、最低價、收盤價

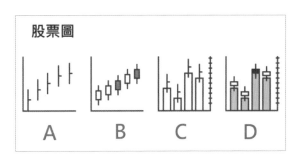

下圖是一個股票 K 線圖（B）：

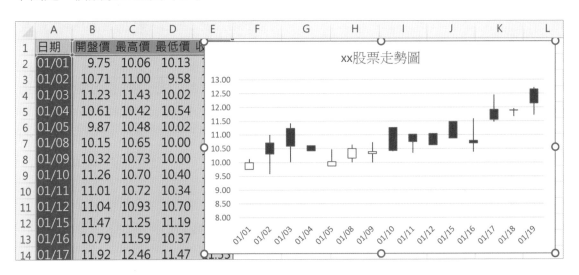

實作：09- 甘特圖 ●●●

甘特圖一般用於專案進度管理，並不是統計圖，但可使用 Excel 堆疊橫條圖繪製，達到資料與圖型連動的效果。

一般甘特圖所需資料：

    工作項目：A4:A12

    起始日：B4:B12

    結束日：C4:C12

堆疊橫條圖模擬甘特圖所需資料：

    工作項目：A4:A12

    起始日：B4:B12

    工作天數：D4:D12

▲	A	B	C	D
1		起始日	結束日	
2	日期轉數字			
3				
4	工作項目	起始日	結束日	工作天數
5	A. 蒐集並彙整資料	0601	0615	
6	B. 調查法規障礙	0610	0630	
7	C. 設計專家訪談問卷	0701	0715	
8	D. 進行專家問卷訪談	0716	0725	
9	E. 分析問卷訪談結果	0726	0731	
10	F. 舉辦研討會	0805	0808	
11	G. 進行服務驗證	0809	0820	
12	H. 撰寫期末報告	0820	0831	

≫ 準備作業

1. 選取：D5 儲存格
輸入運算式，向下填滿
如右圖：

D5		fx	=C5-B5+1	
▲	A	B	C	D
4	工作項目	起始日	結束日	工作天數
5	A. 蒐集並彙整資料	0601	0615	15
6	B. 調查法規障礙	0610	0630	21

2. 選取：B2 儲存格
輸入運算式：＝B5

3. 選取：C2 儲存格
輸入運算式：＝C12
如右圖：

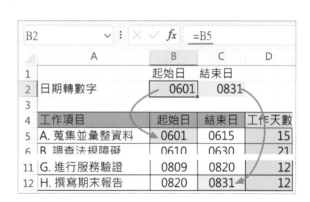

B2		fx	=B5	
▲	A	B	C	D
1		起始日	結束日	
2	日期轉數字	0601	0831	
3				
4	工作項目	起始日	結束日	工作天數
5	A. 蒐集並彙整資料	0601	0615	15
6	B. 調查法規障礙	0610	0630	21
11	G. 進行服務驗證	0809	0820	12
12	H. 撰寫期末報告	0820	0831	12

4. 選取：B2:C2 範圍
常用→數值→通用格式

▲	A	B	C	D
1		起始日	結束日	
2	日期轉數字	45078	45169	
3				

> **說明** B2:C2 資料將作為對話方塊的設定值：最大值、最小值，因此必須轉換為數字。

≫ 建立堆疊橫條圖

所謂堆疊就是將數值一個一個疊上去，先建立第一組數據，再疊上第 2 組數據。

1.　選取資料：A4:B12（項目 + 第 1 組資料）

2.　插入→直條或橫條圖→平面橫條圖→堆疊橫條圖

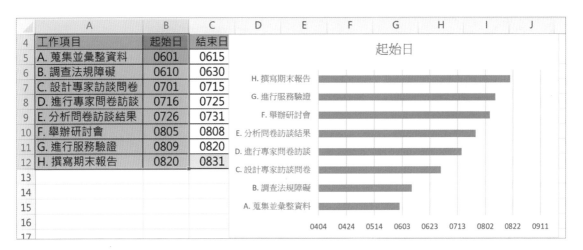

3.　圖表設計→選取資料，點選：新增鈕（數列）

4.　數列名稱：點選 D4，數列值：拖曳選取 D5:D12，如下圖：

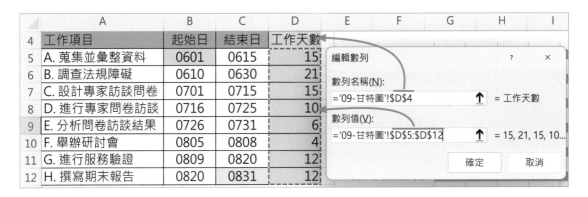

- 新增「工作天數」數列堆疊
  效果
  如右圖（橘色部分）：

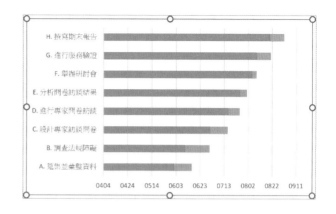

》 設定堆疊橫條圖

上圖必須進行以下幾個修正：

A. 工作項目上下對調

B. 水平軸的起始點：專案起始日，水平軸截止點：專案結束日

C. 隱藏淡藍色區塊（只保留個工作項目的工期）

D. 調整水平軸刻度

1. 在垂直軸項目上連點 2 下，點選：座標軸選項→類別次序反轉
   （水平軸項目由底端移動至頂端，工作項目 A 由底端移動至頂端）

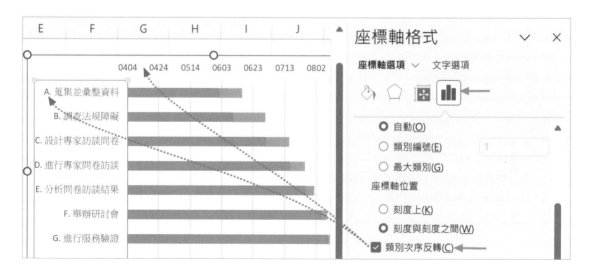

2. 在頂端的水平軸項目上連點 2 下
　　輸入座標軸選項最小值：45078（起始日：B2 儲存格的值）
　　輸入座標軸選項最大值：45169（結束日：C2 儲存格的值）

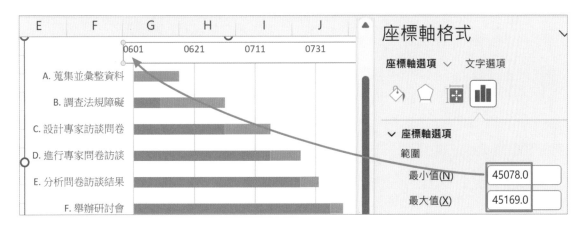

3. 在任一淡藍色橫條上連點 2 下，點選：填滿鈕→無填滿：

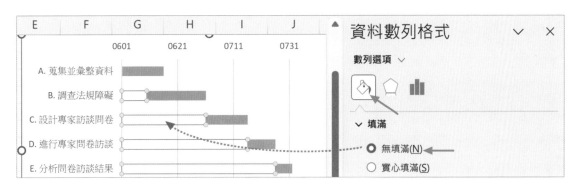

4. 設定繪圖區框線：自動
　　完成結果如右圖：

meno

人事資料處理

年齡計算、鐘點費計算、人事資料篩選

	A	B	C	D	E	F	G	H
3	姓名	出生日	足年	足月	足日	年齡		
4	張藍徐	1977/9/21	46	5	27	46年5個月27天		
5	煥坤王	1984/2/12	40	1	7	40年1個月7天		
6	張德惠	1989/2/10	35	1	9	35年1個月9天		

	A	B	C	D	E	F	G	H	I	J
3	編號 ▾	姓名 ▾	簽到 ▾	簽退 ▾	工作時間 ▾	小時 ▾	分 ▾	鐘點工資 ▾		
4	001	和莊清	07:29	22:09	14:40	14	40	214		
5	002	江正維	06:19	01:48	19:29	19	29	119		
6	003	鎮俊生	09:32	13:15	03:43	3	43	203		

	A	B	C	D	E	F	G
1	總經理特助條件：						
2	姓名	年齡	月薪	月薪	星座	完整經歷	完整經歷
3	張*	>40	>=40000	<=60000	水瓶座	*業務*	<>*會計*
4	張*	>40	>=40000	<=60000	牡羊座	*業務*	<>*會計*
5							
6	編號	姓名	現職部門	月薪	年齡	星座	完整經歷
7	A001	建興蔡	研發處	295800	53	牡羊座	人事助理研發工程師研發經理
8	B001	豪鈞森	研發處	247900	56	魔羯座	人事專員研發工程師業務專員

教學重點

- ☑ 取代、不可見字元取代
- ☑ 資料剖析
- ☑ 儲存格參照
- ☑ 日期運算
- ☑ 時間運算
- ☑ 表格運算式
- ☑ 排序、篩選
- ☑ 進階篩選

應用函數

TODAY( )：今日日期	DATE( )：將年、月、日組成日期
DATEDIF( )：計算日期長度（年或月或日）	TEXT( )：數字轉換為文字
FIND( )：搜尋內容	MONTH( )：取出日期的「月份」
LEFT( )：左字串	VLOOKUP( )：查表
MID( )：中間字串	HOUR( )：幾點鐘
RIGHT( )：右字串	MINUTE( )：幾分鐘
LEN( )：字串長度	IF( )：條件式

實作：年齡計算 ●●●

》》 足歲計算

1. 選取：B1 儲存格，輸入運算式，結果如下圖：

B1		⌄ ⋮ × ✓ fx	=TODAY()				
▲	A	B	C	D	E	F	G	H
1	今天日期	2024/2/8					

2. 選取：A1:B1 範圍，公式→從選取範圍建立→最左欄

   選取：B3:B100 範圍，公式→從選取範圍建立→頂端列

3. 選取：C4 儲存格，輸入運算式，結果如下圖：

C4		⌄ ⋮ × ✓ fx	=DATEDIF(出生日, 今天日期, "Y")				
▲	A	B	C	D	E	F	G	H
1	今天日期	2024/2/8					
2							
3	姓名	出生日	足年	足月	足日	年齡	
4	張藍徐	1977/9/21	46				
5	煥坤王	1984/2/12	39				

> **說明**　「出生日」、「今日日期」不要自行輸入，按 F3 功能鍵叫出「名稱」對話方塊。
>
> DATEDIF(起始日 , 截止日 , 參數)
>
> 參數："Y" → 滿 N 年，"YM" → 滿 N 月，"MD" → 滿 N 日。

4. 選取：D4 儲存格，輸入運算式，結果如下圖：

D4		∨ : ✕ ✓ fx		=DATEDIF(出生日, 今天日期, "YM")			
	A	B	C	D	E	F	G	H
1	今天日期	2024/2/8						
2								
3	姓名	出生日	足年	足月	足日	年齡		
4	張藍徐	1977/9/21	46	4				
5	煥坤王	1984/2/12	39	11				

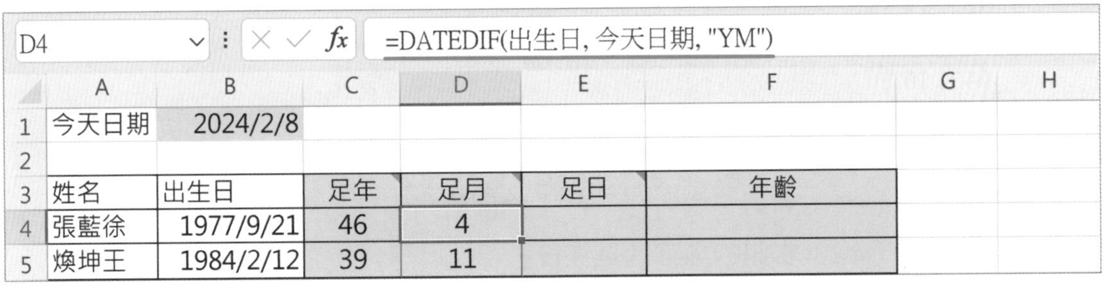

5. 選取：E4 儲存格，輸入運算式，結果如下圖：

E4		∨ : ✕ ✓ fx		=DATEDIF(出生日, 今天日期, "MD")			
	A	B	C	D	E	F	G	H
1	今天日期	2024/2/8						
2								
3	姓名	出生日	足年	足月	足日	年齡		
4	張藍徐	1977/9/21	46	4	18			
5	煥坤王	1984/2/12	39	11	27			

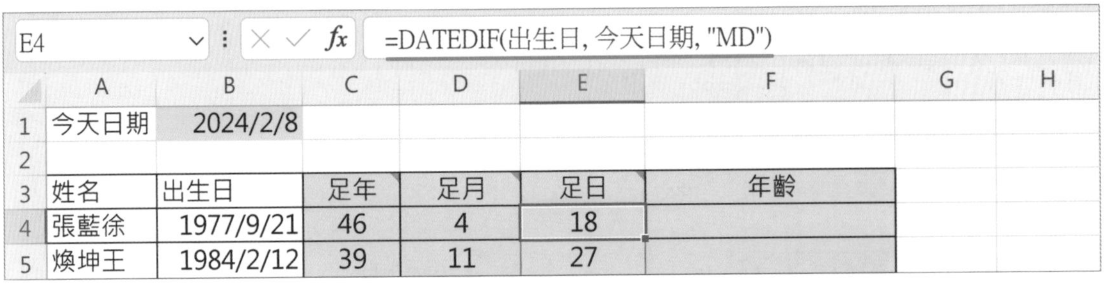

6. 選取：C3:E100 範圍，公式→從選取範圍建立→頂端列

選取：F4 儲存格，輸入運算式，結果如下圖：

F4		∨ : ✕ ✓ fx		=足年 & "年" & 足月 & "個月" & 足日 & "天"			
	A	B	C	D	E	F	G	H
1	今天日期	2024/2/8						
2								
3	姓名	出生日	足年	足月	足日	年齡		
4	張藍徐	1977/9/21	46	4	18	46年4個月18天		
5	煥坤王	1984/2/12	39	11	27	39年11個月27天		

實作：民國轉西元 •••

≫ 解題策略

● 下圖 A 欄的日期格式是不規則的，年：2~3 位數，月：1~2 位數，月：1~2 位數，但年、月、日之間以「.」間隔卻是有規則的，因此可以使用「資料剖析」將年月日拆開，但本單元我希望採取的解題策略是「函數」→全自動化。

	A	B	C	D	E	F	G	H	I	J
1	國曆年月日	#1	#2	年	月	日	西元生日			
2	70.11.29									
3	45.8.21									
4	54.11.16									

- 第 1 個「.」（#1）左側內容就是「年」
  第 1 個「.」（#1）到第 2 個「.」（#2）之間的內容就是「月」
  第 2 個「.」（#2）右側的內容就是「日」

- 西元年 ＝ 民國年 ＋ 1911

》 拆解：年、月、日

1. 選取：B2 儲存格，輸入運算式，向下填滿，結果如下圖：

| B2 | | | ✕ ✓ | f_x | =FIND(".", A2, 1) | | | | | |

	A	B	C	D	E	F	G	H	I	J
1	國曆年月日	#1	#2	年	月	日	西元生日			
2	70.11.29	3								
3	45.8.21	3								

> **說明** 第 3 個參數「1」：由第 1 個字元開始搜尋，是可以省略的（系統預設值）。

2. 選取：C2 儲存格，輸入運算式，向下填滿，結果如下圖：

| C2 | | | ✕ ✓ | f_x | =FIND(".", A2, B2+1) | | | | | |

	A	B	C	D	E	F	G	H	I	J
1	國曆年月日	#1	#2	年	月	日	西元生日			
2	70.11.29	3	6							
3	45.8.21	3	5							

> **說明** 第 3 個參數「B2+1」：由 #1 位置之後開始搜尋。

3. 選取：D2 儲存格，輸入運算式，向下填滿，結果如下圖：

| D2 | | | ✕ ✓ | f_x | =LEFT(A2, B2-1) | | | | | |

	A	B	C	D	E	F	G	H	I	J
1	國曆年月日	#1	#2	年	月	日	西元生日			
2	70.11.29	3	6	70						
3	45.8.21	3	5	45						

說明 攫取左字串：#1 位置 -1。

4. 選取：E2 儲存格，輸入運算式，向下填滿，結果如下圖：

E2		✕ ✓ fx	=MID(A2, B2+1, C2-B2-1)						
	A	B	C	D	E	F	G	H	I	J
1	國曆年月日	#1	#2	年	月	日	西元生日			
2	70.11.29	3	6	70	11					
3	45.8.21	3	5	45	8					

說明 攫取中間字串，開始位置：#1 位置 +1，攫取長度：#2 位置 - #1 位置 -1。

5. 選取：F2 儲存格，輸入運算式，向下填滿，結果如下圖：

F2		✕ ✓ fx	=RIGHT(A2, LEN(A2)-C2)						
	A	B	C	D	E	F	G	H	I	J
1	國曆年月日	#1	#2	年	月	日	西元生日			
2	70.11.29	3	6	70	11	29				
3	45.8.21	3	5	45	8	21				

6. 選取：G2 儲存格，輸入運算式，向下填滿，結果如下圖：

G2		✕ ✓ fx	=DATE(D2+1911, E2, F2)						
	A	B	C	D	E	F	G	H	I	J
1	國曆年月日	#1	#2	年	月	日	西元生日			
2	70.11.29	3	6	70	11	29	1981/11/29			
3	45.8.21	3	5	45	8	21	1956/8/21			

實作：星座表

▶▶ 解題邏輯

右下圖 A 欄是由網頁下載的星座表，X、Y 欄是可以使用 VLOOKUP( ) 函數查詢的正規資料表。

要將 A 欄的網頁星座表轉換為 X、Y 欄的查詢表必須經過以下幾個過程：

A.　將 A 欄資料拆解為：

編號、星座名稱、起始月、起始日、截止月、截止日

B.　將「月」、「日」統一格式為 2 位數。

C.　將摩羯座 12/22 ～1/19 拆成 2 筆資料
12/22 ～ 12/31、1/1 ～ 1/19

D.　依日期先後順序重新排列資料

	A	B	X	Y
1	原始網頁資料		查詢表	
2	1. 牡羊座 3/21-4/19		0101	魔羯座
3	2. 金牛座 4/20-5/20		0120	水瓶座
4	3. 雙子座 5/21-6/20		0219	雙魚座
5	4. 巨蟹座 6/21-7/22		0321	牡羊座
6	5. 獅子座 7/23-8/22		0420	金牛座
7	6. 處女座 8/23-9/22		0521	雙子座
8	7. 天秤座 9/23-10/22		0621	巨蟹座
9	8. 天蠍座 10/23- 11/21		0723	獅子座
10	9. 射手座 11/22-12/21		0823	處女座
11	10. 魔羯座 12/22-1/19		0923	天秤座
12	11. 水瓶座 1/20-2/18		1023	天蠍座
13	12. 雙魚座 2/19-3/20		1122	射手座
14			1222	魔羯座

≫ 資料拆解

將「/」專換為空白字元，將「-」轉換為空白字元，如此一來，A 欄資料就可根據空白字元，拆解為 6 個欄位。

1.　複製：A2:A13 範圍

貼置：C2 儲存格（貼上選項：123）

	A	B	C
1	原始網頁資料		間隔處理
2	1. 牡羊座 3/21-4/19		1. 牡羊座 3/21-4/19
3	2. 金牛座 4/20-5/20		2. 金牛座 4/20-5/20
4	3. 雙子座 5/21-6/20		3. 雙子座 5/21-6/20

2.　選取：C 欄

常用→編輯→取代

尋找目標：「/」

取代成：「 」（1 空白字元）

	A	B	C
1	原始網頁資料		間隔處理
2	1. 牡羊座 3/21-4/19		1. 牡羊座 3 21-4 19
3	2. 金牛座 4/20-5/20		2. 金牛座 4 20-5 20
4	3. 雙子座 5/21-6/20		3. 雙子座 5 21-6 20

3.　常用→編輯→取代

尋找目標：「-」

取代成：「 」（1 空白字元）

	A	B	C
1	原始網頁資料		間隔處理
2	1. 牡羊座 3/21-4/19		1. 牡羊座 3 21 4 19
3	2. 金牛座 4/20-5/20		2. 金牛座 4 20 5 20
4	3. 雙子座 5/21-6/20		3. 雙子座 5 21 6 20

4.　複製：C2:C13 範圍，貼至：E2 儲存格（貼上選項：123），如下圖：

	C	D	E	F	G	H	I	J
1	間隔處理		資料剖析					
2	1. 牡羊座 3 21 4 19		1. 牡羊座 3 21 4 19					
3	2. 金牛座 4 20 5 20		2. 金牛座 4 20 5 20					
4	3. 雙子座 5 21 6 20		3. 雙子座 5 21 6 20					

5. 資料→資料剖析→分隔符號
按下一步鈕
選取：空格
按完成鈕

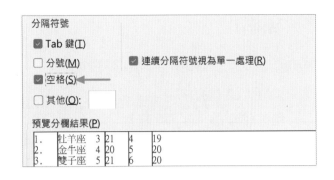

■ 資料拆解錯誤如下圖：

	C	D	E	F	G	H	I	J
1	間隔處理			資料剖析				
2	1. 牡羊座 3 21 4 19		1	牡羊座 3	21	4	19	
3	2. 金牛座 4 20 5 20		2	金牛座 4	20	5	20	
4	3. 雙子座 5 21 6 20		3	雙子座 5	21	6	20	

> **說明** F 欄中星座名稱與起始月並未被拆解，例如 F2 儲存格：「牡羊座 3」，中間看似有間隙，但卻不是空白字元，因此沒有成功拆解。

6. 點選：復原鍵入鈕
選取：E2 儲存格，在編輯列中複製「牡羊座」與「3」之間內容，如下圖：

E2	✓ ： ✕ ✓ *fx*	1. 牡羊座 3 21 4 19					

	C	D	E	F	G	H	I	J
1	間隔處理			資料剖析				
2	1. 牡羊座 3 21 4 19		1. 牡羊座 3 21 4 19					
3	2. 金牛座 4 20 5 20		2. 金牛座 4 20 5 20					

7. 選取：E 欄，常用→編輯→取代
尋找目標：按 Ctrl + V，取代成：「 」（1 空白字元）

8. 重新執行「資料剖析」，資料成功拆解如下圖：

	C	D	E	F	G	H	I	J
1	間隔處理			資料剖析				
2	1. 牡羊座 3 21 4 19		1	牡羊座	3	21	4	19
3	2. 金牛座 4 20 5 20		2	金牛座	4	20	5	20
4	3. 雙子座 5 21 6 20		3	雙子座	5	21	6	20

>> 標準化

將所有「月」、「日」都轉換為 2 字元。

1. 選取：L2 儲存格
   輸入運算式，向下填滿
   如右圖：

> **說明** 「＝F2」：將 F2 儲存格內容抄過來，如果用「複製 / 貼上」，那就是半自動，用抄的就是全自動，當 F2 儲存格資料異動時，L2 儲存格不需要手動更新。
>
> 「抄」是口語，正式學名：「參照」。

2. 選取：M2 儲存格
   輸入運算式，向右填滿、向下填滿
   如右圖：

>> 轉化為查詢表

星座查詢一般都是根據「月日」，因此我們必須將「月」、「日」結合，接著必須讓查詢表由 1 月 1 日開始（0101）

1. 選取：R2 儲存格
   輸入運算式，向下填滿
   如右圖：

2. 選取：S2 儲存格
   輸入運算式，向下填滿
   如右圖：

> **說明** 截止月（O 欄）、截止日（P 欄）不需要處理，因為下一個星座的起始日期就緊接著上一個星座的截止日。

3. 複製：R2:R13 範圍
   貼至：U2 儲存格（貼上選項：
   123）

	R	S	T	U	V	W
1	資料表			查詢表		
2	牡羊座	0321		牡羊座	0321	
3	金牛座	0420		金牛座	0420	
4	雙子座	0521		雙子座	0521	

> **說明** 查詢表的第 1 列必須由「0101」開始，並且依日期排序，因此必須複製最下方的摩羯座、水瓶座、雙魚座。

4. 複製：U11:V13 範圍（最後 3 項目）
   在 U2 上按右鍵→插入複製的儲存格
   →現有儲存格下移

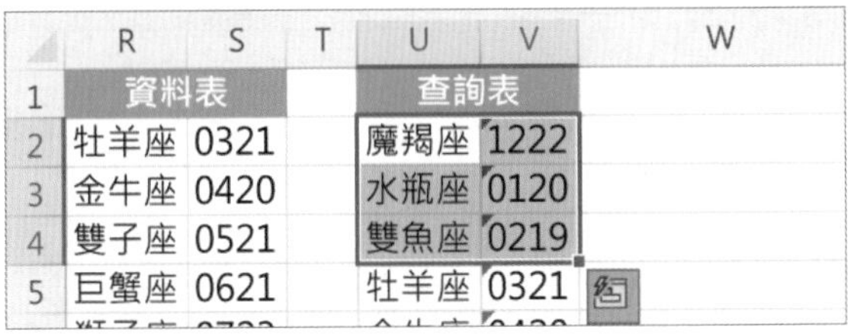

	R	S	T	U	V	W
1	資料表			查詢表		
2	牡羊座	0321		摩羯座	1222	
3	金牛座	0420		水瓶座	0120	
4	雙子座	0521		雙魚座	0219	
5	巨蟹座	0621		牡羊座	0321	

5. 選取：V2 儲存格
   輸入：'0101
   如右圖：

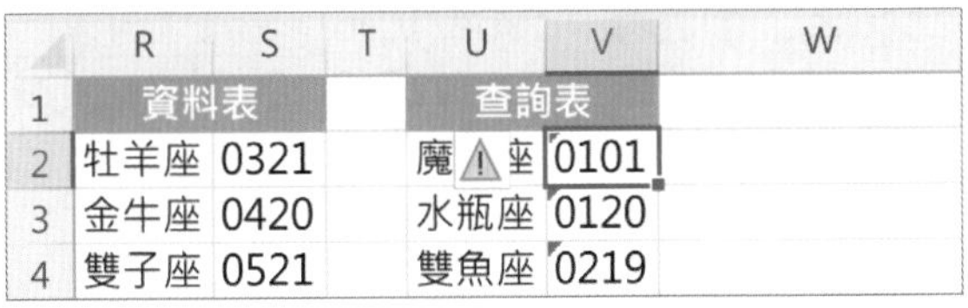

	R	S	T	U	V	W
1	資料表			查詢表		
2	牡羊座	0321		魔 ⚠ 坐	0101	
3	金牛座	0420		水瓶座	0120	
4	雙子座	0521		雙魚座	0219	

> **說明** 摩羯座跨年尾接年頭：1222 ～ 0119
> 因此必須被拆解為 2 筆資料：1222 ～ 1231、0101 ～ 0119。

6. 刪除 U15:V16 範圍
   如右圖：

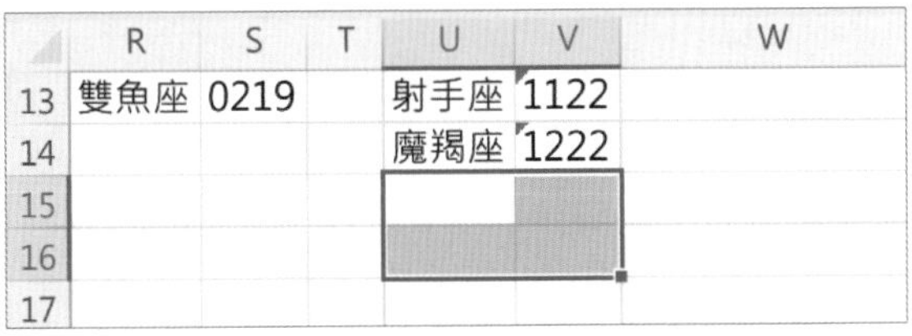

	R	S	T	U	V	W
13	雙魚座	0219		射手座	1122	
14				魔羯座	1222	
15						
16						
17						

7. 選取：X2 儲存格，輸入：=V2
   選取：Y2 儲存格，輸入：=U2
   選取：X2:Y2，向下填滿
   如右圖：

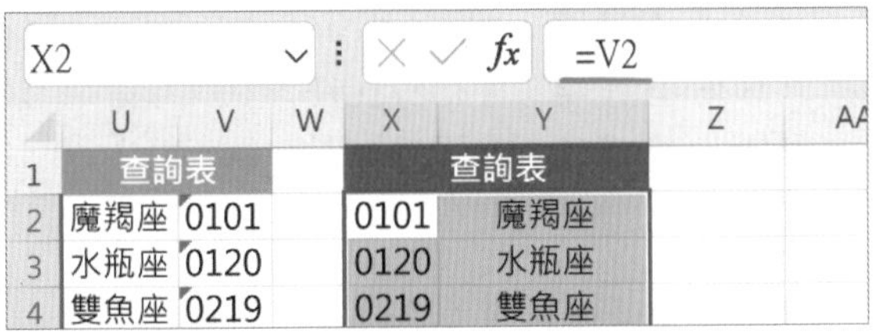

X2			f_x	=V2	

	U	V	W	X	Y	Z	AA
1	查詢表			查詢表			
2	魔羯座	0101		0101	魔羯座		
3	水瓶座	0120		0120	水瓶座		
4	雙魚座	0219		0219	雙魚座		

> **說明** VLOOKUP( ) 查詢所用的資料表，查詢欄位必須擺在第 1 欄。

實作：生日星座　　●●●

1.　選取：D2 儲存格，輸入運算式，向下填滿，如下圖：

D2			fx	=TEXT(MONTH(C2), "00")							
	A	B	C	D	E	F	G	H	I	J	K
1	編號	姓名	出生日	月	日	月日	星座		查詢表		
2	C002	和莊清	1964/10/6	10					0101	魔羯座	
3	C006	江正維	1985/10/6	10					0120	水瓶座	

2.　選取：E2 儲存格，輸入運算式，向下填滿，如下圖：

E2			fx	=TEXT(DAY(C2), "00")							
	A	B	C	D	E	F	G	H	I	J	K
1	編號	姓名	出生日	月	日	月日	星座		查詢表		
2	C002	和莊清	1964/10/6	10	06				0101	魔羯座	
3	C006	江正維	1985/10/6	10	06				0120	水瓶座	

3.　選取：F2 儲存格，輸入運算式，向下填滿，如下圖：

F2			fx	=D2 & E2							
	A	B	C	D	E	F	G	H	I	J	K
1	編號	姓名	出生日	月	日	月日	星座		查詢表		
2	C002	和莊清	1964/10/6	10	06	1006			0101	魔羯座	
3	C006	江正維	1985/10/6	10	06	1006			0120	水瓶座	

4.　選取：G2 儲存格，輸入運算式，向下填滿，如下圖：

G2			fx	=VLOOKUP(F2, I\$2:J\$14, 2, TRUE)							
	A	B	C	D	E	F	G	H	I	J	K
1	編號	姓名	出生日	月	日	月日	星座		查詢表		
2	C002	和莊清	1964/10/6	10	06	1006	天秤座		0101	魔羯座	
3	C006	江正維	1985/10/6	10	06	1006	天秤座		0120	水瓶座	
4	E013	鎮俊生	1979/10/21	10	21	1021	天秤座		0219	雙魚座	

> **說明**　第 4 個參數：TRUE，搜尋條件：不大於查詢值的最大值。
>
> 舉例：F2 儲存格 1006，介於 0923 與 1023 之間
> 因為是「不大於查詢值」，因此對應值：0923 → 天秤座。

查詢表	
0923	天秤座
1023	天蠍座

實作：工資計算

1. 選取：A1:B1 範圍，資料→從選取範圍建立→最左欄

2. 選取：C3 儲存格，插入→表格→有標題

	A	B	C	D	E	F	G	H	I	J
1	時薪	200								
2										
3	編號 ▾	姓名 ▾	簽到 ▾	簽退 ▾	工作時間 ▾	小時 ▾	分 ▾	鐘點工資 ▾		
4	001	和莊清	07:29	22:09						
5	002	江正維	06:19	01:48						

3. 表格設計→表格名稱：打卡紀錄

4. 選取：E4 儲存格，輸入運算式，結果如下圖：

	A	B	C	D	E	F	G	H	I	J
3	編號 ▾	姓名 ▾	簽到 ▾	簽退 ▾	工作時間 ▾	小時 ▾	分 ▾	鐘點工資 ▾		
4	001	和莊清	07:29	22:09	14:40					
5	002	江正維	06:19	01:48	########					

> **說明**　因為整份資料就是一個表格，因此：
> - 點選 D4 儲存格就會產生「@ 簽退」
> - 點選 C4 儲存格就會產生「@ 簽到」
> - 欄位名稱前方的 @ 符號代表作用儲存格所在的列。
>
> 多個儲存格產生 ###### 錯誤！
>
> 以 E5 為例：簽退時間是凌晨 01:48，因此「@ 簽退 -@ 簽到」為負值。

5. 選取：E4 儲存格，編輯運算式，結果如下圖：

E4			fx	=IF([@簽退]-[@簽到]<0, [@簽退]-[@簽到]+1, [@簽退]-[@簽到])

	A	B	C	D	E	F	G	H	I	J
3	編號	姓名	簽到	簽退	工作時間	小時	分	鐘點工資		
4	001	和莊清	07:29	22:09	14:40					
5	002	江正維	06:19	01:48	19:29					
6	003	鎮俊生	09:32	13:15	03:43					

> **說明** 在 Excel 系統中，一天 24 小時換算成數值就等於 1，因此隔天就 +1。

6. 選取：F4 儲存格，輸入運算式，結果如下圖：

F4			fx	=HOUR([@工作時間])

	A	B	C	D	E	F	G	H	I	J
3	編號	姓名	簽到	簽退	工作時間	小時	分	鐘點工資		
4	001	和莊清	07:29	22:09	14:40	14				
5	002	江正維	06:19	01:48	19:29	19				

7. 選取：G4 儲存格，輸入運算式，結果如下圖：

G4			fx	=MINUTE([@工作時間])

	A	B	C	D	E	F	G	H	I	J
3	編號	姓名	簽到	簽退	工作時間	小時	分	鐘點工資		
4	001	和莊清	07:29	22:09	14:40	14	40			
5	002	江正維	06:19	01:48	19:29	19	29			

8. 選取：G4 儲存格，輸入運算式，結果如下圖：

H4			fx	=([@小時]+IF([@分]<=30, 0.5, 1)) *時薪

	A	B	C	D	E	F	G	H	I	J
3	編號	姓名	簽到	簽退	工作時間	小時	分	鐘點工資		
4	001	和莊清	07:29	22:09	14:40	14	40	3,000		
5	002	江正維	06:19	01:48	19:29	19	29	3,900		

> **說明** 該公司福利不錯，未滿 30 分以 0.5 小時計，超過 30 分以 1 小時計。
>
> → IF([@ 分] <= 30 , 0.5 , 1)

實作：排序篩選

「排序」可以讓相同、類似的資料集合在一起，這樣就可以快速找到需要的資料，或快速刪除不要的資料，當資料篩選沒有明確條件時，以排序作為篩選手段是一個不錯的選擇。

本單元資料篩選條件建置於 A1 儲存格，如下圖：

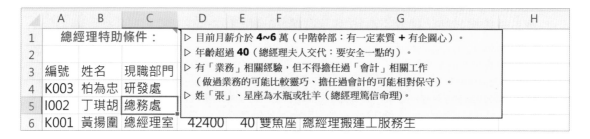

	A	B	C	D	E	F	G	H
1	總經理特助條件：			▷ 目前月薪介於 **4~6** 萬（中階幹部：有一定素質 **+** 有企圖心）。				
2				▷ 年齡超過 **40**（總經理夫人交代：要安全一點的）。				
3	編號	姓名	現職部門	▷ 有「業務」相關經驗，但不得擔任過「會計」相關工作				
4	K003	柏為忠	研發處	（做過業務的可能比較靈巧、擔任過會計的可能相對保守）。				
5	I002	丁琪胡	總務處	▷ 姓「張」、星座為水瓶或牡羊（總經理篤信命理）。				
6	K001	黃揚圍	總經理室	42400	40	雙魚座	總經理搬運工服務生	

> **說明**　建立「註解」的步驟：選取某一儲存格→在儲存格上按右鍵→插入註解

1. 選取：D4 儲存格（「月薪」欄下方任一儲存格）

   資料→遞增排序，選取：第 4 列，在第 4 列上按右鍵→刪除（小於 40000）

	A	B	C	D	E	F	G	H
3	編號	姓名	現職部門	月薪	年齡	星座	完整經歷	
4	K003	柏為忠	研發處	26900	36	水瓶座	顧問工程師行政助理行政專員	
5	I002	丁琪胡	總務處	42400	40	射手座	圖書助理行政經理人事主任	
6	K001	黃揚圍	總經理室	42400	40	雙魚座	總經理搬運工服務生	

2. 選取：50:99 列，在第 50 列上按右鍵→刪除（大於 60000）

	A	B	C	D	E	F	G	H
48	J006	何大茂	總務處	58600	51	處女座	維修經理行政專員會計	
49	C012	建鄭秀	業務部	59400	45	水瓶座	行政經理市場開發電子工程師	
50	E010	賢劉鵬	工程部	60200	54	獅子座	程式設計師技術員品管工程師	
51	F003	曉簡晶	工程部	60200	54	魔羯座	業務副理電子工程師軟體工程師	

3. 選取：E4 儲存格（「年齡」欄下方任一儲存格）

資料→遞增排序，選取：4:18 列，在第 18 列上按右鍵→刪除（未超過 40 歲）

	A	B	C	D	E	F	G	H
17	D017	好弘昌	總經理室	50100	40	魔羯座	美工專員採購專員業務專員	
18	F004	彗陳憲	工程部	58600	40	獅子座	業務副理系統開發師軟體工程師	
19	D008	詔倉謝	研發處	52900	42	雙子座	研發副理採購助理業務專員	
20	I005	力銘唐	總務處	56300	42	天秤座	維修工程師工讀生行政助理	

4. 選取：B4 儲存格（「姓名」欄下方任一儲存格）

資料→遞增排序，選取：4:16 列，在第 16 列上按右鍵→刪除（不姓「張」）

	A	B	C	D	E	F	G	H
15	C013	家玉治	工程部	52000	60	牡羊座	助理工程師工程部副理FAE經理	
16	H001	家沈榮	總經理室	54600	60	處女座	資深工程師人事專員行政副理	
17	G003	張正禾	業務部	57800	51	魔羯座	業務專員研發企劃外銷企劃	
18	D012	張美南	工程部	49300	46	天蠍座	研發經理硬體工程師電子工程師	

5. 選取：11:21 列，在第 21 列上按右鍵→刪除（不姓「張」）

	A	B	C	D	E	F	G	H
9	E001	張銘連	財務部	51700	49	處女座	副工程師會計專員採購專員	
10	H003	張藍瑩	總經理室	45500	54	水瓶座	資深專員門市人員業務助理	
11	F002	淑芬坤	工程部	58600	53	雙魚座	業務助理程式設計師資訊專員	
12	D011	媚莊渝	業務部	58600	49	天蠍座	研發副總業務專員業務經理	

6. 選取：F4 儲存格（「星座」欄下方任一儲存格）

資料→遞增排序

選取：4:5 列，按住 Ctrl 鍵不放，選取：8:10 列

在第 10 列上按右鍵→刪除（不是「水瓶座」或「牡羊座」）

	A	B	C	D	E	F	G	H
3	編號	姓名	現職部門	月薪	年齡	星座	完整經歷	
4	D012	張美南	工程部	49300	46	天蠍座	研發經理硬體工程師電子工程師	
5	J003	張資珠	總務處	52000	58	天蠍座	維修助理專櫃人員行政助理	
6	D018	張琪許	工程部	48600	47	水瓶座	特別助理軔體工程師業務專員	
7	H003	張藍瑩	總經理室	45500	54	水瓶座	資深專員門市人員業務助理	
8	F005	張組黛	工程部	58600	54	處女座	業務副理軟體工程師資訊專員	
9	E001	張銘連	財務部	51700	49	處女座	副工程師會計專員採購專員	
10	G003	張正禾	業務部	57800	51	魔羯座	業務專員研發企劃外銷企劃	

7. 以目測法檢視 G 欄，2 筆資料皆符合：

有「業務」相關經驗、未曾擔任「會計」相關工作

篩選完成，結果如下圖：

	A	B	C	D	E	F	G	H
1	總經理特助條件：							
2								
3	編號	姓名	現職部門	月薪	年齡	星座	完整經歷	
4	D018	張琪許	工程部	48600	47	水瓶座	特別助理軔體工程師業務專員	
5	H003	張藍瑩	總經理室	45500	54	水瓶座	資深專員門市人員業務助理	
6								

> **說明** 篩選過程中，不符合的條件會被刪除，建議執行此操作前，先將原始資料進行複製或備份。

實作：條件篩選

Excel 提供非常親民的篩選條件對話方塊！

1. 選取：B5 儲存格（資料表中任一儲存格）

資料→篩選（標題列出現下拉鈕），如下圖：

	A	B	C	D	E	F	G	H
4	編號▼	姓名▼	現職部▼	月▼	年▼	星座▼	完整經歷	▼
5	A001	建興蔡	研發處	295800	53	牡羊座	人事助理研發工程師研發經理	
6	B001	豪鈞森	研發處	247900	56	魔羯座	人事專員研發工程師業務專員	

2. 點選：「月薪」下拉鈕

點選：數字篩選→介於

設定如右圖：

自訂自動篩選

月薪

大於或等於 ∨ 40000

● 且(A) ○ 或(O)

小於或等於 ∨ 60000

說明 介於 4~6 萬 → ＞＝40000 AND ＜＝60000。

設定篩選條件後，產生以下 2 個改變：

- 月薪下拉方塊改變為「篩選漏斗狀」
- 列編號不連續了，不見的列就是被篩選移除的

	A	B	C	D	E	F	G	H
3	編號	姓名	現職部	月薪	年	星座	完整經歷	
15	C007	媚鍾智	總經理室	58600	47	魔羯座	企劃專員採購專員研發工程師	
19	C011	君揚志	工程部	55500	38	獅子座	行政專員系統分析師軟體工程師	
20	C012	建鄭秀	業務部	59400	45	水瓶座	行政經理市場開發電子工程師	

3. 點選：「年齡」下拉鈕
   點選：數字篩選→大於
   設定如右圖：

4. 點選：「完整經歷」下拉鈕
   點選：文字篩選→包含
   設定如右圖：

5. 點選：「姓名」下拉鈕
   點選：文字篩選→開始於
   設定如右圖：

6. 點選：「星座」下拉鈕
   點選：文字篩選→等於
   設定如右圖：

■ 篩選結果如下圖：

	A	B	C	D	E	F	G	H
1	總經理特助條件：							
2								
3	編號 ▼	姓名 ▼	現職部|▼	月薪 ▼	年|▼	星座 ▼	完整經歷	▼
42	D018	張琪許	工程部	48600	47	水瓶座	特別助理軔體工程師業務專員	
83	H003	張藍瑩	總經理室	45500	54	水瓶座	資深專員門市人員業務助理	
101								

7. 資料→篩選（解除資料篩選），結果如下圖：

	A	B	C	D	E	F	G	H
1	總經理特助條件：							
2								
3	編號	姓名	現職部門	月薪	年齡	星座	完整經歷	
4	A001	建興蔡	研發處	295800	53	牡羊座	人事助理研發工程師研發經理	
5	B001	豪鈞森	研發處	247900	56	魔羯座	人事專員研發工程師業務專員	
6	B002	和志文	業務處	136600	42	魔羯座	人事專員業務助理業務祕書	

說明 解除篩選條件後，標題列下拉方塊消失了，列編號連續了。

實作：進階篩選　●●●

對於篩選條件較為複雜的情況，Excel 提供「進階篩選」功能，讓使用者直接指定篩選參數。

》建立篩選條件區

1. 在資料表上方插入 2 列空白列，設定 A2:G4 範圍，結果如下圖：

	A	B	C	D	E	F	G
1	總經理特助條件：						
2							
3							
4							
5							
6	編號	姓名	現職部門	月薪	年齡	星座	完整經歷
7	A001	建興蔡	研發處	295800	53	牡羊座	人事助理研發工程師研發經理

> **說明** A2:G2 範圍（綠色）是條件的「標題」區，此區只有 1 列。
>
> A3:G4 範圍（黃色）是條件的「參數」區，此區可以有多列。

2. 複製：B6 儲存格，貼至：A2 儲存格，在 A3 輸入：「張 *」，如下圖：

	A	B	C	D	E	F	G
2	姓名						
3	張*						
4							
5							
6	編號	姓名	現職部門	月薪	年齡	星座	完整經歷
7	A001	建興蔡	研發處	295800	53	牡羊座	人事助理研發工程師研發經理

3. 資料→排序與篩選→進階

資料範圍：系統自動感應

準則範圍：$A$2:$G$3（拖曳選取）

■ 篩選結果如下圖：

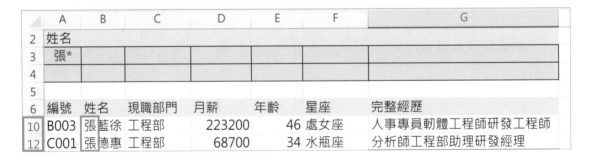

	A	B	C	D	E	F	G
2	姓名						
3	張*						
4							
5							
6	編號	姓名	現職部門	月薪	年齡	星座	完整經歷
10	B003	張藍徐	工程部	223200	46	處女座	人事專員軔體工程師研發工程師
12	C001	張德惠	工程部	68700	34	水瓶座	分析師工程部助理研發經理

> **說明** 「張 *」：開頭是「張」，後面可以是任何字元→姓張。
>
> 這個條件放在 A:G 欄任一個欄位均可。

4. 複製：E6 儲存格，貼至：B2 儲存格，在 B3 輸入：「＞40」

資料→排序與篩選→進階，如下圖：

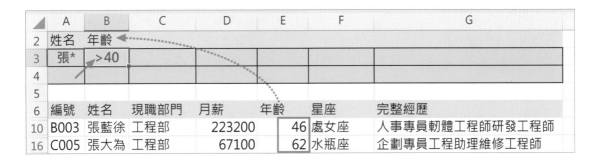

	A	B	C	D	E	F	G
2	姓名	年齡					
3	張*	>40					
4							
5							
6	編號	姓名	現職部門	月薪	年齡	星座	完整經歷
10	B003	張藍徐	工程部	223200	46	處女座	人事專員軔體工程師研發工程師
16	C005	張大為	工程部	67100	62	水瓶座	企劃專員工程助理維修工程師

5. 複製：D6 儲存格，貼至：C2:D2 範圍

在 C3 輸入：「>=40000」，在 D3 輸入：「<=60000」

資料→排序與篩選→進階，如下圖：

	A	B	C	D	E	F	G
2	姓名	年齡	月薪	月薪			
3	張*	>40	>=40000	<=60000			
4							
5							
6	編號	姓名	現職部門	月薪	年齡	星座	完整經歷
39	D012	張美南	工程部	49300	46	天蠍座	研發經理硬體工程師電子工程師
45	D018	張琪許	工程部	48600	47	水瓶座	特別助理軔體工程師業務專員

> **說明** 目前參數全部下在第 3 列，4 個參數間的關係就是「且」：
>
> 「姓張」且「年齡 >40」且「月薪 >=4 萬」且「月薪 <=6 萬」

6. 複製：G6 儲存格，貼至：F2:G2 範圍

在 F3 輸入：「*業務*」，在 G3 輸入：「<>*會計*」

資料→排序與篩選→進階，如下圖：

	A	B	C	D	E	F	G
2	姓名	年齡	月薪	月薪		完整經歷	完整經歷
3	張*	>40	>=40000	<=60000		*業務*	<>*會計*
4							
5							
6	編號	姓名	現職部門	月薪	年齡	星座	完整經歷
45	D018	張琪許	工程部	48600	47	水瓶座	特別助理軔體工程師業務專員
70	F005	張組黛	工程部	58600	54	處女座	業務副理軟體工程師資訊專員

> **說明** 「*業務*」：包含「業務」2 個字→有「業務」相關經驗。
>
> 「<>*會計*」：不包含「會計」2 個字→未曾擔任過「會計」。
>
> 請特別注意！「<>」與「*會計*」之間不可有空白字元。

7. 複製：F6 儲存格

　　貼至：E2 儲存格

　　在 E3 輸入：「水瓶座」

　　在 E4 輸入：「牡羊座」

8. 資料→排序與篩選→進階

　　準則範圍：$A$2:$G$4（重新拖曳）

　　如右圖：

■　篩選結果錯誤，如下圖：

	A	B	C	D	E	F	G
2	姓名	年齡	月薪	月薪	星座	完整經歷	完整經歷
3	張*	>40	>=40000	<=60000	水瓶座	*業務*	<>*會計*
4					牡羊座		
5							
6	編號	姓名	現職部門	月薪	年齡	星座	完整經歷
7	A001	建興蔡	研發處	295800	53	牡羊座	人事助理研發工程師研發經理
20	C009	楊銘哲	工程部	60900	34	牡羊座	行政助理軔體工程師FAE經理

說明　很明顯，結果是錯誤的，參考上圖紅色框框。

目前準則範圍：$A2:$G$4，參數區：3:4 列，第 3 列與第 4 列的關係為「或」，因此篩選條件解讀如下：

　　「姓張」且「年齡 >40」且「月薪 4~6 萬」且「有業務…無會計…」且「水瓶座」

或

　　「牡羊座」

應該改為：

　　「姓張」且「年齡 >40」且「月薪 4~6 萬」且「有業務…無會計…」且「水瓶座」

或

　　「姓張」且「年齡 >40」且「月薪 4~6 萬」且「有業務…無會計…」且「牡羊座」

9. 複製：A3:D3 範圍，貼至：A4 儲存格，複製：F3:G3 範圍，貼至：F4 儲存格
資料→排序與篩選→進階，結果正確如下圖：

	A	B	C	D	E	F	G
2	姓名	年齡	月薪	月薪	星座	完整經歷	完整經歷
3	張*	>40	>=40000	<=60000	水瓶座	*業務*	<>*會計*
4	張*	>40	>=40000	<=60000	牡羊座	*業務*	<>*會計*
5							
6	編號	姓名	現職部門	月薪	年齡	星座	完整經歷
45	D018	張琪許	工程部	48600	47	水瓶座	特別助理軔體工程師業務專員
86	H003	張藍瑩	總經理室	45500	54	水瓶座	資深專員門市人員業務助理
104							

10. 資料→排序與篩選→清除，資料全部顯示如下圖：

	A	B	C	D	E	F	G
2	姓名	年齡	月薪	月薪	星座	完整經歷	完整經歷
3	張*	>40	>=40000	<=60000	水瓶座	*業務*	<>*會計*
4	張*	>40	>=40000	<=60000	牡羊座	*業務*	<>*會計*
5							
6	編號	姓名	現職部門	月薪	年齡	星座	完整經歷
7	A001	建興蔡	研發處	295800	53	牡羊座	人事助理研發工程師研發經理
8	B001	豪鈞森	研發處	247900	56	魔羯座	人事專員研發工程師業務專員

meno

函數應用範例

自動序號

	A	B	C
1	月	營 收	累計營收
2	1	105,135,678	105,135,678
3	2	92,480,842	197,616,520
4	3	104,203,690	301,820,210
5	4		

成本密碼

	A	B	C	L
1	產品編號	產品名稱	單價	備註
2	K1023117	Print K103	12,000	sbf
3	C3124571	Acer HD 10G	250	fir
4	A3124211	Sonic Monitor	3,600	iib
5	D1195556	keyboard	600	fsf
6	P2231148	WebCam	9,200	rtf

百家姓

	A	B	C	D	E	F	G	H	I	J	K	L	M	N	O	P	Q	R	S	T	U
3		1	2	3	4	5	6	7	8	9	10	11	12	13	14	15	16	17	18	19	20
4	0	趙	錢	孫	李	周	吳	鄭	王	馮	陳	褚	衛	蔣	沈	韓	楊	朱	秦	尤	許
5	1	何	呂	施	張	孔	曹	嚴	華	金	魏	陶	姜	戚	謝	鄒	喻	柏	水	竇	章
6	2	雲	蘇	潘	葛	奚	范	彭	郎	魯	韋	昌	馬	苗	鳳	花	方	俞	任	袁	柳
7	3	酆	鮑	史	唐	費	廉	岑	薛	雷	賀	倪	湯	滕	殷	羅	畢	郝	鄔	安	常
8	4	樂	于	時	傅	皮	卞	齊	康	伍	余	元	卜	顧	孟	平	黃	和	穆	蕭	尹
9	5	姚	邵	湛	汪	祁	毛	禹	狄	米	貝	明	臧	計	伏	成	戴	談	宋	茅	龐
10	6	熊	紀	舒	屈	項	祝	董	梁	杜	阮	藍	閔	席	季	麻	強	賈	路	婁	危
11	7	江	童	顏	郭	梅	盛	林	刁	鍾	徐	邱	駱	高	夏	蔡	田	樊	胡	凌	霍
12	8	虞	萬	支	柯	昝	管	盧	莫	經	房	裘	繆	干	解	應	宗	丁	宣	賁	鄧
13	9	郁	單	杭	洪	包	諸	左	石	崔	吉	鈕	龔	程	嵇	邢	滑	裴	陸	榮	翁
14	10	荀	羊	於	惠	甄	麴	家	封	芮	羿	儲	靳	汲	邴	糜	松	井	段	富	巫
15	11	烏	焦	巴	弓	牧	隗	山	谷	車	侯	宓	蓬	全	郗	班	仰	秋	仲	伊	宮
16	12	甯	仇	欒	暴	甘	鈄	厲	戎	祖	武	符	劉	景	詹	束	龍	葉	幸	司	韶
17	13	郜	黎	薊	薄	印	宿	白	懷	蒲	邰	從	鄂	索	咸	籍	賴	卓	藺	屠	蒙
18	14	池	喬	陰	鬱	胥	能	蒼	雙	聞	莘	黨	翟	譚	貢	勞	逄	姬	申	扶	堵

萬年曆

	A	B	C	D	E	F	G
1		年	2024		月	2	
2							
3	日	一	二	三	四	五	六
4	-3	-2	-1	0	1	2	3
5	4	5	6	7	8	9	10
6	11	12	13	14	15	16	17
7	18	19	20	21	22	23	24
8	25	26	27	28	29	30	31
9	32	33	34	35	36	37	38
10	39	40	41	42	43	44	45

教學重點

- ☑ 文字串接
- ☑ 數字累計
- ☑ 條件式格式化
- ☑ 儲存格參照
- ☑ 自訂格式
- ☑ 條件判斷
- ☑ 去除字串間空白字元

應用函數

ISBLANK( )：是否沒有內容	CONCAT( )：範圍文字串接
IF( )：條件式	COLUMN( )：欄數
RIGHT( )：右字串	ROW( )：列數
MID( )：中間字串	DATE( )：年月日組成日期
VLOOKUP( )：查表	WEEKDAY( )：一星期的第幾天
TEXT( )：數字轉文字	DAY( )：取出日期的「日」

實作：累計 - 串接

「累計」是常用的數字計算方法之一，公式：上期餘額 + 本期數額。

「串接」是常用的文字處理方法之一，公式：前一段文字 & 本段文字。

兩者的觀念、邏輯是一樣的。

數字累計

1. 選取：C2 儲存格
   輸入運算式
   產生錯誤，如右圖：

	A	B	C	D
C2			=C1 + B2	
1	月	營 收	累計營收	
2	1	105,135 ⚠ 8	#VALUE!	
3	2	92,480,842		

   > **說明** C1 儲存格是文字，無法與數字進行運算，因此產生錯誤。
   >
   > 1 月的前期餘額應該是 0，因此：
   > C1 儲存格的「值」應該為 0，但必須顯示「累計營收」。

2. 選取：C1 儲存格，輸入：0
   常用→數值
   類別：自訂
   輸入：累計營收

	A	B	C	D
C1			0 ← 值	
1	月	營 收	累計營收 ← 顯示格式	
2	1	105,135,678	105,135,678	
3	2	92,480,842		

3. 選取：C2 儲存格
向下填滿至 12 月
結果如右圖：

	A	B	C	D
1	月	營 收	累計營收	
2	1	105,135,678	105,135,678	
3	2	92,480,842	197,616,520	
4	3	104,203,690	301,820,210	
5	4		301,820,210	
6	5		301,820,210	

> **說明** 4 月以下的營收尚未發生，「累計營收」應顯示空白。

4. 選取：C2 儲存格，編輯運算式，向下填滿至 12 月，結果如下圖：

C2	fx	=IF(ISBLANK(B2), "", C1 + B2)		
	A	B	C	D
1	月	營 收	累計營收	
2	1	105,135,678	105,135,678	
3	2	92,480,842	197,616,520	
4	3	104,203,690	301,820,210	
5	4			

> **說明** ISBLANK(B2)：B2 儲存格是否有內容？

≫ 文字串接

1. 選取：G2 儲存格，輸入運算式，如下圖：

G2	fx	=G1 & F2	
	E	F	G
1	姓名	電子郵件	
2	林先生	wklin5027@gmail.com	wklin5027@gmail.com
3	張先生	chang3388@ms23.hinet.net	
4	劉先生	liu1293@yahoo.com.tw	
5	王先生	wang_pe@pchome.com.tw	
6	李先生	lee2121@yahoo.com.tw	

> **說明** 串接過程中，每一個電子郵件之間必須以「,」間隔。

2. 編輯 G2 運算式，向下填滿，如下圖：

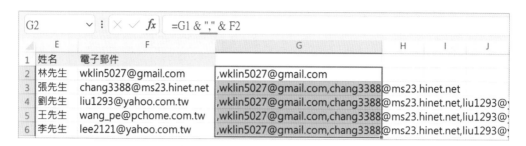

實作：網頁資料處理

由網頁複製的資料，通常會有空白字元、全型空白、不可見字元、…，必須加以去除，才能進行後續的資料處理，本單元就是要處理「百家姓」網頁的內容。

》》去除編號

1. 檢查 A4 儲存格內容，如下圖：

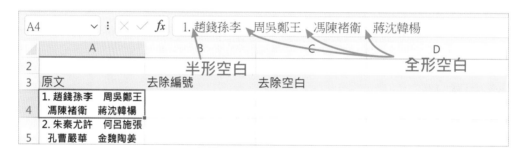

> **說明** 編號有 1 位有 2 位，不容易處理，但如果擷取「右字串」就單純多了：
>
> 4 字一堆 X 4 堆 + 3 個全形空白 = 19 個字。

2. 選取：B4 儲存格，輸入運算式，向下填滿，結果如下圖：

>> 去除空白

1. 選取：C4 儲存格，輸入運算式，向下填滿，結果如下圖：

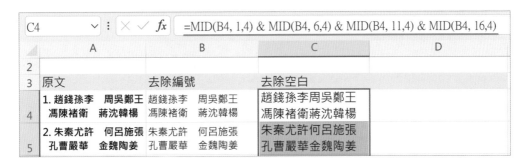

> **說明** 4 個字 + 1 個全形空白（共 5 字）→ 每一堆字的起始位置：1、6、11、16。
>
> 每一堆字的長度都是：4。

2. 選取：D4 儲存格，輸入運算式，向下填滿，結果如下圖：

實作：重排文字 ●●●

傳統中文是縱向排列，但在電腦上縱向排列是不易閱讀的，因此經常需要轉為水平排列，若以人工進行調整將是一件大工程，若以函數處理，不管文字排列方向為何，都可迅速轉向。

>> 參照

上一節完成的結果，要作為本節資料處理的範例，一般人都會直接以「複製 / 貼上」將內容貼過來，記得！這是一種不好的方法！

1. 選取：A1 儲存格

   輸入：「＝」，點選：【網頁資料處理】標籤，點選：D38 儲存格

   結果如下圖：

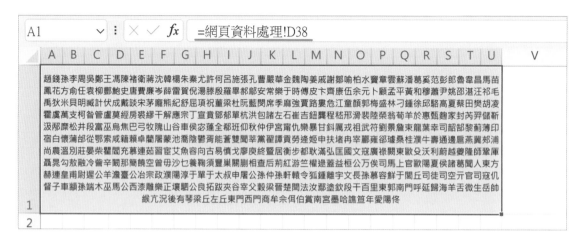

> **說明** 當上一節資料有異動時，上圖資料也會自動更新，這就是「參照」的自動化效益。

2. 選取：A1 儲存格

   在編輯列最左方輸入：百家姓

   如右圖：

> **說明** 未命名前，這個地方顯示的是「欄名列號：A1」，直接輸入文字就可以為儲存格命名，因此 A1 儲存格的名稱就是「百家姓」。

》 建立欄列編號

1. 在 B3:U3 範圍內填入：0～19，在 A4:A31 範圍內填入：1～28，如下圖：

	A	B	C	D	E	F	G	H	I	J	K	L	M	N	O	P	Q	R	S	T	U
3		0	1	2	3	4	5	6	7	8	9	10	11	12	13	14	15	16	17	18	19
4	1																				
5	2																				
6	3																				
7	4																				

說明　我們希望將「百家姓」內容以縱向排列，每一欄 28 個字，共 20 欄。

2. 選取：B3:U3 範圍，公式→定義名稱→輸入名稱：欄

   選取：A4:A31 範圍，公式→定義名稱→輸入名稱：列

3. 選取：B4 儲存格，輸入運算式（自動填滿），結果如下圖：

B4			f_x	=MID(百家姓, 列+欄*28, 1)																
	A	B	C	D	E	F	G	H	I	J	K	L	M	N	O	P	Q	R	S	T	U
3		0	1	2	3	4	5	6	7	8	9	10	11	12	13	14	15	16	17	18	19
4	1	趙	金	俞	皮	計	江	經	裴	牧	景	池	濮	向	蔚	巢	聞	公	仇	晉	況
5	2	錢	魏	任	卞	伏	童	房	陸	隗	詹	喬	牛	古	越	關	人	孫	督	楚	後
6	3	孫	陶	袁	齊	成	顏	裘	榮	山	束	陰	壽	易	夔	崩	東	仲	子	閆	有
7	4	李	姜	柳	康	戴	郭	繆	翁	谷	龍	鬱	通	慎	隆	相	方	孫	車	法	琴

說明　第 1 欄第 1 個字：取「百家姓」，列＝1、欄＝0 → 列 + 欄 *28 = 1

　　　第 1 欄第 2 個字：取「百家姓」，列＝2、欄＝0 → 列 + 欄 *28 = 2

　　　…

　　　第 2 欄第 1 個字：取「百家姓」，列＝1、欄＝1 → 列 + 欄 *28 = 29

　　　第 2 欄第 2 個字：取「百家姓」，列＝2、欄＝1 → 列 + 欄 *28 = 30

　　　…

4. 選取：B4 儲存格，輸入運算式（自動填滿），結果錯誤如下圖：

B4			f_x	=MID(百家姓, 欄+列*20, 1)																
	A	B	C	D	E	F	G	H	I	J	K	L	M	N	O	P	Q	R	S	T	U
3		0	1	2	3	4	5	6	7	8	9	10	11	12	13	14	15	16	17	18	19
4	1	許	何	呂	施	張	孔	曹	嚴	華	金	魏	陶	姜	戚	謝	鄒	喻	柏	水	竇
5	2	章	雲	蘇	潘	葛	奚	范	彭	郎	魯	韋	昌	馬	苗	鳳	花	方	俞	任	袁
6	3	柳	酆	鮑	史	唐	費	廉	岑	薛	雷	賀	倪	湯	滕	殷	羅	畢	郝	鄔	安
7	4	常	樂	于	時	傅	皮	卞	齊	康	伍	余	元	卜	顧	孟	平	黃	和	穆	蕭

說明　「縱向」改為「水平」，運算式更改：

　　　列 + 欄 * 28（每欄 28 字）→ 欄 + 列 * 20（每列 20 字）

　　　但…計算欄列位置的起始值也必須跟著改變。

5. B3:U3 範圍更改為：1~20，A4:A31 範圍更改為：0~27，正確排列如下圖：

	A	B	C	D	E	F	G	H	I	J	K	L	M	N	O	P	Q	R	S	T	U
3		1	2	3	4	5	6	7	8	9	10	11	12	13	14	15	16	17	18	19	20
4	0	趙	錢	孫	李	周	吳	鄭	王	馮	陳	褚	衛	蔣	沈	韓	楊	朱	秦	尤	許
5	1	何	呂	施	張	孔	曹	嚴	華	金	魏	陶	姜	戚	謝	鄒	喻	柏	水	竇	章
6	2	雲	蘇	潘	葛	奚	范	彭	郎	魯	韋	昌	馬	苗	鳳	花	方	俞	任	袁	柳
7	3	酆	鮑	史	唐	費	廉	岑	薛	雷	賀	倪	湯	滕	殷	羅	畢	郝	鄔	安	常

實作：密碼 ●●●

「密碼」是商業上常見的應用，某些行業從業人員在彼此溝通時，不希望傳遞的訊息被客戶知道，因此產生了行業「特殊用語」或稱為「密碼」，筆者小時候家裡是從商的，商品的價格標示在標籤上，但成本價就另行編制「密碼」，讓客戶看不懂，自家人卻可一眼看出成本價，當客戶殺價時，就可以作適當的應對，當時我們家的密碼是以日文五十音編制，本範例密碼將以英文字母編製。

通關密碼：FIRST BOUND 天下第一棒

F	I	R	S	T	B	O	U	N	D
0	1	2	3	4	5	6	7	8	9

● 以上每一個字母都沒有重複，10 個字母分別對應到 0~9 數字。

● 下圖黃色區塊是我們要完成的部分
  下圖淡藍區塊已分別命名為：成本、密碼表

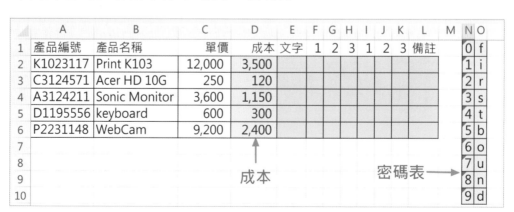

1. 選取：E2 儲存格，輸入運算式，結果如下圖：

E2#		fx	=TEXT(成本 /10, "000")												
	A	B	C	D	E	F	G	H	I	J	K	L	M	N	O
1	產品編號	產品名稱	單價	成本	文字	1	2	3	1	2	3	備註		0	f
2	K1023117	Print K103	12,000	3,500	350									1	i
3	C3124571	Acer HD 10G	250	120	012									2	r

說明 商品成本規則：

A. 所有商品成本都不會超過 4 位數。

B. 所有商品成本的個位數都為 0，因此可以省略不計。

→ 成本 / 10（省略個位數）→ "000"（以 3 位數顯示：千、百、十位數）

2. 選取：F2 儲存格，輸入運算式，向右填滿、向下填滿，結果如下圖：

F2		fx	=MID($E2, F$1, 1)												
	A	B	C	D	E	F	G	H	I	J	K	L	M	N	O
1	產品編號	產品名稱	單價	成本	文字	1	2	3	1	2	3	備註		0	f
2	K1023117	Print K103	12,000	3,500	350	3	5	0						1	i
3	C3124571	Acer HD 10G	250	120	012	0	1	2						2	r

說明 將 E 欄資料拆開為 3 格。

3. 選取：I2 儲存格，輸入運算式，向右填滿、向下填滿，結果如下圖：

I2		fx	=VLOOKUP(F2, 密碼表, 2, FALSE)												
	A	B	C	D	E	F	G	H	I	J	K	L	M	N	O
1	產品編號	產品名稱	單價	成本	文字	1	2	3	1	2	3	備註		0	f
2	K1023117	Print K103	12,000	3,500	350	3	5	0	s	b	f			1	i
3	C3124571	Acer HD 10G	250	120	012	0	1	2	f	i	r			2	r

說明 將數字轉換為文字密碼。

4. 選取：I2 儲存格，輸入運算式，向下填滿，結果如下圖：

L2			f_x	=CONCAT(I2:K2)														
	A	B	C	D	文字	1	2	3	1	2	3	備註				0	f
1	產品編號	產品名稱	單價	成本													
2	K1023117	Print K103	12,000	3,500	350	3	5	0	s	b	f	sbf				1	i
3	C3124571	Acer HD 10G	250	120	012	0	1	2	f	i	r	fir				2	r
4	A3124211	Sonic Monitor	3,600	1,150	115	1	1	5	i	i	b	iib				3	s
5	D1195556	keyboard	600	300	030	0	3	0	f	s	f	fsf				4	t
6	P2231148	WebCam	9,200	2,400	240	2	4	0	r	t	f	rtf				5	b

說明 CONCAT( )：將範圍內容串接。

5. 選取：D:K、N:O 欄
   在 O 欄上按右鍵→隱藏
   結果如右圖：

	A	B	C	L	M
1	產品編號	產品名稱	單價	備註	
2	K1023117	Print K103	12,000	sbf	
3	C3124571	Acer HD 10G	250	fir	
4	A3124211	Sonic Monitor	3,600	iib	
5	D1195556	keyboard	600	fsf	
6	P2231148	WebCam	9,200	rtf	

實作：萬年曆 •••

萬年曆是一個所有人都離不開的工具，更是我們拿來練習 Excel 函數的好範例。

》 解題邏輯

A. 首先我們必須建一個萬用模板
   如右圖：

   ■ 星期日為第 1 天

   ■ 向右一欄：+1

   ■ 向下一列：+7

日	一	二	三	四	五	六
1	2	3	4	5	6	7
8	9	10	11	12	13	14
15	16	17	18	19	20	21
22	23	24	25	26	27	28
29	30	31	32	33	34	35
36	37	38	39	40	41	42
43	44	45	46	47	48	49

B. 假設現在是：2024 年 2 月
　　查出月曆如右圖：

C. 1 日的位置必須往右移動 4 格
　　最後一天是 29
　　參考右圖紅色字

日	一	二	三	四	五	六
				1	2	3
4	5	6	7	8	9	10
11	12	13	14	15	16	17
18	19	20	21	22	23	24
25	26	27	28	29		

》建立基本架構

1. 選取：A4 儲存格，輸入運算式，向右、向下填滿黃色區域，如下圖：

| A4 | | | fx | =COLUMN(A1) |

	A	B	C	D	E	F	G	H	I	J	K	L
3	日	一	二	三	四	五	六		2021	2	本月結束日	
4	1	2	3	4	5	6	7		2022	3	第一天位置	
5	1	2	3	4	5	6	7		2023	4		
6	1	2	3	4	5	6	7		2024	5		

說明 往右 1 欄 + 1。

2. 選取：A4 儲存格，編輯運算式，向右、向下填滿黃色區域，如下圖：

| A4 | | | fx | =COLUMN(A1) + (ROW(A1)-1) * 7 |

	A	B	C	D	E	F	G	H	I	J	K	L
3	日	一	二	三	四	五	六		2021	2	本月結束日	
4	1	2	3	4	5	6	7		2022	3	第一天位置	
5	8	9	10	11	12	13	14		2023	4		
6	15	16	17	18	19	20	21		2024	5		

說明 往下 1 列 + 7。

3. 選取：L1 儲存格，輸入運算式，如下圖：

| L1 | | | fx | =DATE(年, 月, 1) |

	A	B	C	D	E	F	G	H	I	J	K	L
1		年	2024		月	2			年份	月份	本月起始日	2024/2/1
2									2020	1	下月起始日	
3	日	一	二	三	四	五	六		2021	2	本月結束日	
4	1	2	3	4	5	6	7		2022	3	第一天位置	

說明 C2 儲存格已命名為「年」，F2 儲存格已命名為「月」。

4. 選取：L2 儲存格，輸入運算式，如下圖：

| L2 | fx | =DATE(年, 月+1, 1) |

	A	B	C	D	E	F	G	H	I	J	K	L
1		年	2024		月	2			年份	月份	本月起始日	2024/2/1
2									2020	1	下月起始日	2024/3/1
3	日	一	二	三	四	五	六		2021	2	本月結束日	
4	1	2	3	4	5	6	7		2022	3	第一天位置	

5. 選取：L3 儲存格，輸入運算式，如下圖：

| L3 | fx | =L2-1 |

	A	B	C	D	E	F	G	H	I	J	K	L
1		年	2024		月	2			年份	月份	本月起始日	2024/2/1
2									2020	1	下月起始日	2024/3/1
3	日	一	二	三	四	五	六		2021	2	本月結束日	2024/2/29
4	1	2	3	4	5	6	7		2022	3	第一天位置	

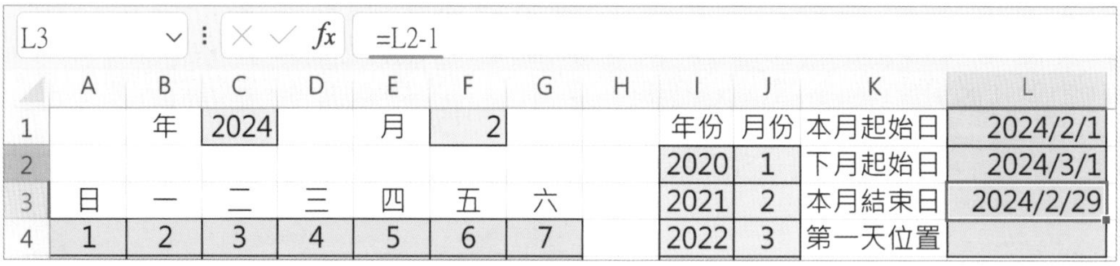

說明 這個步驟是解題的關鍵，月份的最後一天有可能是 28、29、30、31，這裡我們利用 Windows 系統的日曆進行運算：下個月的第 1 天 – 1 天 = 本月最後一天

6. 選取：L3 儲存格，編輯運算式，如下圖：

| L3 | fx | =DAY(L2-1) |

	A	B	C	D	E	F	G	H	I	J	K	L
1		年	2024		月	2			年份	月份	本月起始日	2024/2/1
2									2020	1	下月起始日	2024/3/1
3	日	一	二	三	四	五	六		2021	2	本月結束日	1900/1/29
4	1	2	3	4	5	6	7		2022		第一天位置	

說明 我們只需要「日」，因此套上 DAY( ) 函數，但資料格式好像怪怪的…。

7. 選取：L3 儲存格，常用→數值→通用格式，結果如下圖：

	A	B	C	D	E	F	G	H	I	J	K	L
1		年	2024		月	2			年份	月份	本月起始日	2024/2/1
2									2020	1	下月起始日	2024/3/1
3	日	一	二	三	四	五	六		2021	2	本月結束日	29
4	1	2	3	4	5	6	7		2022	3	第一天位置	

說明 這個就是我們需要的關鍵資料：**29**。

8. 選取：L4 儲存格，輸入運算式，如下圖：

L4 ⌄ ：✕ ✓ *fx* =WEEKDAY(L1)

	A	B	C	D	E	F	G	H	I	J	K	L
1		年	2024		月	2			年份	月份	本月起始日	2024/2/1
2									2020	1	下月起始日	2024/3/1
3	日	一	二	三	四	五	六		2021	2	本月結束日	29
4	1	2	3	4	5	6	7		2022	3	第一天位置	5

說明 這個就是我們需要的關鍵資料：**第 5 個位置**。

9. 選取：L4 儲存格，公式→定義名稱：第一天位置

≫ 調整萬用模板

1. 選取：A4 儲存格，編輯運算式，向右、向下填滿黃色區域，如下圖：

A4 ⌄ ：✕ ✓ *fx* =COLUMN(A1) + (ROW(A1)-1) * 7 -第一天位置+1

	A	B	C	D	E	F	G	H	I	J	K	L
1		年	2024		月	2			年份	月份	本月起始日	2024/2/1
2									2020	1	下月起始日	2024/3/1
3	日	一	二	三	四	五	六		2021	2	本月結束日	29
4	-3	-2	-1	0	1	2	3		2022	3	第一天位置	5
5	4	5	6	7	8	9	10		2023	4		
6	11	12	13	14	15	16	17		2024	5		

說明 萬用模板的 1 日在第 1 個位置，本月的第 1 天在第 5 個位置，因此所有黃色儲存格內資料都必須：-4 = -5 +1 = - 第一天位置 +1。

2. 選取：A4:G10 範圍

   常用→條件式格式設定→醒目提示儲存格規則→小於，設定如下圖：

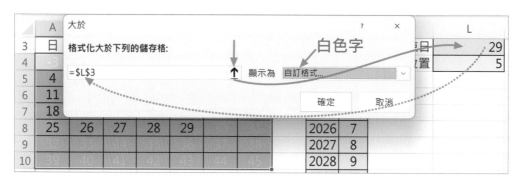

3. 常用→條件式格式設定→醒目提示儲存格規則→大於，設定如下圖：

● 設定不同日期，萬年曆顯示如下圖：

Power Query

資料表關聯圖

					客戶
					客戶代號
部門		**員工**		**交易資料**	客戶名稱
部門代號		**員工代號**		**客戶代號**	聯絡人
部門名稱		員工姓名		**員工代號**	
		現任職稱		**產品代號**	產品
		部門代號		數量	**產品代號**
				交易年	產品名稱
				交易月	單價

整合報表

民國 90 年業務部門銷售狀況與統計

2017-07-28   林文恭

部門名稱	業務姓名	客戶寶號		聯絡人	總額
業務一課					
	王玉治	漢寶農畜產企業公司		林慶文	131,452,380
		九和汽車股份有限公司		陳勳森	48,974,400
		有萬貿易股份有限公司		郭淑玲	22,365,070
		羽田機械股份有限公司		徐惠秋	6,738,860
					209,530,710

民國 90 年產品銷售數量季報表

2017-07-28   林文恭

產品名稱	第一季	第二季	第三季	第四季	平均數量	銷售額	銷售百分比
486 主機板 PCI slot *3 16MB RAM	0	2,410	910	0	830.00	50,417,520	2.39%
486 主機板 PCI slot *3 32MB RAM	0	3,980	4,560	0	2,135.00	221,835,040	10.53%
486 主機板 VL slot *3 16MB RAM	2,420	1,830	0	1,630	1,470.00	79,303,560	3.76%
486 主機板 VL slot *3 32MB RAM	2,990	2,280	0	420	1,422.50	139,843,130	6.64%
586 主機板 EISA slot *3 16MB RAM	340	910	3,080	760	1,272.50	95,605,470	4.54%

教學重點

- ☑ 關聯式資料庫
- ☑ Power Query 操作介面
- ☑ 設定查詢的欄位與屬性
- ☑ 匯入 XML 檔案
- ☑ 匯入 Excel 活頁簿
- ☑ 資料表關聯
- ☑ Power Query 合併查詢
- ☑ Power Query 附加查詢
- ☑ 電腦軟體應用乙級術科解題方案

應用函數

VLOOKUP( )：查表

資料庫 ●●●

>> 關聯式資料庫

每一個人都有【身分證代號】，每一件商品都有【商品代號】，每一個員工都有【員工代號】，每一個部門都有【部門代號】、…，我們的生活、商業、資訊系統都是以「代號」進行管理的，舉例來說：

● 走進 7-11，拿了一瓶飲料，到櫃台結帳，7-11 的 POS 機登錄了哪些資料？

　A. 掃描手機會員二維碼：你的【會員代號】
　　 系統後台擁有你的個人資料，加入會員時一次性輸入。

　B. 掃描商品條碼：商品的【代號】
　　 系統後台擁有所有商品資料，商品資料異動時隨時建立、更新。

　C. 掃描次數：【數量】

　D. 系統根據後台商品資料跳出「商品名稱」、「價格」，此價格作為本次交易的【單價】

　E. 為了業績統計，系統會自行記錄：【分店代號】、【日期時間】

　F. 為了帳務的稽核，系統會自動加入操作機台的員工代號：【員工代號】

以上這些代號就組成一筆交易紀錄,至於【客戶姓名】、【商品名稱】、【員工姓名】、【分店名稱】、…,這些都是系統中早就建立好的基本資料檔,在交易過程中提供查詢、確認功能。

當我們要進行銷售統計時,交易紀錄便必須與基本資料表進行整合,這個動作我們稱為「資料表關聯」,以《交易資料》為中心點,向外延伸查詢所需要的資料欄位,下圖就是「銷售資料」系統最基本架構,紅色箭號就是資料關聯的標的與方向:

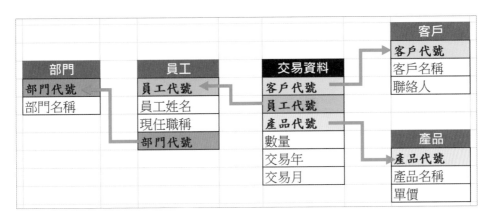

每一筆交易紀錄都包含 5 個關鍵因子:

哪一個客戶?向哪一個業務?買了什麼東西?價格多少?成交日期?

但「交易資料」表中只有「編號」,因此必須向外查詢:

A. 藉由【客戶代號】關聯至「客戶」表 → 取得《客戶名稱》、《聯絡人》

B. 藉由【產品代號】關聯至「產品」表 → 取得《產品名稱》、《單價》

C. 藉由【員工代號】關聯至「員工」表 → 取得《員工姓名》、《現任職稱》、《部門代號》

D. 藉由【部門代號】關聯至「部門」表 → 取得《部門名稱》

》 資料庫工具

要將基本資料表與交易資料進行關聯,有以下幾種工具:

● 大型資料庫:SYBASE、MYSQL、INFORMIX、…,這些系統都提供完整的系統介面與功能,系統價格動輒千萬起跳,人員必須經過專業培訓,屬於專業公司、專業人士使用。

- 微型資料庫：MS ACCESS，是大型資料庫的簡化版，原理與大型資料庫完全一樣，但只提供資料庫基本功能，但入門仍需一定的學習過程，Power User（資優使用者）可透過自學使用此系統。

- Excel 函數：透過 VLOOKUP() 函數就可達到資表間的欄位關聯，但操作較為繁複，當資料結構有異動時，資料無法自動更新，因此只能應用於簡易資料關聯。

- Power Query：比微型資料庫更簡易的資料庫工具，在 Excel 系統中就可直接使用，針對多張工作表中的資料表進行關聯，是本單元介紹的重點，是 Power User 進入資料庫世界的好方案。

實作：10- 合併查詢

本單元將匯入 5 個外部資料檔案（附檔名：XML），並以查詢進行資料整合，產生整合 5 張資料表內容的大型資料表。

- 進入 Power Query 操作介面後：
  以下 2 個工具列中的按鈕將會被使用到，如下圖：

≫ 匯入資料

1. 資料→取得資料→從檔案→ xml，開啟：.\ 範例 \xml\customer.xml
   點選：轉換資料鈕

「轉換資料」鈕提供以下 3 個主要功能：

A. 挑選欄位　B. 資料類型轉換　C. 變更欄位名稱

若點選「載入」鈕，資料內容就原封不動載入工作表中。

2. 在第 2 個欄位標題上按右鍵→移除

點選：第 1 個欄位標題右側的「展開」鈕

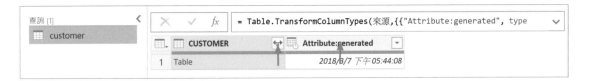

「Attribute:generated」欄位是系統自動產生的檔案附屬資料，在資料整合過程中是沒有作用的，因此直接移除。

3. 選取欄位：客戶寶號、客戶代號、聯絡人，如下圖：

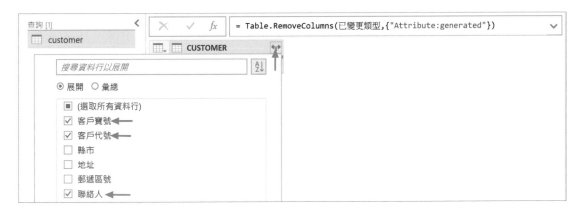

■　結果如下圖：

> **說明**　只有被選取的 3 個欄位資料被保留下來。
>
> 上圖左下角有重要資訊：整份資料共有 3 個欄位、60 筆資料。

4.　常用→新來源→檔案→ xml，以相同步驟匯入 dept，結果如下圖：

5.　常用→新來源→檔案→ xml，以相同步驟匯入 employee，結果如下圖：

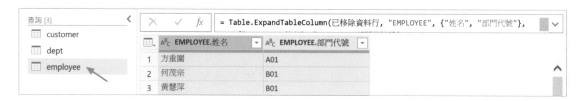

6.　常用→新來源→檔案→ xml，以相同步驟匯入 product，結果如下圖：

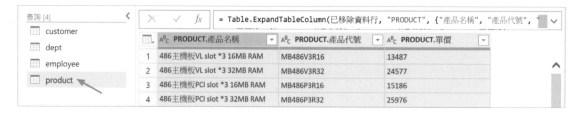

7. 常用→新來源→檔案→ xml，以相同步驟匯入 sales2，結果如下圖：

8. 常用→關閉並載入

回到工作表視窗，產生 5 張工作表，如下圖：

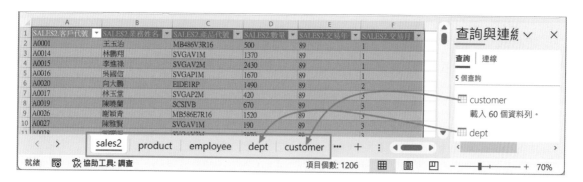

■ 下圖就是「查詢與連線」對話方塊的開啟鈕：

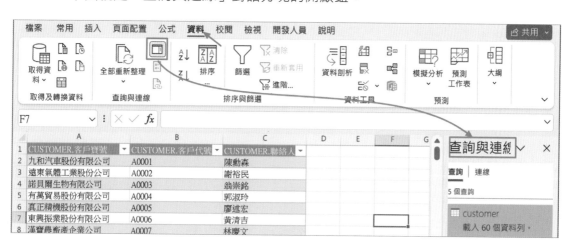

> **說明** 在任一個查詢名稱上連點 2 下即可回到 Power Query 操作介面。

≫ 重新設定查詢

上一節我們匯入 5 張資料表，在 Power Query 中每一份資料都被稱為「查詢」，而查詢就是整理資料的平台，可以進行多張資料表整合、資料類型轉換、排序、篩選」、…，以下我們就要針對查詢進行一些設定：

A. 重新選取欄位

　　Power Query 並沒有提供「恢復上一個步驟」的功能，當我們發現匯入欄位不足時，就必須使用視窗右側的「查詢設定」對話方塊，刪除掉最後一個步驟（如右圖：已展開 CUSTOMER），這樣就可以回到欄位「展開」，重新選取欄位。

　　　■　結果如下圖：

B. 簡化欄位名稱

　　在選取欄位之後，請注意看最底端：
「使用原始資料行名稱最為前置詞」
取消這個項目，就可簡化欄位名稱！

■　結果如下圖：

客戶寶號	客戶代號	聯絡人
1　九和汽車股份有限公司	A0001	陳勳森
2　遠東氣體工業股份公司	A0002	謝裕民
3　諾貝爾生物有限公司	A0003	翁崇銘

■　請讀者自行操作：

對 dept、employee、product、sale2 查詢，進行欄位名稱簡化。

C.　移動欄位

基本資料表的主鍵值欄位一般都置於第 1 個欄位，以方便後續工作表中 VLOOKUP() 函數的應用，以下圖為例，「客戶代號」就是 customer 資料表的主鍵值，因此建議移動至第 1 個欄位。

■　將滑鼠置於「客戶代號」上，向左拖曳至第 1 個欄位，如下圖：

客戶代號	客戶寶號	聯絡人
1　A0001	九和汽車股份有限公司	陳勳森
2　A0002	遠東氣體工業股份公司	謝裕民
3　A0003	諾貝爾生物有限公司	翁崇銘

■　請讀者自行操作：

對 dept、product 查詢，進行欄位名稱簡化。

> **說明**　employee 員工資料中並沒有員工代號，這是一個錯誤的資料規劃，因為員工姓名不是唯一值（會有相同姓名的可能），將錯就錯，我們就假設員工姓名是主鍵值。
>
> sales2 是一個簡易版交易資料，照理說應該要有交易紀錄編號（唯一值），因為被省略了，因此沒有主鍵值。

D.　變更資料屬性

在 sales2 查詢中，「數量」、「交易年」、「交易月」都應該是可進行計算的數字欄位，但下圖顯示的卻是靠左對齊的文字欄位，因此必須進行資料類型轉換。

- 按住 Ctrl 鍵不放

  點選：「SALES2. 數量」、「SALES2. 交易年」、「SALES2. 交易月」欄位

  在任一欄位標題上按右鍵→變更類型→整數，如下圖：

- 完成結果：資料全部靠右對齊轉換為「數字」資料，如下圖：

- 請讀者自行操作：

  將 product 查詢的「單價」欄位轉換為數字。

E. 資料篩選：

  我們的 sales2 交易資料中有 89、90 年的交易紀錄，但我們的報表只需要 90 年，
  因此必須進行資料篩選。

- 點選：交易年右側下拉方塊

  選取：90

■ 「交易年」欄位中 89 的紀錄全部消失了，原來資料 200 筆，視窗左下角顯示只剩下 93 筆，如下圖：

■ 常用→關閉並載入，回到 Excel 工作表，結果如下圖：

CUSTOMER：

	A	B	C
1	客戶代號	客戶寶號	聯絡人
2	A0001	九和汽車股份有限公司	陳勳森
3	A0002	遠東氣體工業股份有限公司	謝裕民
4	A0003	諾貝爾生物有限公司	翁崇銘
5	A0004	有萬貿易股份有限公司	郭淑玲

DEPT：

	A	B	C	D
1	部門代號	部門名稱		
2	A01	董事長室		
3	B01	總經理室		
4	C01	研發一課		
5	C02	研發二課		

EMPLOYEE：

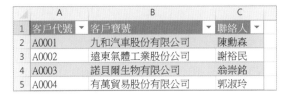

	A	B	C	D
1	姓名	部門代號		
2	方重圍	A01		
3	何茂宗	B01		
4	黃慧萍	B01		
5	林建興	B01		

PRODUCT：

	A	B	C
1	產品代號	產品名稱	單價
2	MB486V3R16	486主機板VL slot *3 16MB RAM	13487
3	MB486V3R32	486主機板VL slot *3 32MB RAM	24577
4	MB486P3R16	486主機板PCI slot *3 16MB RAM	15186
5	MB486P3R32	486主機板PCI slot *3 32MB RAM	25976

SALES2：

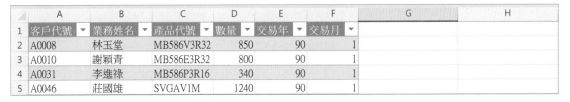

	A	B	C	D	E	F	G	H
1	客戶代號	業務姓名	產品代號	數量	交易年	交易月		
2	A0008	林玉堂	MB586V3R32	850	90	1		
3	A0010	謝穎青	MB586E3R32	800	90	1		
4	A0031	李進祿	MB586P3R16	340	90	1		
5	A0046	莊國雄	SVGAV1M	1240	90	1		

>> VLOOKUP() 資料關聯

● 5 張資料表的關係如下圖：

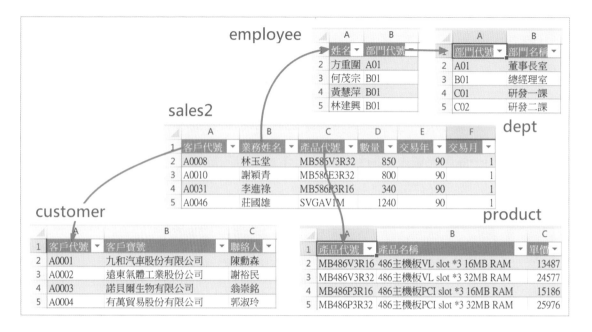

● 我們若要產生下方報表，主要資料當然是 SALES2，但必須關連到其他 4 張資料表，以取得：「部門名稱」、「客戶寶號」、「聯絡人」、「單價」→「總額」

2017-07-28	民國 90 年業務部門銷售狀況與統計			林文恭
部門名稱	業務姓名	客戶寶號	聯絡人	總額
業務一課				
	王玉治	漢寶農畜產企業公司	林慶文	131,452,380
		九和汽車股份有限公司	陳勳森	48,974,400
		有萬貿易股份有限公司	郭淑玲	22,365,070
		羽田機械股份有限公司	徐惠秋	6,738,860
				209,530,710

● 我們若要產生下方報表，主要資料依然是 sales2，同樣必須關連到其他 4 張資料表，以取得：「產品名稱」、「客戶寶號」、「單價」→「銷售額」

2017-07-28	民國 90 年產品銷售數量季報表						林文恭
產品名稱	第一季	第二季	第三季	第四季	平均數量	銷售額	銷售百分比
486 主機板 PCI slot *3 16MB RAM	0	2,410	910	0	830.00	50,417,520	2.39%
486 主機板 PCI slot *3 32MB RAM	0	3,980	4,560	0	2,135.00	221,835,040	10.53%
486 主機板 VL slot *3 16MB RAM	2,420	1,830	0	1,630	1,470.00	79,303,560	3.76%
486 主機板 VL slot *3 32MB RAM	2,990	2,280	0	420	1,422.50	139,843,130	6.64%
586 主機板 EISA slot *3 16MB RAM	340	910	3,080	760	1,272.50	95,605,470	4.54%

● 根據以上 2 張報表欄位分析，我們需要在 sales2 資料表上增加以下欄位：
「部門名稱」、「客戶寶號」、「聯絡人」、「單價」、「總額」、「產品名稱」

1. 按住 Ctrl 鍵不放，向右拖曳 sales2，將 sales2(2) 標籤更改為「交易」

2. 在 G1:K1 範圍內如入欄位名稱，如下圖：

3. 表格設計→表格名稱：交易，如下圖：

> **說明** xml 資料表被匯入並載入工作表後，就自動成為一個「表格」，並以原始檔案名稱為預設「表格」名稱，因此我們的活頁簿上目前有：6 張工作表、6 個「表格」。

4. 在 G2 儲存格輸入運算式，如下圖：

G2		f_x	=VLOOKUP(, , , FALSE)						
	A	B	C	D	E	F	G	H	I	J
1	客戶代號	業務姓名	產品代號	數量	交易年	交易月	客戶寶號	聯絡人	產品名稱	單價
2	A0008	林玉堂	MB586V3R32	850	90	⚠ 1	#N/A			
3	A0010	謝穎青	MB586E3R32	800	90	1	#N/A			
4	A0031	李進祿	MB586P3R16	340	90	1	#N/A			

5. 編輯 G2 儲存格運算式：

將插入點置於第 1 個參數位置，點選：A2 儲存格（查表值）

將插入點置於第 2 個參數位置，輸入：customer（資料表）

將插入點置於第 3 個參數位置，輸入：2（取第 2 欄資料），結果如下圖：

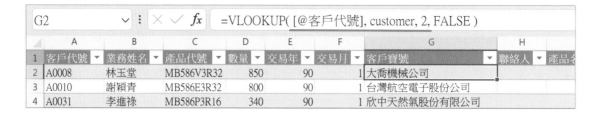

G2			f_x	=VLOOKUP([@客戶代號], customer, 2, FALSE)				
	A	B	C	D	E	F	G	H
1	客戶代號	業務姓名	產品代號	數量	交易年	交易月	客戶寶號	聯絡人　產品名
2	A0008	林玉堂	MB586V3R32	850	90	1	大喬機械公司	
3	A0010	謝穎青	MB586E3R32	800	90	1 台灣航空電子股份公司		
4	A0031	李進祿	MB586P3R16	340	90	1 欣中天然氣股份有限公司		

6. 在 H2 儲存格輸入運算式，結果如下圖：

H2			f_x	=VLOOKUP([@客戶代號], customer, 3, FALSE)				
	A	B	C	D	E	F	G	H
1	客戶代號	業務姓名	產品代號	數量	交易年	交易月	客戶寶號	聯絡人　產品名
2	A0008	林玉堂	MB586V3R32	850	90	1	大喬機械公司	張君暉
3	A0010	謝穎青	MB586E3R32	800	90	1 台灣航空電子股份公司		劉瑞復
4	A0031	李進祿	MB586P3R16	340	90	1 欣中天然氣股份有限公司		林長芳

7. 在 I2 儲存格輸入運算式，結果如下圖：

I2			f_x	=VLOOKUP([@產品代號], product, 2, FALSE)				
	C	D	E	F	G	H	I	J　K
1	產品代號	數量	交易年	交易月	客	聯絡人	產品名稱	單價　銷售額
2	MB586V3R32	850	90	1 大喬	張君暉	586主機板VL slot *3 32MB RAM		
3	MB586E3R32	800	90	1 台灣	劉瑞復	586主機板EISA slot *3 32MB RAM		
4	MB586P3R16	340	90	1 欣中	林長芳	586主機板PCI slot *3 16MB RAM		

8. 在 J2 儲存格輸入運算式，結果如下圖：

J2			f_x	=VLOOKUP([@產品代號], product, 3, FALSE)				
	C	D	E	F	G	H	I	J　K
1	產品代號	數量	交易年	交易月	客	聯絡	產品名稱	單價　銷售額
2	MB586V3R32	850	90	1 大喬	張君暉	586主機板VL slot *3 32MB RAM		36467
3	MB586E3R32	800	90	1 台灣	劉瑞復	586主機板EISA slot *3 32MB RAM		41162
4	MB586P3R16	340	90	1 欣中	林長芳	586主機板PCI slot *3 16MB RAM		15486

9. 在 K2 儲存格輸入運算式，結果如下圖：

K2			f_x	=[@數量]*[@單價]				
	C	D	E	F	G	H	I	J　K
1	產品代號	數量	交易年	交易月	客	聯絡	產品名稱	單價　銷售額
2	MB586V3R32	850	90	1 大喬	張君暉	586主機板VL slot *3 32MB RAM		36467　30996950
3	MB586E3R32	800	90	1 台灣	劉瑞復	586主機板EISA slot *3 32MB RAM		41162　32929600
4	MB586P3R16	340	90	1 欣中	林長芳	586主機板PCI slot *3 16MB RAM		15486　5265240

10. 在連線與查詢視窗的 sales2 查詢上連點 2 下

　切換回到 Power Query 編輯視窗，如下圖：

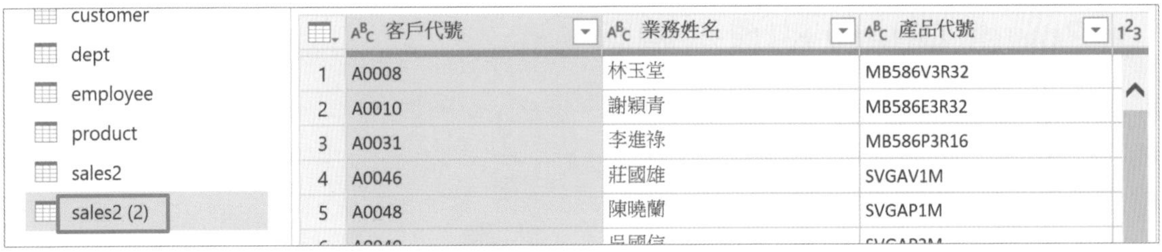

> **說明**　上一節 sales2 工作表複製產生【交易】工作表時，在 Power Query 也同時對
> sales2 查詢的複製，因此產生了 sales2 (2) 查詢，但針對【交易】工作表進行
> 的所有編輯動作，並沒有更新到 sales2 (2) 查詢。
>
> 請讀者自行在 sales2 (2) 上按右鍵→刪除，並不會影響【交易】工作表。

● 檢討：

　■ 在輸入欄位運算式時，讀者是否注意到，我們按下 Enter 鍵之後，整個欄
　　位的資料自動向下填滿，並不需要手動操作，這便是使用「表格」的好處
　　之一。

　■ 當交易資料表有新增交易紀錄時，只要輸入前方 A:F 欄資料，後面的 G:K 欄
　　資料會自動產生。

　■ 當基本資料表：customer、employee、dept、product 資料異動時，「交易」
　　表格內的資料也會自動更新。

　■ 上面的操作我們遺漏了「部門名稱」欄位，這個部份比較複雜，我們在下一
　　節進行探討。

完成上面這份大表後，我們所需要的 2 份報表就可使用「樞紐分析表」取得，我們將
在下一個單元詳細介紹！

實作：Power Query 資料整合

＞＞ Power Query 的資料關聯

1. 點選：sales2 查詢

2. 常用→合併→合併查詢
   ：將查詢合併為新查詢

3. 點選：下方下拉選單→ customer
   點選：sales2 的「客戶代號」欄位
   點選：customer 的「客戶代號」
   欄位

■ 結果如下圖：

> 說明　customer 查詢被併入 sales2 查詢成為「合併 1」查詢，如上圖。
>
> 合併的關係欄位就是「客戶代號」，功能就如同 VLOOKUP() 函數，但一次取得 customer 查詢內所有欄位，當我們使用大型資料庫，有許多檔案、許多欄位必須整合時，VLOOKUP() 顯然不是可行的解決方案。

4. 點選：customer 展開鈕，選取：「客戶寶號」、「聯絡人」欄位
   取消：「使用原始資料行名稱最為前置詞」，結果如下圖：

		1²₃ 交易年		1²₃ 交易月		Aᵇ꜀ 客戶寶號		Aᵇ꜀ 聯絡人
1	850		90		1	大喬機械公司		張君暉
2	150		90		6	大喬機械公司		張君暉
3	2280		90		5	九和汽車股份有限公司		陳勳森

> 說明　「XX 代號」欄位僅作為資料關聯用途，最後是不需要在報表中呈現的，因此關聯後，所有「XX 代號」欄位都不需要選取。

5. 常用→合併查詢
　　點選：下方下拉選單→ employee
　　點選：合併 1 的「業務姓名」欄位
　　點選：employee 的「姓名」欄位
　　如右圖：

> **說明** 我們前面已經提過了，employee 應該要有「員工代號」欄位，並以「員工代號」為最為關聯欄位，除此之外，sales2 與 employee 使用的欄位名稱不一致：「員工姓名」←→「姓名」，這都是資料表設計時的嚴重疏失。

6. 點選：employee 展開鈕，選取：「姓名」、「部門代號」欄位
　　取消：「使用原始資料行名稱最為前置詞」，結果如下圖：

		A^BC 客戶寶號		A^BC 聯絡人		A^BC 姓名		A^BC 部門代號
1	1	大喬機械公司		張君暉		林玉堂		D03
2	6	大喬機械公司		張君暉		林玉堂		D03
3	2	喬福機械工業股份有限公司		林繼宗		林玉堂		D03

> **說明** 請特別注意！「部門代號」是作為關聯 dept 查詢的關鍵值，因此必須選取。

7. 常用→合併查詢，點選：下方下拉選單→ dept
　　點選：合併 1 的「部門代號」欄位，點選：dept 的「部門代號」欄位
　　如下圖：

8. 點選：dept 展開鈕，選取：「部門名稱」欄位

   取消：「使用原始資料行名稱最為前置詞」，結果如下圖：

ᐁ人	▼	ABC 姓名	▼	ABC 部門代號	▼	ABC 部門名稱	▼
1		林玉堂		D03		業務三課	
2		林玉堂		D03		業務三課	
3		林玉堂		D03		業務三課	

> **說明** 這就是我們在 VLOOKUP( ) 關聯所漏掉的欄位。

9. 常用→合併查詢

   點選：下方下拉選單→ product

   點選：合併 1 的「產品代號」欄位

   點選：product 的「產品代號」欄位

   如右圖：

10. 點選：product 展開鈕，選取：「產品名稱」、「單價」欄位

    取消：「使用原始資料行名稱最為前置詞」，結果如下圖：

ᐁ號	▼	ABC 部門名稱	▼	ABC 產品名稱	▼	1²₃ 單價	▼
1		業務三課		586主機板VL slot *3 32MB RAM		3646	
2		業務一課		486主機板VL slot *3 16MB RAM		1348	
3		業務三課		486主機板PCI slot *3 16MB RAM		1518	

11. 取消所有「XX 代號」欄位：

    在「客戶代號」標題上按右鍵→移除，在「產品代號」標題上按右鍵→移除

    在「部門代號」標題上按右鍵→移除

12. 新增資料行→自訂資料行

    輸入新資料行名稱：銷售額

    連續點 2 下「數量」、輸入：「*」、連續點 2 下「單價」，如下圖：

■ 新增銷售額欄位如下圖：

	ABC 產品名稱	1²₃ 單價	ABC 123 銷售額
1	586主機板VL slot *3 32MB RAM	36467	30996950
2	486主機板VL slot *3 16MB RAM	13487	5259930
3	486主機板PCI slot *3 16MB RAM	15186	2277900

13. 常用→關閉並載入，結果如下圖：

	A 業務姓名	B 數量	C 交易年	D 交易月	E 客戶寶號	F 聯絡人	G 姓名	H 部門名稱	I 產品名稱	J 單價	K 銷售額
2	林玉堂	850	90	1	大喬機械公司	張君暉	林玉堂	業務三課	586主機板VL slot *3 32MB RAM	36467	30996950
3	吳美成	390	90	3	遠東氣體工業股份公司	謝裕民	吳美成	業務一課	486主機板VL slot *3 16MB RAM	13487	5259930
4	林玉堂	150	90	6	大喬機械公司	張君暉	林玉堂	業務三課	486主機板PCI slot *3 16MB RAM	15186	2277900
5	王玉治	910	90	3	有萬貿易股份有限公司	郭淑玲	王玉治	業務一課	486主機板VL slot *3 32MB RAM	24577	22365070

> **說明** 【合併1】就是整合5張資料表所完成的大表，這張表將作為我們下一個單元的範例資料。

實作：10- 附加查詢

A 公司 88~90 年營業規模小，使用一套簡易資訊系統，交易記錄檔案：SALES1，91年起因業務擴充，導入新版資訊系統，交易記錄檔案：SALES2，2 份交易記錄的資料結構是不同的，請參考下圖：

若我們要產生如下圖之銷售統計報表，勢必要先進行「資料整合」！

ABC Company Sales Report ：88 ~ 92年

交易年	業務一課	業務二課	業務三課	業務四課	總計
88	232,164,970	255,795,480	189,625,390	155,470,080	833,055,920
89	174,723,120	227,414,080	141,851,500	211,215,180	755,203,880
90	247,867,390	219,769,732	310,152,340	288,444,890	1,066,234,352
91	120,325,340	158,348,230	139,488,400	134,999,480	553,161,450
92	130,490,550	300,577,460	252,894,690	177,942,800	861,905,500
總計	905,571,370	1,161,904,982	1,034,012,320	968,072,430	4,069,561,102

》 活頁簿資料匯入 Power Query

【範例】資料夾中有一活頁簿檔案：10- 合併查詢 .XLSX，內含 6 張工作表，分別存放 6 張表格：CUSTOMER、DEPT、EMPLOYEE、PRODUCT、SALES1、SALES2，我們要將它匯入 Power Query 進行資料整合。

1.　開啟空白活頁簿，存檔命名為：10- 資料整合

2.　資料→取得資料→從檔案→從 Excel 活頁簿，開啟：.\ 範例 \10- 合併查詢 .XLSX
　　點選：選取多重項目
　　點選：customer**1**、employee**2**、product**3**、sales1**5**、sales2**4**

> **說明**　表格匯入 Power Query 後，表格名稱後面會被加上流水號，例如：customer
> → customer**1**。
>
> 原始資料只有 5 個表格，匯入後卻有 10 個項目，上面 5 個是「表格」，下方 5 個是「範圍」，我們要選取的是上方的 5 個「表格」，請注意！「表格」 與 「範圍」 的圖示是不同的。

3. 點選：轉換資料鈕

4. 在 customer1 上連點 2 下，輸入：客戶（更改查詢名稱）
更改其他 4 個查詢名稱，結果如下圖：

>> 欄位資料拆解

【交易 1】查詢內的交易資料是 88~90 年，它的資料結構是正規的，「交易年」、「數量」欄位是獨立的。

【交易 2】查詢內的交易資料是 91~92 年，它的資料結構是不正規的，「數量_91年」、「數量_92 年」欄位整合了「數量」與「交易年」2 個資訊。

以下我們將對【交易 2】查詢的欄位結構進行拆解，讓【交易 1】查詢與【交易 2】查詢的資料結構完全一致。

1. 在【交易 2】上按右鍵→複製
在空白處按右鍵→貼上
更改查詢名稱：【交易 3】
結果如右圖：

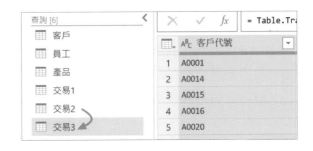

> **說明**　【交易 2】：處理 91 年交易。
> 　　　　　【交易 3】：處理 92 年交易。

2. 點選：【交易 2 查詢】
在「數量_92 年」上按右鍵→移除，更改「數量_91 年」為「數量」，如下圖：

3. 新增資料行→自訂資料行

   輸入對話方塊資料，如右圖：

■ 結果如下圖：

	務姓名	ABC 產品代號	1²3 數量	ABC 123 交易年
1		MB486V3R16	1460	91
2		SVGAV1M	1220	91
3		SVGAV2M	1940	91

> **說明**　「數量_91年」＝「數量」欄位＋「交易年」＝ 91
>
> 　　　　因此我們將「數量_91年」拆開為 2 個欄位：「數量」、「交易年」

4. 點選：【交易 3】查詢

   在「數量_91年」上按右鍵→移除，更改「數量_92年」為「數量」，如下圖：

	代號	ABC 業務姓名	ABC 產品代號	1²3 數量
1		毛渝南	MB486V3R16	1880
2		莊國雄	SVGAV1M	1790

5. 新增資料行→自訂資料行

   輸入對話方塊資料，如右圖：

■ 結果如下圖：

	務姓名	ABC 產品代號	1²3 數量	ABC 123 交易年
1		MB486V3R16	1880	92
2		SVGAV1M	1790	92
3		SVGAV2M	2170	92

說明　目前【交易1】、【交易2】、【交易3】的資料結構完全一致了，如下圖：

>> 附加查詢

我們要將【交易1】、【交易2】、【交易3】3份交易紀錄，上下黏貼成一份資料，這個動作稱為「附加」。

1. 點選：【交易1】查詢

2. 常用→附加查詢→將查詢附加為新查詢，設定如下圖：

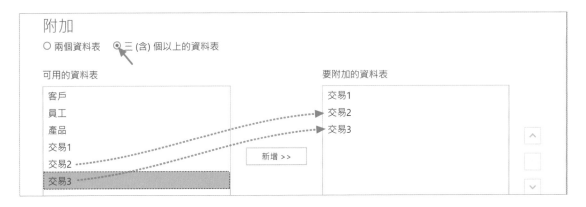

3. 點選：【附加1】查詢，向下捲動資料列，總共 349 筆資料，如下圖：

說明　【交易1】有251筆紀錄，【交易2】有49筆紀錄、【交易3】有49筆紀錄，因此【附加1】查詢為349筆。

>> 合併查詢

交 3 份交易紀錄附加為 1 份資料後,我們接著進行資料關聯,也就是合併查詢。

1. 點選:【附加 1】查詢

2. 常用→合併查詢
   →將查詢合併為新查詢
   設定如右圖:

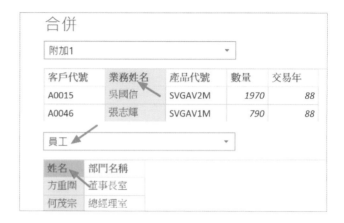

3. 點選:「員工」欄位展開鈕,選取:「部門名稱」欄位
   取消:使用原始資料行名稱…,結果如下圖:

品代號	1²3 數量	ABC 123 交易年	ABC C 部門名稱
1 M	1970	88	業務二課
2 3R32	1330	88	業務二課
3 3R32	1350	88	業務二課

4. 常用→合併查詢→合併查詢
   設定如右圖:

> **說明** 只有第 1 次執行合併查詢時,要產生「新」查詢。

5. 點選:「客戶」欄位展開鈕,選取:「客戶寶號」欄位
   取消:使用原始資料行名稱…,結果如下圖:

	▼	ABC123 交易年	▼	ABC 部門名稱	▼	ABC 客戶寶號	▼
1		1970		88	業務二課	四維企業(股)公司	
2		1350		88	業務二課	四維企業(股)公司	
3		1430		88	業務二課	四維企業(股)公司	

6. 常用→合併查詢→合併查詢
   設定如右圖:

7. 點選:「產品」欄位展開鈕,選取:「單價」欄位
   取消:使用原始資料行名稱…,結果如下圖:

	5年	▼	ABC 部門名稱	▼	ABC 客戶寶號	▼	1²3 單價	▼
1		88	業務二課		四維企業(股)公司		4675	
2		88	業務三課		諾貝爾生物有限公司		4675	
3		89	業務四課		九和汽車股份有限公司		13487	

8. 新增資料行→自訂資料行
   設定如右圖:

   ■ 完成結果如下圖:

	名稱	▼	ABC 客戶寶號	▼	1²3 單價	▼	ABC123 總計	▼
1	果		四維企業(股)公司		4675		9209750	
2	果		諾貝爾生物有限公司		4675		3599750	
3	果		九和汽車股份有限公司		13487		4180970	

9. 取消多餘欄位：客戶代號、產品代號、數量、單價

10. 常用→關閉並載入

11. 選取：【合併 1】工作表，資料成功整合，如下圖：

■ 下一個單元我們將介紹「樞紐分析表」，上面所整合的資料，便可輕易地產生業績統計表，如下圖：

ABC Company Sales Report ：88 ~ 92年

交易年	業務一課	業務二課	業務三課	業務四課	總計
88	232,164,970	255,795,480	189,625,390	155,470,080	833,055,920
89	174,723,120	227,414,080	141,851,500	211,215,180	755,203,880
90	247,867,390	219,769,732	310,152,340	288,444,890	1,066,234,352
91	120,325,340	158,348,230	139,488,400	134,999,480	553,161,450
92	130,490,550	300,577,460	252,894,690	177,942,800	861,905,500
總計	905,571,370	1,161,904,982	1,034,012,320	968,072,430	4,069,561,102

說明　給輔導電腦軟體應用乙級的老師

本單元所使用的實作技巧：合併查詢、附加查詢，可以完全取代 Access 的查詢設計，而且使用的觀念、技巧也完全相同，唯一的差異在於操作介面，對於實現完全 Excel 解題的攻略提供一個不錯的方案。

業績資料處理

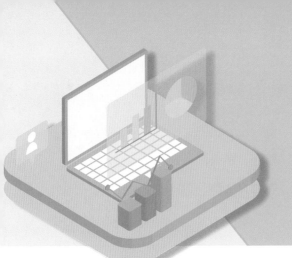

排序、小計

	A	B	C	D	E	F	G	H	I	J
1	序號	年	月	客戶寶號	營業處	業務姓名	產品代號	產品類別	達成業績	毛利
25	041	88	5	九華營造工程股份	北區	林鳳春	EIDE1RP	IDE埠	879,200	378,400
26	175	89	9	台中精機廠股份有	北區	林鳳春	EIDE2RP	IDE埠	592,040	254,980
27	071	88	10	有萬貿易股份有限	北區	葉秀珠	EIDE2RP	IDE埠	137,104	59,048
28	119	89	3	真正精機股份有限	北區	陳曉蘭	EIDE1RP	IDE埠	241,780	104,060

	A	B	C	D	E	F	G	H	I	J
1	交易序號	年	月	客戶寶號	營業處	業務姓名	產品代號	產品類別	達成業績	毛利
46					中區 合計				59,635,540	25,646,680
80					北區 合計				69,966,944	30,089,028
147					東區 合計				102,544,770	44,100,370
197					南區 合計				72,406,710	31,139,740
198		88 合計							304,553,964	130,975,818
234					中區 合計				37,382,100	16,076,510

老闆真愛問

	A	B
1	老闆 01 問：全部營業額？	老闆 10 問：能否只顯示中區員工業績資料？
2	老闆 02 問：全部的毛利？	老闆 11 問：能否只作北區、南區的業績比較？
3	老闆 03 問：各營業處毛利總計？	老闆 12 問：各年度 vs. 產品類別營業額百分比？
4	老闆 04 問：各年度毛利總計？	老闆 13 問：能否將上表改為各年度 vs. 營業處營業額百分比？
5	老闆 05 問：各營業處 vs. 年度毛利總計？	老闆 14 問：各類產品毛利排名？
6	老闆 06 問：各年度 vs. 各月份毛利總計？	老闆 15 問：業績最高前3名業務？
7	老闆 07 問：各年度 vs. 各季毛利總計？	老闆 16 問：業績毛利雙冠王單位？
8	老闆 08 問：各年度 + 各季 vs. 各營業處業績總計？	老闆 17 問：業績年年成長的業務？
9	老闆 09 問：各營業處 + 各業務員 vs. 各年度業績總計？	

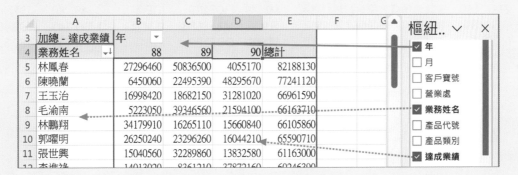

☑ 資料排序	☑ 資料小計
☑ 多階排序	☑ 樞紐分析表
☑ 移除重複資料	☑ 老闆真愛問

教學重點

實作：資料排序

資料排序：將相近的資料排列在一起，就容易「尋找」、「處理」資料，排序時可以是多個階層，可以遞增或遞減，更可以根據「自訂清單」順序排列。

● 資料排序工具
  如右圖：

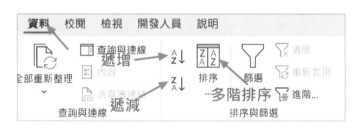

≫ 一階排序

● 選取 A2 儲存格，檢視→凍結窗格
  （將第 1 列「欄位名稱」凍結在視窗上方）

老闆想查：客戶「現代農牧」的交易紀錄？

● 選取：D1 儲存格，資料→遞減排序，往下捲動，如下圖：

	A 序號	B 年	C 月	D 客戶寶號	E 營業處	F 業務姓名	G 產品代號	H 產品類別	I 達成業績	J 毛利
94	276	90	8	現代農牧股份有限	中區	吳國信	MB586P3R1	主機板	5,265,240	2,264,400
95	079	88	10	現代農牧股份有限	東區	林鵬翔	MB586V3R1	主機板	5,315,100	2,285,500
96	234	90	5	現代農牧股份有限	東區	林鵬翔	EIDE2RP	IDE埠	249,280	107,360
97	165	89	8	現代農牧股份有限	南區	張世興	MB586P3R1	主機板	1,393,740	599,400
98	001	88	1	現代農牧股份有限	東區	陳惠娟	EIDE1RP	IDE埠	373,660	160,820

說明 中文字排序依照筆劃數。

老闆想查：業務「林玉堂」的交易紀錄？

● 選取：F1 儲存格，資料→遞增排序，往下捲動，如下圖：

	A	B	C	D	E	F	G	H	I	J
1	序號	年	月	客戶寶號	營業處	業務姓名	產品代號	產品類別	達成業績	毛利
100	197	89	12	鐶琪塑膠股份有限	南區	林玉堂	SCSIPB	SCSI顯卡	351,680	151,360
101	205	89	12	漢寶農畜產企業公	南區	林玉堂	MB586V3R3	主機板	13,857,460	5,959,160
102	052	88	7	詮讚興業公司	南區	林玉堂	SCSIVB	SCSI顯卡	330,990	142,460
103	225	90	4	溪泉電器工廠股份	南區	林玉堂	SCSIPB	SCSI顯卡	395,640	170,280
104	004	88	1	雅企科技(股)	南區	林玉堂	MB586P3R3	主機板	7,033,620	3,024,780

老闆想查：產品「SCSIVB」的交易紀錄？

● 選取：G1 儲存格，資料→遞減排序，往下捲動，如下圖：

	A	B	C	D	E	F	G	H	I	J
1	序號	年	月	客戶寶號	營業處	業務姓名	產品代號	產品類別	達成業績	毛利
57	206	90	1	菱生精密工業股份	北區	王玉治	SCSIVB	SCSI顯卡	155,760	67,040
58	108	89	2	太平洋汽門工業股	北區	王玉治	SCSIVB	SCSI顯卡	486,750	209,500
59	143	89	6	豐興鋼鐵(股)公司	南區	朱金倉	SCSIVB	SCSI顯卡	233,640	100,560
60	022	88	3	洽興金屬工業股份	南區	朱金倉	SCSIVB	SCSI顯卡	330,990	142,460
61	271	90	8	欣中天然氣股份有	北區	吳美成	SCSIVB	SCSI顯卡	447,810	192,740

老闆想查：單筆最高交易？

● 選取：I1 儲存格，資料→遞減排序，如下圖：

	A	B	C	D	E	F	G	H	I	J
1	序號	年	月	客戶寶號	營業處	業務姓名	產品代號	產品類別	達成業績	毛利
57	171	89	8	鐶琪塑膠股份有限	北區	王玉治	MB586V3R3	主機板	6,199,390	2,665,940
58	223	90	3	百容電子股份有限	北區	吳美成	MB486V3R3	主機板	6,144,250	2,642,000
59	245	90	5	喬福機械工業股份	東區	郭曜明	MB586P3R1	主機板	6,039,540	2,597,400
60	300	90	12	大喬機械公司	中區	莊國雄	MB586E3R1	主機板	6,010,560	2,584,960

老闆想查：單筆最低毛利？

● 選取：J1 儲存格，資料→遞增排序，如下圖：

	A	B	C	D	E	F	G	H	I	J
1	序號	年	月	客戶寶號	營業處	業務姓名	產品代號	產品類別	達成業績	毛利
2	196	89	12	集上科技股份有限	南區	謝穎青	EIDE2RP	IDE埠	109,060	46,970
3	071	88	10	有萬貿易股份有限	北區	葉秀珠	EIDE2RP	IDE埠	137,104	59,048
4	093	88	12	羽田機械股份有限	東區	陳惠娟	EIDE2RP	IDE埠	140,220	60,390
5	117	89	3	太平洋汽門工業股	中區	向大鵬	EIDE2RP	IDE埠	149,568	64,416

》 多階排序

老闆想知道：集上科技、90 年所有交易

● 選取：A1 儲存格，資料→排序
設定如右圖：

● 結果如下圖：

	A	B	C	D	E	F	G	H	I	J
1	序號	年	月	客戶寶號	營業處	業務姓名	產品代號	產品類別	達成業績	毛利
238	220	90	3	集上科技股份有限	東區	陳惠娟	EIDE1RP	IDE埠	857,220	368,940
239	213	90	1	集上科技股份有限	中區	陳詔芳	MB586V3R3	主機板	14,586,800	6,272,800
240	196	89	12	集上科技股份有限	南區	謝穎青	EIDE2RP	IDE埠	109,060	46,970
241	170	89	8	集上科技股份有限	東區	毛渝南	MB586P3R3	主機板	3,197,100	1,374,900

老闆想知道：IDE 埠、北區所有交易

● 選取：A1 儲存格，資料→排序
設定如右圖：

● 結果如下圖：

	A	B	C	D	E	F	G	H	I	J
1	序號	年	月	客戶寶號	營業處	業務姓名	產品代號	產品類別	達成業績	毛利
25	041	88	5	九華營造工程股份	北區	林鳳春	EIDE1RP	IDE埠	879,200	378,400
26	175	89	9	台中精機廠股份有	北區	林鳳春	EIDE2RP	IDE埠	592,040	254,980
27	071	88	10	有萬貿易股份有限	北區	葉秀珠	EIDE2RP	IDE埠	137,104	59,048
28	119	89	3	真正精機股份有限	北區	陳曉蘭	EIDE1RP	IDE埠	241,780	104,060
29	045	88	6	九和汽車股份有限	中區	陳雅賢	EIDE1RP	IDE埠	175,840	75,680

老闆想知道：向大鵬、3 月份所有交易

● 選取：A1 儲存格，資料→排序
設定如右圖：

● 結果如下圖：

	A	B	C	D	E	F	G	H	I	J
1	序號	年	月	客戶寶號	營業處	業務姓名	產品代號	產品類別	達成業績	毛利
31	109	89	2	原帥電機股份有限	中區	向大鵬	SVGAV1M	主機板	538,440	231,700
32	117	89	3	太平洋汽門工業股	中區	向大鵬	EIDE2RP	IDE埠	149,568	64,416
33	020	88	3	善品精機股份有限	中區	向大鵬	EIDE2RP	IDE埠	249,280	107,360
34	120	89	3	豐興鋼鐵(股)公司	中區	向大鵬	SVGAP1M	主機板	534,950	230,100

實作：移除重複　●●●

假設資訊中心電腦主機硬碟毀損，基本資料檔案都無法復原，只剩下交易檔案有備份，交易檔案內容請參考下圖：

	A	B	C	D	E	F	G	H	I	J
1	序號	年	月	客戶寶號	營業處	業務姓名	產品代號	產品類別	達成業績	毛利
2	001	88	1	現代農牧股份有限	東區	陳惠娟	EIDE1RP	IDE埠	373,660	160,820
3	002	88	1	東陽實業(股)公司	中區	陳詔芳	SCSIPB	SCSI顯卡	593,460	255,420
4	003	88	1	新益機械工廠股份	北區	吳美成	MB486P3R3	主機板	2,857,360	1,228,700
5	004	88	1	雅企科技(股)	南區	林玉堂	MB586P3R3	主機板	7,033,620	3,024,780

我們希望由上面的交易資料，快速整理出下三項資料：
A. 客戶寶號　　B. 業務姓名　　C. 產品代號

1. 選取：A2 儲存格，檢視→凍結窗格→凍結窗格

   向下捲動至最後一列，如下圖：（共有資料 300 筆）

	A	B	C	D	E	F	G	H	I	J
1	序號	年	月	客戶寶號	營業處	業務姓名	產品代號	產品類別	達成業績	毛利
298	297	90	11	新寶纖維股份有限	北區	葉秀珠	MB586V3R1	主機板	5,163,240	2,220,200
299	298	90	12	原帥電機股份有限	南區	朱金倉	MB586V3R3	主機板	2,188,020	940,920
300	299	90	12	英業達股份有限公	東區	李進祿	MB586E7R3	主機板	3,803,490	1,635,570
301	300	90	12	大喬機械公司	中區	莊國雄	MB586E3R1	主機板	6,010,560	2,584,960
302										

2. 刪除多餘欄位，並在中間插入空白欄位，結果如下圖：

	A	B	C	D	E	F
1	客戶寶號		業務姓名		產品代號	
2	現代農牧股份有限公司		陳惠娟		EIDE1RP	
3	東陽實業(股)公司		陳詔芳		SCSIPB	
4	新益機械工廠股份公司		吳美成		MB486P3R32	
5	雅企科技(股)		林玉堂		MB586P3R32	

3. 選取：A2 儲存格

　　資料→移除重複項目

■ 對話方塊如右圖：

　　選取：我的資料有標題

4. 客戶資料只剩 60 筆，如下圖：

	A	B	C	D	E	F
1	客戶寶號		業務姓名		產品代號	
59	比力機械工業股份公司		謝穎青		SVGAP2M	
60	台中精機廠股份有限公司		謝穎青		MB486V3R16	
61	中友開發建設股份有限公司		向大鵬		MB486P3R16	
62			吳國信		MB586P3R32	
63			陳詔芳		MB586E7R32	

5. 選取：C2 儲存格，資料→移除重複項目，業務姓名只剩 20 筆，如下圖：

	A	B	C	D	E	F
1	客戶寶號		業務姓名		產品代號	
19	中衛聯合開發公司		葉秀珠		MB586P3R32	
20	洽興金屬工業股份公司		吳國信		MB486P3R32	
21	欣中天然氣股份有限公司		莊國雄		EIDE2RP	
22	佳樂電子股份有限公司				SCSIVB	

6. 選取：E2 儲存格，資料→移除重複項目，產品代號只剩 20 筆，如下圖：

	A	B	C	D	E	F
1	客戶寶號		業務姓名		產品代號	
19	中衛聯合開發公司		葉秀珠		MB586V3R32	
20	洽興金屬工業股份公司		吳國信		SVGAP1M	
21	欣中天然氣股份有限公司		莊國雄		MB586E7R32	
22	佳樂電子股份有限公司					

實作：業績小計　　●●●

》》建立小計

企業組織架構中強調「分層」管理：總經理→協理→經理→課長→辦事員，每一種職位的工作職掌不同，對於資料的需求也不同，Excel 的「小計」功能剛好可以應對這樣的層級差異。

注意：

> Excel 小計功能是一種層級架構，執行小計功能之前，資料必須先依照層級進行排序，得到的結果才會是正確的。

假設各層級工作職掌如下：

A. 總經理：只需關心每一個「年度」的「業績」、「毛利」總計

B. 經理：必須關心每一個「營業處」的「業績」、「毛利」總計

C. 課長：必須關心每一個「客戶寶號」的「業績」、「毛利」總計

D. 辦事員：負責明細交易紀錄的正確性

1. 選取：A1 儲存格

2. 資料→排序
   依據工作職掌設定排序層級
   如右圖：

3. 資料→大綱→小計

■ 小計設定：

分組：年

新增小計位置：達成業績、
毛利

選取：取代目前小計

如右圖：

> **說明** 第一次建立小計時，「取代目前小計」有無勾選都可以。
>
> 當已經建立小計時，若勾選「取代目前小計」，代表此次的小計設定將會覆蓋原先的設定，若我們要做的是「多層級」的小計，千萬記得，必須取消「取代目前小計」選項。

4. 視窗左側出現大綱層級：1、2、3，結果如下圖：

		A	B	C	D	E	F	G	H	I	J
	1	交易序號	年	月	客戶寶號	營業處	業務姓名	產品代號	產品類別	達成業績	毛利
	2	045	88	6	九和汽車股份有限公司	中區	陳雅賢	EIDE1RP	IDE埠	175,840	75,680
	3	020	88	3	善品精機股份有限公司	中區	向大鵬	EIDE2RP	IDE埠	249,280	107,360
	4	041	88	5	九華營造工程股份有限公司	北區	林鳳春	EIDE1RP	IDE埠	879,200	378,400
	5	071	88	10	有萬貿易股份有限公司	北區	葉秀珠	EIDE2RP	IDE埠	137,104	59,048

5. 往下捲動：

出現：88 合計、89 合計、90 合計列

I、J 欄出現 ######，因為數字太大產生欄寬不足情況，如下圖：

		A	B	C	D	E	F	G	H	I	J
	100	051	88	7	漢寶農畜產企業公司	南區	張志輝	SVGAP1M	主機板	205,750	88,500
	101	059	88	8	豐興鋼鐵(股)公司	南區	謝穎青	MB486V3R16	主機板	1,213,830	522,000
	102		**88 合計** ◀							########	#######
	103	117	89	3	太平洋汽門工業股份公司	中區	向大鵬	EIDE2RP	IDE埠	149,568	64,416

6. 往下捲動至資料最下方，如下圖：

	A	B	C	D	E	F	G	H	I	J
301	230	90	4	雅企科技(股)	南區	朱金倉	MB586E7R16	主機板	6,873,600	2,955,840
302	263	90	7	漢寶農畜產企業公司	南區	謝穎青	MB586P3R32	主機板	4,475,940	1,924,860
303	253	90	6	豐興鋼鐵(股)公司	南區	張世興	SVGAV1M	主機板	1,346,100	579,250
304		90 合計							########	#######
305		總計							########	#######
306										

7. 資料→大綱→小計

分組：**營業處**，新增小計位置：達成業績、毛利，**取消**：取代目前小計

8. 視窗左側大綱層級多了第 4 層，「營業處」多了合計，結果如下圖：

	A	B	C	D	E	F	G	H	I	J
22	077	88	10	漢寶農畜產企業公司	中區	陳詔芳	MB486V3R32	主機板	4,423,860	1,902,240
23	053	88	7	諾貝爾生物有限公司	中區	向大鵬	SVGAP1M	主機板	1,193,350	513,300
24	040	88	5	鑲琪塑膠股份有限公司	中區	陳雅賢	SCSIPB	SCSI顯卡	857,220	368,940
25					中區 合計				59,635,540	25,646,680
26	041	88	5	九華營造工程股份有限公司	北區	林鳳春	EIDE1RP	IDE埠	879,200	378,400

9. 往下捲動至資料最下方，如下圖：

	A	B	C	D	E	F	G	H	I	J
313	263	90	7	漢寶農畜產企業公司	南區	謝穎青	MB586P3R32	主機板	4,475,940	1,924,860
314	253	90	6	豐興鋼鐵(股)公司	南區	張世興	SVGAV1M	主機板	1,346,100	579,250
315					南區 合計				70,873,580	30,479,140
316		90 合計							349,369,850	150,244,600
317		總計							1,026,135,694	441,287,208
318										

10. 資料→大綱→小計

分組：**客戶寶號**，新增小計位置：達成業績、毛利，**取消**：取代目前小計

11. 視窗左側大綱層級多了第 5 層，「客戶寶號」多了合計，結果如下圖：

	A	B	C	D	E	F	G	H	I	J
1	交易序號	年	月	客戶寶號	營業處	業務姓名	產品代號	產品類別	達成業績	毛利
2	045	88	6	九和汽車股份有限公司	中區	陳雅賢	EIDE1RP	IDE埠	175,840	75,680
3				九和汽車股份有限公司 合計					175,840	75,680
4	036	88	4	中衛聯合開發公司	中區	陳詔芳	MB586E7R16	主機板	4,510,800	1,939,770
5				中衛聯合開發公司 合計					4,510,800	1,939,770

12. 往下捲動至資料最下方，如下圖：

	A	B	C	D	E	F	G	H	I	J
580				漢寶農畜產企業公司 合計					4,475,940	1,924,860
581	253	90	6	豐興鋼鐵(股)公司	南區	張世興	SVGAV1M	主機板	1,346,100	579,250
582				豐興鋼鐵(股)公司 合計					1,346,100	579,250
583					南區 合計				70,873,580	30,479,140
584		90 合計							349,369,850	150,244,600
585		總計							1,026,135,694	441,287,208
586										

≫ 層級操作

● 董事長看資料 → 點選：層級 1

1 2 3 4 5		A	B	C	D	E	F	G	H	I	J
	1	交易序號	年	月	客戶寶號	營業處	業務姓名	產品代號	產品類別	達成業績	毛利
+	585	總計								1,026,135,694	441,287,208
	586										

● 總經理看資料 → 點選：層級 2

1 2 3 4 5		A	B	C	D	E	F	G	H	I	J
	1	交易序號	年	月	客戶寶號	營業處	業務姓名	產品代號	產品類別	達成業績	毛利
+	198	88 合計								304,553,964	130,975,818
+	399	89 合計								372,211,880	160,066,790
+	584	90 合計								349,369,850	150,244,600
−	585	總計								1,026,135,694	441,287,208

● 經理看資料 → 點選：層級 3

1 2 3 4 5		A	B	C	D	E	F	G	H	I	J
	1	交易序號	年	月	客戶寶號	營業處	業務姓名	產品代號	產品類別	達成業績	毛利
+	46					中區 合計				59,635,540	25,646,680
+	80					北區 合計				69,966,944	30,089,028
+	147					東區 合計				102,544,770	44,100,370
+	197					南區 合計				72,406,710	31,139,740
−	198	88 合計								304,553,964	130,975,818
+	234					中區 合計				37,382,100	16,076,510

● 課長看資料 → 點選：層級 4

1 2 3 4 5		A	B	C	D	E	F	G	H	I	J
	1	交易序號	年	月	客戶寶號	營業處	業務姓名	產品代號	產品類別	達成業績	毛利
+	3				九和汽車股份有限公司 合計					175,840	75,680
+	5				中衛聯合開發公司 合計					4,510,800	1,939,770
+	7				太平洋汽門工業股份公司 合計					2,457,700	1,056,800
+	10				台灣釜屋電機股份有限公司 合計					8,993,840	3,868,000
+	12				永光壓鑄企業公司 合計					3,644,640	1,567,200

● 辦事員看資料 → 點選：層級 5

1 2 3 4 5		A	B	C	D	E	F	G	H	I	J
	1	交易序號	年	月	客戶寶號	營業處	業務姓名	產品代號	產品類別	達成業績	毛利
	2	045	88	6	九和汽車股份有限公司	中區	陳雅賢	EIDE1RP	IDE埠	175,840	75,680
−	3				九和汽車股份有限公司 合計					175,840	75,680
	4	036	88	4	中衛聯合開發公司	中區	陳詔芳	MB586E7R16	主機板	4,510,800	1,939,770
−	5				中衛聯合開發公司 合計					4,510,800	1,939,770

● 總經理看資料，發現 90 年業績、毛利都衰退，想查明原因

點選：層級 3

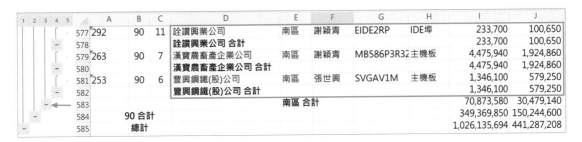

				A	B	C	D	E	F	G	H	I	J
+		437						中區 合計				74,896,380	32,209,240
+		493						北區 合計				106,188,110	45,664,490
+		539						東區 合計				97,411,780	41,891,730
+		583						→南區 合計				70,873,580	30,479,140
−		584			90 合計								349,369,850	150,244,600
−		585			總計								1,026,135,694	441,287,208

● 發現南區業績、毛利都墊底，再往下追查…

點選：南區左側層級 3 的＋號，南區明細展開如下：

		A	B	C	D	E	F	G	H	I	J
577	292	90	11	詮讚興業公司	南區	謝穎青	EIDE2RP	IDE埠	233,700	100,650
578				**詮讚興業公司 合計**					233,700	100,650
579	263	90	7	漢寶農畜產企業公司	南區	謝穎青	MB586P3R32	主機板	4,475,940	1,924,860
580				**漢寶農畜產企業公司 合計**					4,475,940	1,924,860
581	253	90	6	豐興鋼鐵(股)公司	南區	張世興	SVGAV1M	主機板	1,346,100	579,250
582				**豐興鋼鐵(股)公司 合計**					1,346,100	579,250
583					南區 合計				70,873,580	30,479,140
584				90 合計					349,369,850	150,244,600
585				總計					1,026,135,694	441,287,208

> **說明** 大綱層級下方的＋號代表資料是被「折疊」的，點選＋號後，資料會被展開，
> ＋號就變成－號。

● 結束資料查詢

資料→大綱→小計，選取：全部移除，資料復原如下圖：

	A	B	C	D	E	F	G	H	I	J
1	交易序號	年	月	客戶寶號	營業處	業務姓名	產品代號	產品類別	達成業績	毛利
2	045	88	6	九和汽車股份有限公司	中區	陳雅賢	EIDE1RP	IDE埠	175,840	75,680
3	036	88	4	中衛聯合開發公司	中區	陳詔芳	MB586E7R16	主機板	4,510,800	1,939,770
4	026	88	3	太平洋汽門工業股份公司	中區	陳詔芳	MB486V3R32	主機板	2,457,700	1,056,800
5	073	88	10	台灣釜屋電機股份有限公司	中區	陳雅賢	SCSIPB	SCSI顯卡	681,380	293,260

實作：老闆真愛問   ●●●

多數的老闆想要獲得的資訊，都不會如同上一節所假設的「有規則」，這時候 Excel 的樞紐分析表就可大發神威，正所謂「老闆給我 3 秒鐘，我給老闆全世界」。

以下是筆者整理的老闆 17 問：

	A	B
1	老闆 01 問：全部營業額？	老闆 10 問：能否只顯示中區員工業績資料？
2	老闆 02 問：全部的毛利？	老闆 11 問：能否只作北區、南區的業績比較？
3	老闆 03 問：各營業處毛利總計？	老闆 12 問：各年度 vs. 產品類別營業額百分比？
4	老闆 04 問：各年度毛利總計？	老闆 13 問：能否將上表改為各年度 vs. 營業處營業額百分比？
5	老闆 05 問：各營業處 vs. 年度毛利總計？	老闆 14 問：各類產品毛利排名？
6	老闆 06 問：各年度 vs. 各月份毛利總計？	老闆 15 問：業績最高前3名業務？
7	老闆 07 問：各年度 vs. 各季毛利總計？	老闆 16 問：業績毛利雙冠王單位？
8	老闆 08 問：各年度 + 各季 vs. 各營業處業績總計？	老闆 17 問：業績年年成長的業務？
9	老闆 09 問：各營業處 + 各業務員 vs. 各年度業績總計？	

>> 建立樞紐分析表

● 本單元沿用【業績小計】工作表資料

1. 選取：A1 儲存格

2. 插入→樞紐分析表，產生一張新工作表如下圖：

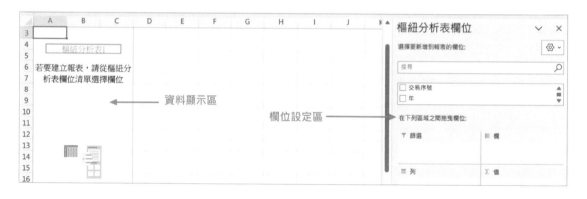

> **說明** 當作用儲存格不在資料顯示區時，欄位設定區便會消失，因此進行樞紐分析設定前，必須先選取資料顯示區中任一個儲存格。
>
> 上面顯示的是「新版」的樞紐分析表設定畫面，筆者建議使用「古典式」，視覺上、觀念上將會更加清楚。

3. 樞紐分析表分析
   →樞紐分析表：選項

點選:顯示標籤

勾選:古典式分析表…

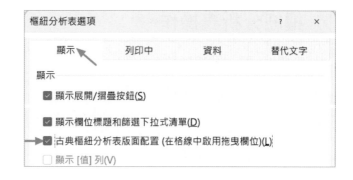

- 版面改變如下圖:

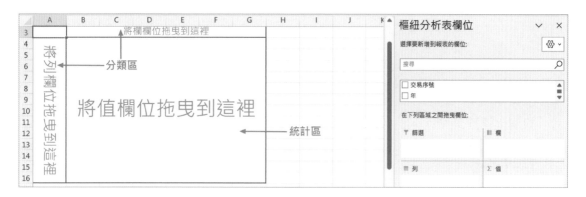

說明 資料統計前,必須先指定統計的標的,例如:「年度」、「區域」、「產品類別」、「客戶寶號」、「業務姓名」,這些標的就必須被擺放在「分類區」,左側:「列分類」,上方:「欄分類」,這就是「小計」功能中的「分組」。

有標的之後就必須指定統計項目,例如:「業績總額」、「毛利」,這些項目就必須被擺放在「統計區」,這就是「小計」功能中的「新增小計位置」。

4. 點選:工具鈕,選取:只有欄位區段,操作介面改變如下圖:

≫ 樞紐分析表操作

● 老闆 01 問：全部營業額？

勾選：達成業績，結果如下圖：

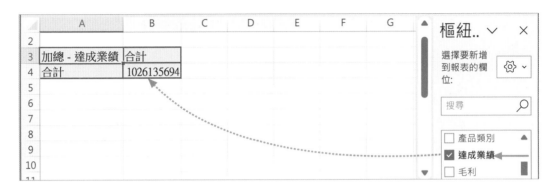

● 老闆 02 問：全部的毛利？

取消：達成業績，勾選：毛利，結果如下圖：

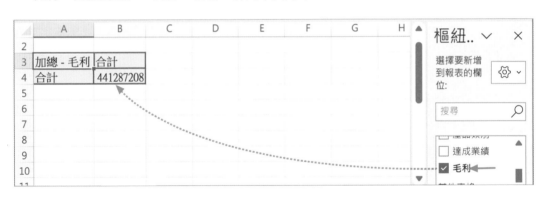

> 說明　「達成業績」、「毛利」都是「數字」資料，系統預設「數字」資料作為統計項目，自動擺放在統計區。

● 老闆 03 問：各營業處毛利總計？

勾選：營業處、勾選：毛利，結果如下圖：

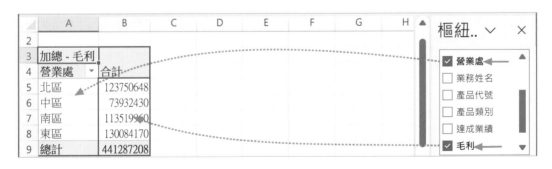

> 說明 「營業處」是「文字」資料，系統預設「文字」資料作為分組用途，自動擺放在列分類區，若想要擺放在欄分類區就必須手動拖曳，後面會介紹。

● 老闆 04 問：各年度毛利總計？

勾選：年、勾選：毛利，結果如下圖：

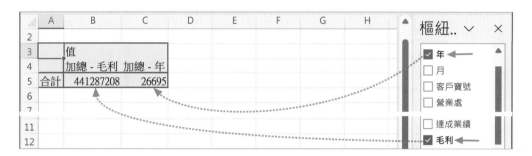

> 說明 由於「年」的資料屬性是「數字」，因此被錯誤的擺放在「統計區」。

■ 更正：取消「年」

將「年」直接拖曳至「列分類區」，如下圖：

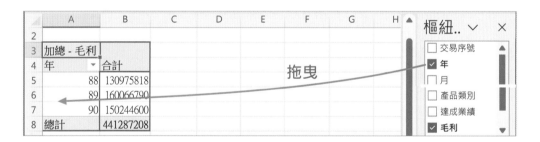

● 老闆 05 問：各營業處 vs. 年度毛利總計？

欄位設定、結果如下圖：

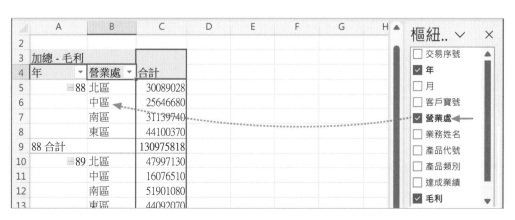

> **說明**　「營業處」自動擺放在「列分類區」第 2 層。

- 更正：將「營業處」由「列分類區」拖曳至「欄分類區」，如下圖：

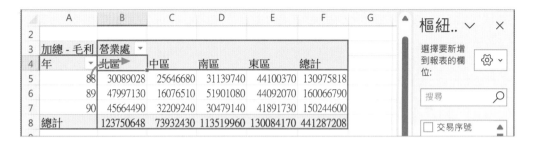

- 老闆 06 問：各年度 vs. 各月份毛利總計？

  取消：營業處，拖曳「月」至欄分類區，結果如下圖：

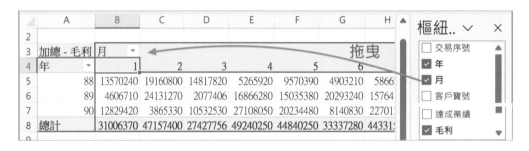

- 老闆 07 問：各年度 vs. 各季毛利總計？

  在「月」上方按右鍵→組成群組，設定間距值：3，如下圖：

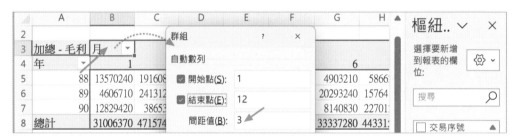

- 結果如下圖：

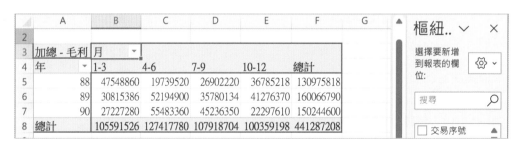

● 老闆 08 問：各年度 + 各季 vs. 各營業處業績總計？
　　拖曳「年」至列分類，拖曳「月」至列分類，拖曳「營業處」至欄分類
　　取消：「毛利」，勾選「達成業績」，結果如下圖：

● 老闆 09 問：各營業處 + 各業務員 vs. 各年度業績總計？
　　拖曳「年」至欄分類，勾選「營業處」，勾選「業務姓名」
　　勾選「達成業績」，結果如下圖：

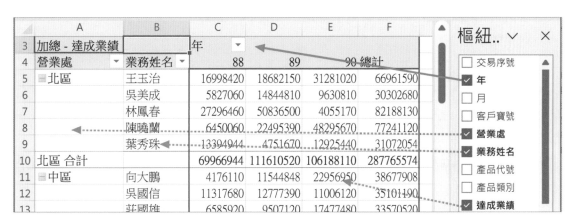

　■　在「北區 合計」上按右鍵→取消：小計 " 營業處 "，結果如下圖：

● 老闆 10 問：只顯示中區業績資料？
　點選：「營業處」下拉鈕
　只勾選：中區
　如右圖：

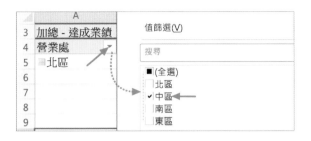

　■　「營業處」下拉鈕圖示變成漏斗狀（篩選），結果如下圖：

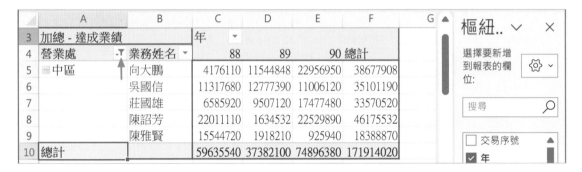

加總 - 達成業績		年			
營業處	業務姓名	88	89	90	總計
中區	向大鵬	4176110	11544848	22956950	38677908
	吳國信	11317680	12777390	11006120	35101190
	莊國雄	6585920	9507120	17477480	33570520
	陳詔芳	22011110	1634532	22529890	46175532
	陳雅賢	15544720	1918210	925940	18388870
總計		59635540	37382100	74896380	171914020

● 老闆 11 問：只作北區、南區的業績比較？
　取消：「業務姓名」,「營業處」篩選：變更為「北區」、「南區」
　結果如下圖：

加總 - 達成業績	年			
營業處	88	89	90	總計
北區	69966944	111610520	106188110	287765574
南區	72406710	120690780	70873580	263971070
總計	142373654	232301300	177061690	551736644

● 老闆 12 問：各年度 vs. 產品類別營業額百分比？
　拖曳「年」至欄分類，勾選「產品類別」，勾選「達成業績」，結果如下圖：

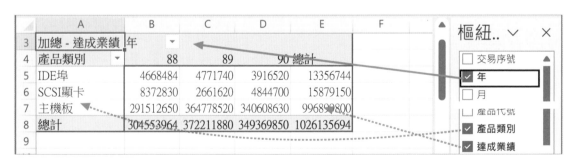

加總 - 達成業績	年			
產品類別	88	89	90	總計
IDE埠	4668484	4771740	3916520	13356744
SCSI顯卡	8372830	2661620	4844700	15879150
主機板	291512650	364778520	340608630	996899800
總計	304553964	372211880	349369850	1026135694

■ 在 C5 儲存格上按右鍵→值的顯示方式→欄總和百分比，設定如下圖：

■ 結果如下圖：

	A	B	C	D	E	F	G
3	加總 - 達成業績	年					
4	產品類別	88	89	90	總計		
5	IDE埠	1.53%	1.28%	1.12%	1.30%		
6	SCSI顯卡	2.75%	0.72%	1.39%	1.55%		
7	主機板	95.72%	98.00%	97.49%	97.15%		
8	總計	100.00%	100.00%	100.00%	100.00%		

> **說明**　請特別注意「總計百分比」、「欄總和百分比」、「列總和百分比」的差異。

● 老闆 13 問：能否將上表改為各年度 vs. 營業處營業額百分比？
　　取消：「產品類別」，勾選：「營業處」
　　「營業處」篩選：變更為全選，結果如下圖：

	A	B	C	D	E	F	G
3	加總 - 達成業績	年					
4	營業處	88	89	90	總計		
5	北區	22.97%	29.99%	30.39%	28.04%		
6	中區	19.58%	10.04%	21.44%	16.75%		
7	南區	23.77%	32.43%	20.29%	25.72%		
8	東區	33.67%	27.55%	27.88%	29.48%		
9	總計	100.00%	100.00%	100.00%	100.00%		

● 老闆 14 問：各類產品毛利排名？
　　欄位設定如下圖，點選：B5 儲存格，點選：遞增排序鈕，結果如下圖：

● 老闆 15 問：業績最高前 3 名業務？

欄位設定如下圖：

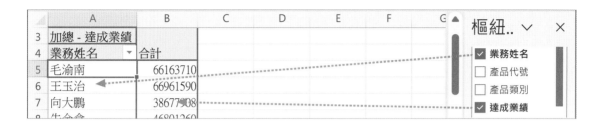

■ 點選 B5 儲存格

點選：遞減排序鈕

「業務姓名」篩選：前 3 筆

設定如右圖：

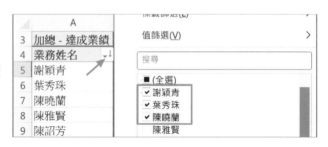

■ 結果如右圖：

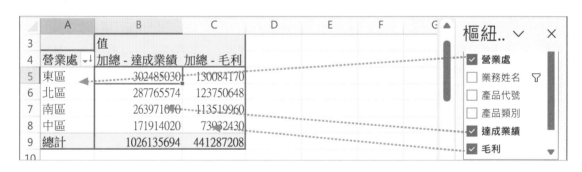

● 老闆 16 問：業績、毛利雙冠王單位？

欄位設定如下圖，選取：B5 儲存格，點選：遞減排序鈕

目測得知：「東區」就是業績、毛利雙冠王

	A	B	C	D	E	F	G
3		值					
4	營業處	加總 - 達成業績	加總 - 毛利				
5	東區	302485030	130084170				
6	北區	287765574	123750648				
7	南區	263971070	113519960				
8	中區	171914020	73932430				
9	總計	1026135694	441287208				
10							

● 老闆 17 問：業績年年成長的業務？

欄位設定如下圖：

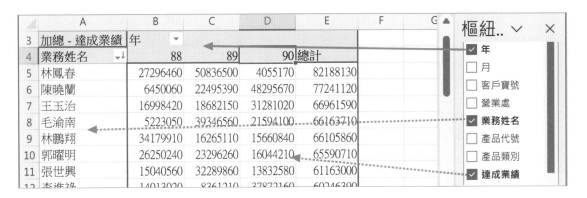

■ 複製 D4:A24 範圍，貼至新工作表 A1 儲存格

輸入：E1、F1 儲存格內容，如下圖：

	A	B	C	D	E	F
1	**業務姓名**	**88**	**89**	**90**	88-89成長	89-90成長
2	林鳳春	27,296,460	50,836,500	4,055,170		
3	陳曉蘭	6,450,060	22,495,390	48,295,670		
4	王玉治	16,998,420	18,682,150	31,281,020		
5	毛渝南	5,223,050	39,346,560	21,594,100		

■ 選取：E2 儲存格，輸入運算式如下圖：

■ 向右、下向填滿，設定格式：百分比、小數 0 位，結果如下圖：

E2　=(C2-B2)/B2

	A	B	C	D	E	F
1	**業務姓名**	**88**	**89**	**90**	88-89成長	89-90成長
2	林鳳春	27,296,460	50,836,500	4,055,170	86%	-92%
3	陳曉蘭	6,450,060	22,495,390	48,295,670	249%	115%
4	王玉治	16,998,420	18,682,150	31,281,020	10%	67%
5	毛渝南	5,223,050	39,346,560	21,594,100	653%	-45%

■ 選取：E2 儲存格，資料→篩選

E 欄篩選：大於 → 0，F 欄篩選：大於 → 0，結果如下圖：

	A	B	C	D	E	F
1	業務姓名 ▾	8 ▾	8 ▾	9 ▾	88-89成長 ▾	89-90成長 ▾
3	陳曉蘭	6,450,060	22,495,390	48,295,670	249%	115%
4	王玉治	16,998,420	18,682,150	31,281,020	10%	67%
12	朱金倉	7,278,700	12,794,540	26,728,020	76%	109%
15	向大鵬	4,176,110	11,544,848	22,956,950	176%	99%
18	莊國雄	6,585,920	9,507,120	17,477,480	44%	84%
22						

初探 VAB

三國語言

資料 ▼		日文內容	日文注音	中譯	英譯
自慢		自慢	じまん	驕傲	pride; boast;
じまん		われわれは体力を自慢した。	我我はたいりょくをじばんした。	我們自誇了體力。	We took pride in our strength.
驕傲		あなたの自慢話はもうたくさんだ。	貴方のじまんはなしもう沢山だ。	你的自鳴得意的話我已經聽很多了。	I've had enough of your boasts.
pride; boast;		腕自慢 資料轉置	うでじまん	手臂驕傲(自誇力量或技能)	pride in one's strength or skill
		力自慢	ちからじまん	誇耀力量	boasting of one's strength

郵遞區號

	A		B		C		D		E		F	G	H	I
1	台北市											縣市	區名	區號
2	中正區	100	大同區	103	中山區	104	松山區	105	大安區	106		台北市	中正區	100
3	萬華區	108	信義區	110	士林區	111	北投區	112	內湖區	114		台北市	大同區	103
4	南港區	115	文山區	116								台北市	中山區	104
5	新北市											台北市	松山區	105
6	萬 里	207	金 山	208	板 橋	220	汐 止	221	深 坑	222		台北市	大安區	106
7	石 碇	223	瑞 芳	224	平 溪	226	雙 溪	227	貢 寮	228		台北市	萬華區	108
8	新 店	231	坪 林	232	烏 來	233	永 和	234	中 和	235		台北市	信義區	110

📺💬 教學重點

☑ VBA 操作介面　　　　　☑ 迴圈中斷

☑ 含有巨集的活頁簿　　　☑ 陣列變數

☑ 程式架構　　　　　　　☑ 程式中斷點

☑ 迴圈　　　　　　　　　☑ 區域變數監看視窗

應用函數

IF( )：條件式	COLUMN( )：欄數
VLOOOKUP( )：查表	ROW( )：列數
INDEX( )：索引	

VBA 指令

Cells( )：儲存格	Do⋯Loop：無窮迴圈指令
IF⋯Else⋯End If：條件判斷指令	Exit Do：跳脫無窮迴圈指令
For⋯Next：迴圈重複指令	Dim：變數、陣列宣告
Exit For：跳脫迴圈重複指令	
Select Case⋯End Select	

實作：初探 VBA

VBA：Visual Basic for Application 又稱為巨集（Macro），是 BASIC（培基語言）在 Office 應用軟體中的版本，學過 BASIC、Visual Basic 的都可以看得懂 VBA 程式碼，就算是沒學過程式語言的，BASIC 絕對是最簡單的入門工具。

》 成績轉換：函數篇

下圖有 2 份資料，A:C 欄是「成績表」，E:G 欄是「等級表」，2 份資料都已設定為「表格」。

	A	B	C	D	E	F	G	H
1	分數	及格(Y/N)	等級(A~F)		分數	等級	備註	
2	10				0	F	0~49	
3	50				50	E	50~59	
4	100				60	D	60~69	
5	85				70	C	70~79	
6	30				80	B	80~89	
7	75				90	A	90~100	

1. 選取：B2 儲存格，輸入運算式，結果如下圖：

B2				fx	=IF([@分數]>=60, "Y","N")		

	A	B	C	D	E	F	G
1	分數	及格(Y/N)	等級(A~F)		分數	等級	備註
2	10	N			0	F	0~49
3	50	N			50	E	50~59
4	100	Y			60	D	60~69

> **說明** 運算式中 [@ 分數] 是以滑鼠點選 B2 儲存格時系統自動代入。

2. 選取：C2 儲存格，輸入運算式，結果如下圖：

C2				fx	=VLOOKUP([@分數], 等級表,2)		

	A	B	C	D	E	F	G
1	分數	及格(Y/N)	等級(A~F)		分數	等級	備註
2	10	N	F		0	F	0~49
3	50	N	E		50	E	50~59
4	100	Y	A		60	D	60~69

上面 2 件工作：判斷是否及格、查出分數的等級，都是應用「函數」來完成工作，搭配「表格」的特性，相關儲存格都被自動填滿，一般的 Excel 使用者到這裡應該是功德圓滿了，但實際的情況是…，一旦你到達此階段後，就不再滿足於「函數」的半自動，因為光靠「函數」要將多件工作全部串連起來，是一件複雜且沒有效率的事情，這時便會考慮使用對的工具：「程式語言」。

》 **VBA 操作視窗**

- 按 Alt + F11 鍵：開啟 VBA 操作視窗，如下圖：

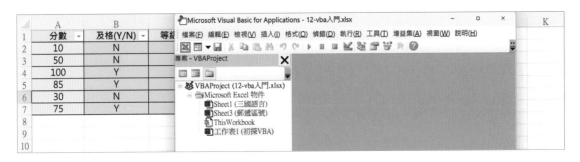

> **說明** 一旦在 VBA 寫了程式，原來的 xlsx 副檔名就無法使用，必須另存新檔為「啟用巨集的活頁簿：xlsm」。

● 在「工作表 1(初探 VBA)」上連點 2 下，開啟空白程式編輯區，如下圖：

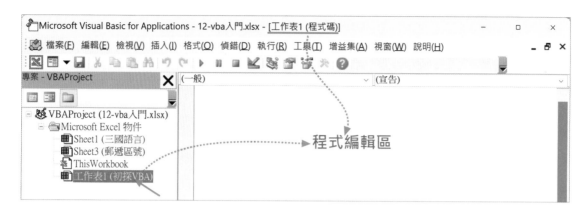

> **說明** 這個區域所有的程式，都是「工作表 1」專屬的，只能處理「工作表 1」的資
> 料，若要同時處理多張工作表資料，就必須在「This Workbook」上連點 2 下，
> 開啟活頁簿專屬的程式編輯區。

● 在程式編輯區內輸入：

「sub s1」，按 Enter 鍵，自動產生：()、空白列、End Sub，如下圖：

> **說明** Sub：程式開始，End Sub：程式結束
>
> 這 2 個指令是一套的，由於是指令，系統以藍色字標示，首字大寫。
>
> s1 是筆者自行命名的程式名稱，程式名稱後必須接著 ( )，可用來傳遞參數，目
> 前可以不用理會。

≫ If…Else…End If：條件判斷指令

● 在程式區域內多按幾下 Enter 鍵（產生空白段落），輸入指令如下圖：

> **說明** If…Then…Else…End If 是一套指令，功能就如同函數 IF( )。
>
> 輸入每一行指令之前先按 Tab 鍵，讓指令位置內縮以產生層次感，對於後續程式的理解與除錯都有很大的幫助。

● 編輯指令如下圖：

> ```
> (一般)                                    ∨  s1
>   Sub s1()
>
>     If Cells(2, 1) >= 60 Then     ←──────── 條件
>         Cells(2, 2) = "Y"    ←──────── 真
>     Else
>         Cells(2, 2) = "N"    ←──────── 偽
>     End If
>
>   End Sub
> ```

> **說明** Cells(2,1) = 第 2 列第 1 欄 = A2 儲存格
>
> Cells(2,2) = 第 2 列第 2 欄 = B2 儲存格
>
> 指令解讀：當 A2 儲存格 >=60 那麼 B2 儲存格就填入 "Y" 否則就填入 "N"。

>> For…Next：重複指令

範例中我們要判斷的資料有 6 筆 A2:A7，上面的指令若要重複寫 6 次，那就太笨了，因為實際的資料可能有上百筆，For…Next 就是用來重複執行的指令。

● 在原有指令上下方分別套上：For…Next 指令，如下圖：

> ```
>   Sub s1()
>
>   ┌For i = 2 To 7  ←──────── i = 2、3、4、5、6、7
>   │ ┌If Cells(2, 1) >= 60 Then         共執行6次
>   │ │   Cells(2, 2) = "Y"
>   │ │Else
>   │ │   Cells(2, 2) = "N"
>   │ └End If
>   └Next
>
>   End Sub
> ```

> **說明** i 是一個變數，用來計算次數。
>
> i = 2 To 7：i 的起始值是 2，每次加 1，終止值 7，因此執行 6 次。
>
> 因為我們第一個要判斷的資料列為第 2 列，因此 i 起始值設定為 2。
>
> 最後一筆要判斷的資料是第 7 列，因此 i 終止值設定為 7。
>
> 每一筆資料列數向下加 1，因此 Next 每次加 1。
>
> 如果 Next 要每次 +2，就必須更改指令如下：
>
> For i = 2 to 7 **Step 2** … Next

- 將 Cells( ) 指令中第 1 個參數 2（第 2 列），全部改為 i（第 i 列），如下圖：

```
Sub s1()

    For i = 2 To 7
        If Cells(i, 1) >= 60 Then
            Cells(i, 2) = "Y"
        Else
            Cells(i, 2) = "N"
        End If
    Next

End Sub
```

- 點選：程式執行鈕，B2:B7 範圍被填入資料，如下圖：

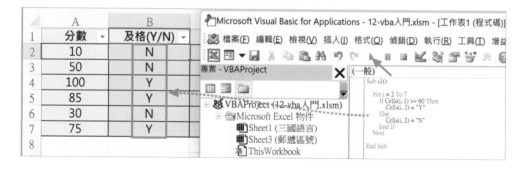

> **說明** 程式執行太快，答案一下就跳出來，無法感受每一個指令的作用。
>
> 執行程式時，若按 F8 功能鍵，程式執行就會每次只執行一個指令。

- 按了數次 F8 鍵後
  程式被執行到 End If 指令
  （黃色標示）
  如右圖：

```
Sub s1()

    For i = 2 To 7
        If Cells(i, 1) >= 60 Then
            Cells(i, 2) = "Y"
        Else
            Cells(i, 2) = "N"
 ⇨       End If
    Next

End Sub
```

- 將滑鼠指標置於指令 Cells(i,2) 上方
  就會顯示 Cells(i,2) 的值 "N"
  如右圖：

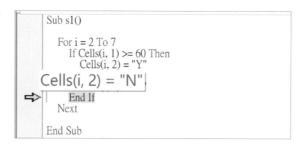

- 執行 Cells(I,2) = "N" 指令後，工作表中 B2 儲存格填入 "N"，如下圖：

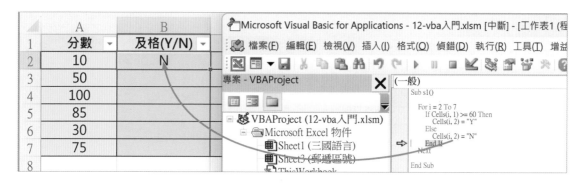

說明　以 F8 功能鍵逐步執行是一個很好用的程式除錯工具。
　　　若想快速執行程式，再點選程式執行鈕即可。

Select Case…End Select：多選一指令

IF…Else…End If 指令為 2 選 1 指令，用來處理「及格」、「不及格」2 種狀態，若要將成績轉換為級別，就變成多選 1 的狀態，必須使用 Select Case…End Select 指令。

- 複製 s1 程式，貼於 s1 程式下方

- 更改程式名稱為 s2
  將 IF…Else…End If 指令
  變更為 Select Case…End Select 指令
  如右圖：

```
Sub s2()

For i = 2 To 7
    Select Case Cells(i, 1)
        Case Is < 50:   Cells(i, 3) = "F"
        Case Is < 60:   Cells(i, 3) = "E"
        Case Is < 70:   Cells(i, 3) = "D"
        Case Is < 80:   Cells(i, 3) = "C"
        Case Is < 90:   Cells(i, 3) = "B"
        Case Else:      Cells(i, 3) = "A"
    End Select
Next

End Sub
```

多
選
一

說明　Case Is <50:　Cells(I,3) = "F" 這是 2 列指令，以「:」作為分隔符號。

一般情況下都是列成 2 列，如下：

Case Is <50
Cells(I,3) = "F"

為了攫取圖片高度考量，因此將 2 列指令寫成一列。

● 點選：程式執行鈕，結果如下圖：

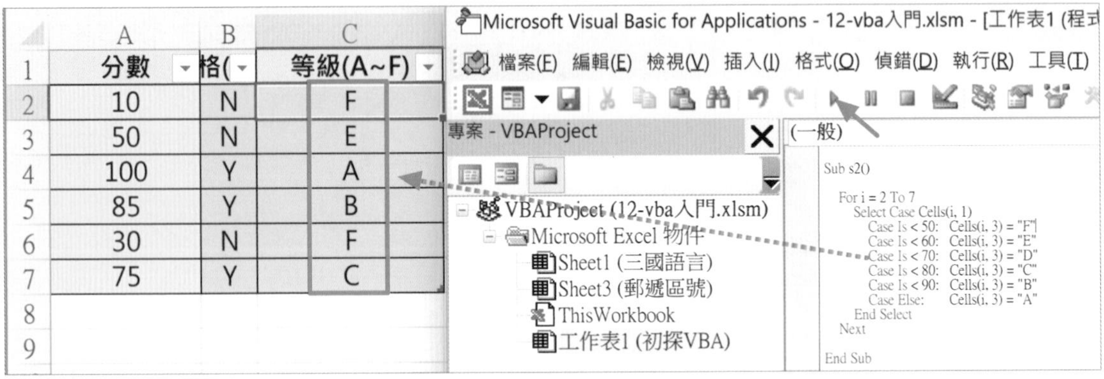

>> 2 選 1 與多選 1 指令對照

2 選 1	多選 1

If 條件式 **Then**
　　任務 **A**
Else
　　任務 **B**
End If
	Select Case 關鍵值
	　　Case A：任務 **A**
	　　Case B：任務 **B**
	　　Case C：任務 **C**
	　　Case else（其他）：任務 **D**
	End Select

條件式有成立：執行任務 **A** 條件式不成立：執行任務 **B**	關鍵值匹配 A 條件：執行任務 **A** 關鍵值匹配 B 條件：執行任務 **B** 關鍵值匹配 C 條件：執行任務 **C** 以上都不成立時：執行任務 **D**

>> Exit For

資料範圍 2:7 列（共 6 筆資料），指令如右：For i = **2** To **7**…Next

資料範圍 2:21 列（共 20 筆資料），指令如右：For i = **2** To **21**…Next

這樣的程式是毫無價值的，程式必須能夠自動化，無論資料有幾筆，程式必須能判斷何時停止，在迴圈指令中不斷執行、不斷檢測是否該停止。

- 假設：資料短期內不會超過 9999 筆，指令如右：For i = **2** To **10000**…Next
- 假設：儲存格空白時，代表資料結束，跳出迴圈不再執行

  For i = **2** To **10000**

  　　If Cells(i , 1) = "" Then Exit For

  　　…

  Next

Exit For 就是中途強迫跳出迴圈指令（For…Next）的超級指令：

- 當資料 6 筆時，最後一列資料在第 7 列

  當 I = 8 時，Cells(8,1) 就是空白儲存格，此時就會執行跳脫迴圈。
- 當資料 20 筆時，最後一列資料在第 21 列

  當 I = 22 時，Cells(22,1) 就是空白儲存格，此時就會執行跳脫迴圈。

如此一來，不管資料幾筆，程式都會由第 2 列不斷往下執行，直到空白儲存出現（資料結束），就啟動跳脫迴圈機制（Exit For）。

>> Do…Loop 無窮迴圈指令

For…Next 指令配備計數器（範例：i = 2 To 10000），指令清楚簡單，但卻有資料筆數上限的困擾，無窮迴圈指令沒有計數器，就可解決這個問題，對照程式如下：

For i = 1 to N 　　If 資料結束 **then exit for** **Next**	i = 2……………………（計數器起始值） **Do** 　　　　If 資料結束 **then exit Do** 　　　　i = i + 1………………（計數器 +1） **Loop**

2 個指令觀念完全一樣，唯一的差別就是計數器，筆者自寫小程式時，偷懶就會使用 For…Next，當程式需要嚴謹一點時就會採用 Do…Loop，因為還要自設計數器，麻煩一點點。

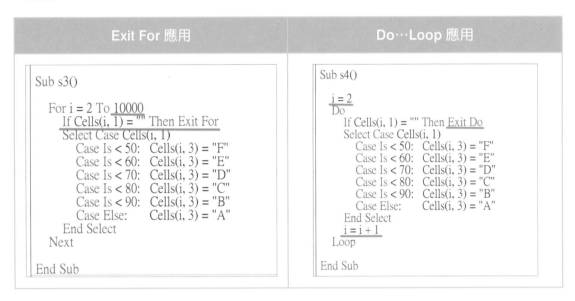

Exit For 應用	Do…Loop 應用

``
Sub s3()
 	
    For i = 2 To 10000
        If Cells(i, 1) = "" Then Exit For
        Select Case Cells(i, 1)
            Case Is < 50:   Cells(i, 3) = "F"
            Case Is < 60:   Cells(i, 3) = "E"
            Case Is < 70:   Cells(i, 3) = "D"
            Case Is < 80:   Cells(i, 3) = "C"
            Case Is < 90:   Cells(i, 3) = "B"
            Case Else: Cells(i, 3) = "A"
        End Select
    Next
 	
End Sub
``
	``
	Sub s4()
	
	    i = 2
	    Do
	        If Cells(i, 1) = "" Then Exit Do
	        Select Case Cells(i, 1)
	            Case Is < 50: Cells(i, 3) = "F"
	            Case Is < 60: Cells(i, 3) = "E"
	            Case Is < 70: Cells(i, 3) = "D"
	            Case Is < 80: Cells(i, 3) = "C"
	            Case Is < 90: Cells(i, 3) = "B"
	            Case Else: Cells(i, 3) = "A"
	        End Select
	        i = i + 1
	    Loop
	
	End Sub
	``

實作：三國語言

》函數解題篇

- 工作表中 A 欄已被設定為表格，名稱為：「資料表」，規則如下：
  - 第 1 列為標題
  - 2~5 列分別為：日文內容、日文注音、中譯、英譯
  - 第 6 列為空白間隔
- 我們的任務是要將 A 欄資料轉向 90 度放置到 C:F 欄。

1. 選取：C2 儲存格，輸入運算式，結果如下圖：

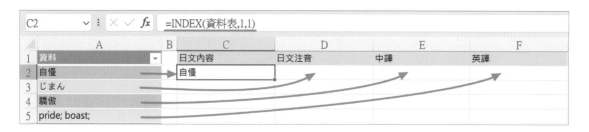

> **說明** A 欄資料由上而下，轉置後的排列規則：
> 由左而右：欄數 +1，由上而下列數：+5（4 筆資料 +1 個空白）。

2. 選取：C2 儲存格，編輯運算式，向右填滿如下圖：

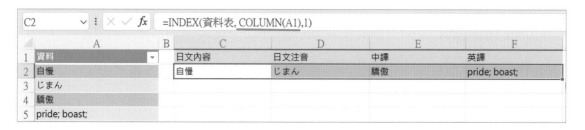

> **說明** COLUMN() 是欄數，向右填滿時會自動 +1。

3. 選取：C2 儲存格，編輯運算式，向右填滿、向下填滿如下圖：

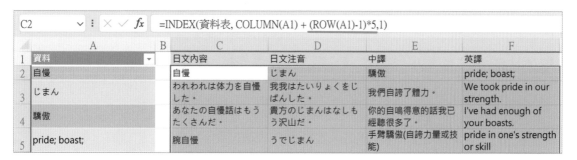

> **說明** 向下填滿時，必須一次跳 5 筆：ROW(A1)*5
>
> 第 2 列才開始跳 5 筆：(ROW(A1)-1)*5。

≫ VBA 解題篇

● 在「Sheet1(三國語言)」上連點 2 下，開啟空白程式編輯區，如下圖：

● 根據上一個單元累積的基礎，我們要讀取所有 A 欄資料，程式碼如下：

```
Sub a1()

    For k = 2 To 10000
        If Cells(k, 1) = "" And Cells(k + 1, 1) = "" Then Exit For


    Next

End Sub
```

> 說明　1 列空白是資料的間隔，2 列連續空白才是資料結束，因此：
>
> If Cells(k, 1) = "" Then Exit For
> → If Cells(k, 1) **& Cells(k + 1, 1)** = "" Then Exit For

● 在 End Sub 左側灰色區點一下：設定程式暫停點，如下圖：

```
Sub a1()

    For k = 2 To 10000
        If Cells(k, 1) & Cells(k + 1, 1) = "" Then Exit For


    Next
End Sub
```

● 點選：程式執行鈕，End Sub 呈現黃色底（程式暫停執行於此列指令）

● 將滑鼠移至變數 k 上方，出現一個灰底方塊「k=116」，如下圖：

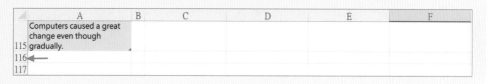

```
Sub a1()

    For k = 2 To 10000
k = 116  , 1) & Cells(k + 1, 1) = "" Then Exit For

    Next

End Sub
```

列 9．行 1

(一般)　　　　　　　　　　　　　　　a1

說明　當程式暫停時，所有變數仍然被系統保留著，只要將滑鼠游標放置於變數之上，就可以檢查變數的值，沒錯，資料終結處就在 116 列，如下圖：

	A	B	C	D	E	F
115	Computers caused a great change even though gradually.					
116						
117						

● 將資料填入不同的列數內，指令如下圖：

請特別注意：下圖綠色文字

指令右側以單引號開頭「'欄數計算」這是指令註解，是不會被系統執行的，系統會自動以綠色文字標註。

```
Sub a1()

    For k = 2 To 10000
        If Cells(k, 1) & Cells(k + 1, 1) = "" Then Exit For

        c = (k - 1) Mod 5 + 2        '欄數計算
        r = (k - 1) \ 5 + 2          '列數計算

        Cells(r, c) = Cells(k, 1)    '將A欄轉置C:F欄

    Next

End Sub
```

說明　Mod：兩數相除取餘數　　　\：兩數相除取整數

將 A 欄儲存格列數 K，轉換為欄數 C、列數 R 的實際推演表：

	A	B	C	D	E	F	G	H	I	J	K	L	M	N	O
1	數字	=	拆解	=	列數*5	+	欄數		數字	=	拆解	=	列數*5	+	欄數
2	1	=	0+1	=	0*5	+	1		6	=	5+1	=	1*5	+	1
3	2	=	0+2	=	0*5	+	2		7	=	5+2	=	1*5	+	2
4	3	=	0+3	=	0*5	+	3		8	=	5+3	=	1*5	+	3
5	4	=	0+4	=	0*5	+	4		9	=	5+4	=	1*5	+	4
6	5	=	0+5	=	0*5	+	5		10	=	5+5	=	1*5	+	5

● 點選：程式執行鈕，A 欄資料順利轉置到 C:F 欄，如下圖：

	A	B	C	D	E	F
1	資料	▼	日文內容	日文注音	中譯	英譯
2	自慢		自慢	じまん	驕傲	pride; boast;
3	じまん		われわれは体力を自慢した。	我我はたいりょくをじばんした。	我們自誇了體力。	We took pride in our strength.
4	驕傲		あなたの自慢話はもうたくさんだ。	貴方のじまんはなしもう沢山だ。	你的自鳴得意的話我已經聽很多了。	I've had enough of your boasts.
5	pride; boast;		腕自慢	うでじまん	手臂驕傲(自誇力量或技能)	pride in one's strength or skill
6			力自慢	ちからじまん	誇耀力量	boasting of one's strength
7	われわれは体力を自慢した。		自慢じゃないが	じまんじゃないが	不是驕傲,不過	I don't want to boast but

實作：郵遞區號　● ● ●

	A		B		C		D		E		F	G	H	I	J
1	台北市											縣市	區名	區號	
2	中正區	100	大同區	103	中山區	104	松山區	105	大安區	106		台北市	中正區	100	
3	萬華區	108	信義區	110	士林區	111	北投區	112	內湖區	114		台北市	大同區	103	
4	南港區	115	文山區	116								台北市	中山區	104	
5	新北市											台北市	松山區	105	
6	萬　里	207	金　山	208	板　橋	220	汐　止	221	深　坑	222		台北市	大安區	106	
7	石　碇	223	瑞　芳	224	平　溪	226	雙　溪	227	貢　寮	228		台北市	萬華區	108	
8	新　店	231	坪　林	232	烏　來	233	永　和	234	中　和	235		台北市	信義區	110	
9	土　城	236	三　峽	237	樹　林	238	鶯　歌	239	三　重	241		台北市	士林區	111	
10	新　莊	242	泰　山	243	林　口	244	蘆　洲	247	五　股	248		台北市	北投區	112	
11	八　里	249	淡　水	251	三　芝	252	石　門	253				台北市	內湖區	114	

≫ 資料分析

這個範例以筆者的功力就無法做到單純的函數解題了！

範例資料來自於網站，原始資料還是有些人為「動作」，讓資料有點小小的不規範，筆者為降低教學的複雜度，因此對原始資料進行修整，目前資料表的規範如下：

● 資料範圍：N 列 X 5 欄

● 本資料最後要拆解為 3 個欄位：縣市、區名、區號

● 「縣市」資料長度 3 字元，獨立的一列，旁邊沒有資料

● 「區名」＋「區號」被併在同一儲存格內，長度 8 字元
「區名」：左 3 碼，「區號」：右 3 碼

● 儲存格資料長度若為 3 碼，代表新的「縣市」開始

● 儲存格資料長度若為 0 碼代表「縣市」內的資料結束跳至下一列
　若欄數正好 1（A 欄），那就是所有資料結束

≫ 雙層迴圈

資料處理過程：

　由左而右：A 欄→ B 欄→ C 欄→ D 欄→ E 欄
　指令：For C = 1 To 5…Next（C：欄數）

　由上而下：第 1 列→第 2 列→第 3 列→…→第 N 列
　指令：For R = 1 To N…Next（R：列數）

每一列資料中讀取 5 個欄位，迴圈寫法如下：

For R = 1 To N　　　　　　　（1～N 列）
　　For C = 1 To 5　　　　（1～5 欄）
　　　　…
　　Nex
Next

邏輯如下：

　第 **1** 列：執行 **1~5** 欄
　第 **2** 列：執行 **1~5** 欄
　…
　第 **N** 列：執行 **1~5** 欄

● 在「Sheet3(郵遞區號)」上連點 2 下，開啟空白程式編輯區，如下圖：

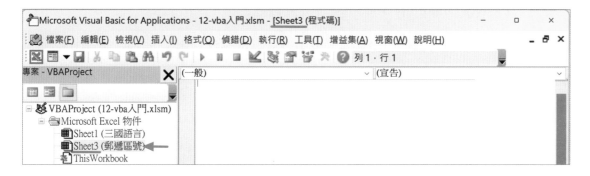

● 根據上面的解析，我們建立雙層迴圈，程式碼如下：

```
Sub s1()

    For R = 1 To N              '每一列
        For C = 1 To 5          '每一欄



        Next
    Next

End Sub
```

>> 變數、陣列

在程式處理過程中，某些資料若是後續還有其他用途，我們就會以「變數」將這個資料保留下來，如果同類資料內容龐大，我們就會以「陣列」來儲存資料。

VBA 算是一個包容性較強的程式語言，對於「變數」的使用限制較少，不必事先宣告，在指令中直接將值存入變數即可，「陣列」就必須以 Dim 指令進行宣告後才能使用。

● 在迴圈上方輸入變數、陣列宣告指令，如下圖：

```
Sub s1()

    Dim mcity(1000), marea(1000), mcode(1000)   '縣市、區名、區號
    N = 1000                                     '假設資料沒有超過1000列
    k = 1                                        '計數器起始值
    MC = ""                                      '各區的縣市名稱

    For r = 1 To N              '每一列
```

mcity()、marea()、mcode() 是分別用來儲存：縣市、區名、區號的陣列變數，mcity(1000) 代表可以儲存 1001 個資料（0~1000），我們由儲存格所讀取的資料，將陸續存入 mcity()、marea()、mcode() 陣列變數中。

N、k、MC 都是變數，直接將值存入變數中，就算是完成宣告了。

MC 變數：當儲存格資料長度為 3 時，這個資料就是「縣市」，然而這個「縣市」是後續所有「區名」、「區號」共用的，因此必須先存下來。

K 變數：用來計算資料筆數的計數器，當儲存格資料長度 >3 時，這個資料就是「區名」＋「區號」，這就是一筆新資料，此時計數器就執行 +1 的動作。

● 在下圖箭號位置，輸入判斷迴圈中斷指令：

```
       For r = 1 To N              '每一列
   →     If Cells(r, 1) = "" Then Exit For      '如果A欄是空儲存格就結束讀取資料
|        For c = 1 To 5            '每一欄

         Next

       Next
```

● 在下圖箭號位置，輸入讀取資料指令：

```
       For r = 1 To N              '每一列
         If Cells(r, 1) = "" Then Exit For      '如果A欄是空儲存格就結束讀取資料
         For c = 1 To 5            '每一欄
   →       m1 = Cells(r, c)                  'm1: 儲存格內容
   →       m2 = Len(m1)                      'm2 : 儲存格資料長度
         Next

       Next
```

> **說明** 將儲存格內容存入 m1 變數，將儲存格內容的資料長度存入 m2 變數。

● 在下圖箭號位置範圍內，輸入多選 1 條件判斷指令：

```
       For c = 1 To 5             '每一欄
         m1 = Cells(r, c)                  'm1: 儲存格內容
         m2 = Len(m1)                      'm2 : 儲存格資料長度
         Select Case m2
           Case 0: Exit For                '如果是空儲存格就跳下一列
           Case 3:  MC = m1
           Case Else
             mcity(k) = MC
             marea(k) = Left(m1, 3)              '左3碼 = 區名
             mcode(k) = Right(m1, 3)             '右3碼 = 區號
             k = k + 1          '計數器 +1
         End Select
       Next
```

> **說明** 資料長度 0：空白儲存格，跳脫迴圈，往下一列第 1 欄讀取資料。
>
> 資料長度 3：讀到的資料是「縣市」，以 MC 變數儲存下來。
>
> 其他：真正的資料，因此將「縣市」、「區名」、「區號」分別存入 mcity()、marea()、mcode() 陣列變數中，並執行計數器 +1。
>
> 「縣市」=MC、「區名」= 儲存格左 3 碼、「區號」= 儲存格右 3 碼。

- 在 End Sub 指令左側灰色區域點一下（產生程式中斷點）
  點選：程式執行鈕

- 檢視→區域變數視窗，如下圖：

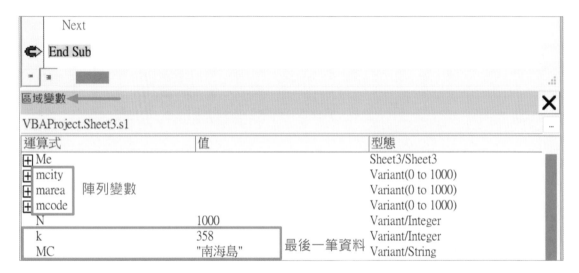

- 點選陣列變數前方的 + 鈕，資料展開如下：

運算式	值	型態
⊞ Me		Sheet3/Sheet3
⊞ mcity		Variant(0 to 1000)
⊟ marea		Variant(0 to 1000)
— marea(0)	無	Variant/Empty
— marea(1)	"中正區"	Variant/String
— marea(2)	"大同區"	Variant/String
— marea(3)	"中山區"	Variant/String
— marea(4)	"松山區"	Variant/String

≫ 將陣列資料寫回儲存格

● 在 End Sub 上方輸入迴圈指令，如下圖：

```
    Next
    For p = 1 To k
    Next
End Sub
```

> **說明** 上面讀取的資料筆數紀錄在變數 k，所以總共有 k 筆資料，我們要將 3 個陣列的 k 筆資料分別寫入工作表 G、H、I 欄。

● 在迴圈指令內輸入指令，如下圖：

```
    For p = 1 To k
    Cells(1 + p, 7) = mcity(p)          '縣市存入G欄
    Cells(1 + p, 8) = marea(p)          '區名存入H欄
    Cells(1 + p, 9) = mcode(p)          '區號存入I欄
    Next

End Sub
```

● 在 Next 指令左側灰色區域點一下（產生程式中斷點）
  點選：程式執行鈕

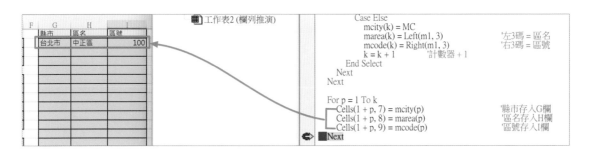

> **說明** 每次點選一下程式執行鈕便會產生一列資料。

● 取消：程式中斷點，點選：程式執行鈕，完成所有資料轉置，如下圖：

	A		B		C		D		E		F	G	H	I	J
1	台北市											縣市	區名	區號	
2	中正區	100	大同區	103	中山區	104	松山區	105	大安區	106		台北市	中正區	100	
3	萬華區	108	信義區	110	士林區	111	北投區	112	內湖區	114		台北市	大同區	103	
4	南港區	115	文山區	116								台北市	中山區	104	
354												連江縣	南　竿	211	
355												連江縣	東　引	212	
356												南海島	東　沙	817	
357												南海島	南　沙	819	
358												南海島	釣魚台	290	
359															

銷貨單

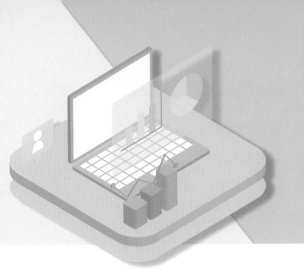

將「銷貨單」載入「交易紀錄」表

	A	B	C	D	E	F	G
1				銷 貨 單			
2	單號	S0001	訂單日期	2024/03/08	3:一般件	到貨日期	2024/03/13
3	客戶	003	三船日式料理			連絡電話	04-4213-3333
4	地址	台中市三廣路333號				銷貨總額	163,600
5	序號	商品編號	品名規格		單價	數量	小計
6	01	A1103	Acer Midea Player		50000	2	100,000
7	02	A1101	HP Laser Printer		12000	5	60,000
8	03	B1102	Logitech Wisdom Mouse		1200	3	3,600
9	04						
10	05						

	A	B	C	D	E
1	單號	日期	客戶編號	商品編號	數量
2	S0001	2024/2/29	003	A1103	2
3	S0001	2024/2/29	003	A1101	5
4	S0001	2024/2/29	003	B1102	3

多層級下拉選單

	A	B	C	D	E	F	G	H	I	J	K	L	M
1	學院		科系				學制						
2	管理學院		資管系				職四技						
3													
4	學院		管理學院	工程學院	觀餐學院		行銷系	資管系	工管系	資工系	航空系	餐飲系	觀光系
5	管理學院		行銷系	工管系	餐飲系		日四技	日四技	日四技	日四技	日四技	日四技	日四技
6	工程學院		資管系	資工系	觀光系		職四技	職四技	職二技	職四技	職四技	職四技	職四技
7	觀餐學院			航空系			職二技				職二技	職二技	職二技
8							國際班				國際班	國際班	國際班
9							學分班					學分班	學分班

教學重點

- ☑ 表格
- ☑ 流水號製作
- ☑ 多層次下拉選單
- ☑ 自動化日期
- ☑ 工作表保護

- ☑ 運算式隱藏
- ☑ 陣列變數應用
- ☑ VBA 跨工作表操作
- ☑ 區域變數監看視窗
- ☑ 命令鈕製作

VBA 指令

Dim：宣告變數

Worksheets("A").Seleect：選取工作表 "A"

Cells( )：儲存格

For…Next

If…Else…End If

實作：基本資料

要建立「銷貨單」之前，客戶資料、商品資料必須先建立，以下便是 2 份資料的樣式：

	A	B	C	D	E
1	客戶編號	客戶名稱	電話	地址	
2		一江企業集團	02-2345-1111	台北市一江街101號	
3		二劉飲食文化	03-3214-2222	中壢市二流路102號	
4		三船日式料理	04-4213-3333	台中市三廣路333號	
5		四季春書局	05-7684-4444	彰化縣中正路404號	

	F	G	H	I	J	K
1	商品編號	品名規格	單價			
2	A1101	HP Laser Printer	12,000			
3	A1103	Acer Midea Player	50,000			
4	A2101	Ausu 14" Notebook	25,000			
5	A2103	Foxcon HD 100G	3,600			

將範圍轉換為表格

有了以上 2 份資料表，建立銷貨單時，便只需要輸入簡單的編號，相關欄位藉由查詢函數便可取得，為了後續操作的便利性，建議將 2 分資料轉換為「表格」。

1. 選取：A1 儲存格，插入→表格

2. 選取：F1 儲存格，插入→表格
   設定如右圖：

3. 選取：A1 儲存格
   表格設計→表格名稱：客戶表

4. 選取：F1 儲存格
   表格設計→表格名稱：商品資料表

流水編號

每一份基本資料表都需要有管理編號欄位，例如：客戶資料必須有「客戶編號」，商品資料必須有「商品編號」，這些編號都必須是唯一的，如此才能保證資料不會重複，假設「客戶編號」是由公司編制，採流水號 3 碼，例如：001、002、…，因為是流水號，就可採取全自動化產生。

- 選取：A2 儲存格，輸入運算式，自動向下填滿如下圖：

	A	B	C	D	E
	A2　＝ROW(A1)				
1	客戶編號	客戶名稱	電話	地址	
2	1	一江企業集團	02-2345-1111	台北市一江街101號	
3	2	劉飲食文化	03-3214-2222	中壢市二流路102號	
4	3	三船日式料理	04-4213-3333	台中市三廣路333號	
5	4	四季春書局	05-7684-4444	彰化縣中正路404號	

- 選取：A2 儲存格，編輯運算式，自動向下填滿如下圖：

	A	B	C	D	E
	A2　＝TEXT(ROW(A1), "000")				
1	客戶編號	客戶名稱	電話	地址	
2	001	一江企業集團	02-2345-1111	台北市一江街101號	
3	002	劉飲食文化	03-3214-2222	中壢市二流路102號	

● 選取：A2 儲存格，編輯運算式，自動向下填滿如下圖：

| A6 | ⋮ × ✓ *fx* | =IF([@客戶名稱]<> "", TEXT(ROW(A5), "000"), "") |

	A	B	C	D	E
1	客戶編號 ▾	客戶名稱 ▾	電話 ▾	地址 ▾	
2	001	一江企業集團	02-2345-1111	台北市一江街101號	
3	002	二劉飲食文化	03-3214-2222	中壢市二流路102號	

說明 加了 IF() 後，尚未輸入客戶名稱之前，編號是不會出現的，如下圖：

5	004	四季春書局	05-7684-4444	彰化縣中正路404號
6				
7				

輸入客戶名稱後，流水號自動跳出，如下圖：

5	004	四季春書局	05-7684-4444	彰化縣中正路404號
6	005	五福客棧		
7				

實作：銷貨單　● ● ●

下圖銷貨單中除了青色的說明欄位之外還有 3 種顏色，功用解說如下：

白色：輸入資料欄位、黃色：查詢結果欄位、肉色：自動計算欄位

	A	B	C	D	E	F	G	H
1				銷　貨　單				
2	單號	S0001	訂單日期			到貨日期		
3	客戶	003				連絡電話		
4	地址					銷貨總額		
5	序號	商品編號	品名規格		單價	數量	小計	
6	01	A1103				2		
7	02	A1101				5		
8	03	B1102				3		
9	04							
10	05							

>> 自動化日期

1. 選取：D2 儲存格，輸入運算式，結果如下圖：

D2		fx	=TODAY()				
	A	B	C	D	E	F	G	H
2	單號	S0001	訂單日期	2024/03/07		到貨日期		
3	客戶	003				連絡電話		

> **說明** TODAY( ) 函數會自動帶入系統當時的日期。

2. 選取：E2 儲存格
   資料→資料驗證
   對話方塊設定如右圖：

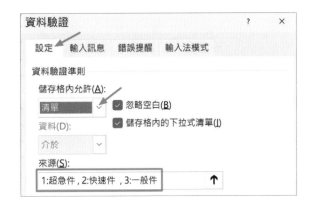

> **說明** 3 個項目之間以「,」作為區隔。
> 完成下拉方塊效果如右圖：

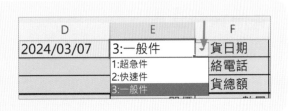

3. 選取：G2 儲存格，輸入運算式，結果如下圖：

G2		fx	=VALUE(LEFT(E2, 1))				
	A	B	C	D	E	F	G
2	單號	S0001	訂單日期	2024/03/07	3:一般件	到貨日期	1900/01/03
3	客戶	003				連絡電話	

> **說明** 取出下拉方塊內容左邊第 1 個字（LEFT( )），將第一個字轉換為數字（VALUE( )）。
> 日期 1900/01/03 = 數字 3。

4. 選取：D2 儲存格，編輯運算式，結果如下圖：

G2			fx	=CHOOSE(VALUE(LEFT(E2, 1)), 1,2, 5)		
	A	B	C	D	E	F	G
2	單號	S0001	訂單日期	2024/03/07	3:一般件	到貨日期	1900/01/05
3	客戶	003				連絡電話	

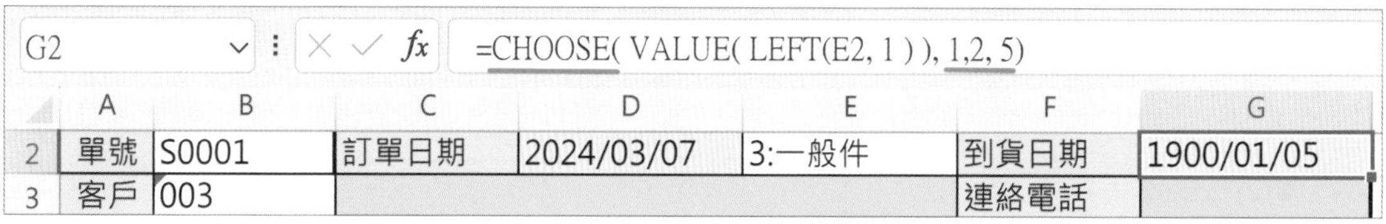

> **說明** CHOOSE(索引值 , 陣列第 1 個元素 , 陣列第 2 個元素 , 陣列第 3 個元素 ,…)
>
> CHOOSE(3 , 1 , 2 , 5)：取出 {1,2,5} 陣列中第 3 個元素→ 5

5. 選取：D2 儲存格，編輯運算式，結果如下圖：

G2			fx	=D2 + CHOOSE(VALUE(LEFT(E2, 1)), 1,2, 5)		
	A	B	C	D	E	F	G
2	單號	S0001	訂單日期	2024/03/07	3:一般件	到貨日期	2024/03/12
3	客戶	003				連絡電話	

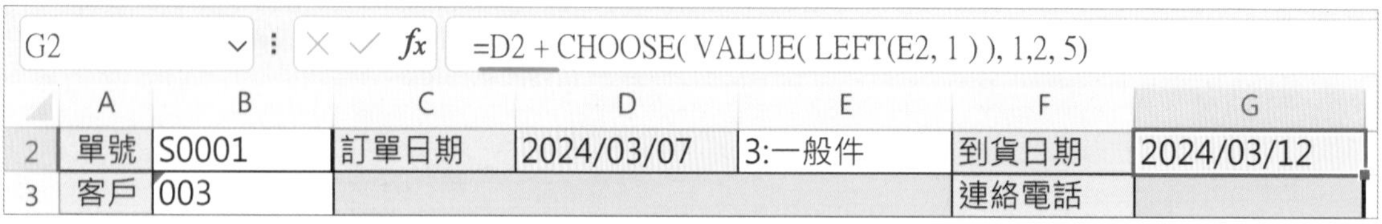

> **說明** 1: 超急件：1 天，2: 快速件：2 天，3: 一般件：5 天。

》 客戶資料查詢

1. 選取：C3 儲存格，輸入運算式，結果如下圖：

C3			fx	=VLOOKUP(B3, 客戶表, 2, FALSE)		
	A	B	C	D	E	F	G
3	客戶	003	三船日式料理			連絡電話	
4	地址					銷貨總額	

2. 複製 C3 儲存格運算式至 G3 儲存格，修改參數如下圖：

G3			fx	=VLOOKUP(B3, 客戶表, 3, FALSE)		
	A	B	C	D	E	F	G
3	客戶	003	三船日式料理			連絡電話	04-4213-3333
4	地址					銷貨總額	

3. 複製 C3 儲存格運算式至 B4 儲存格，修改參數如下圖：

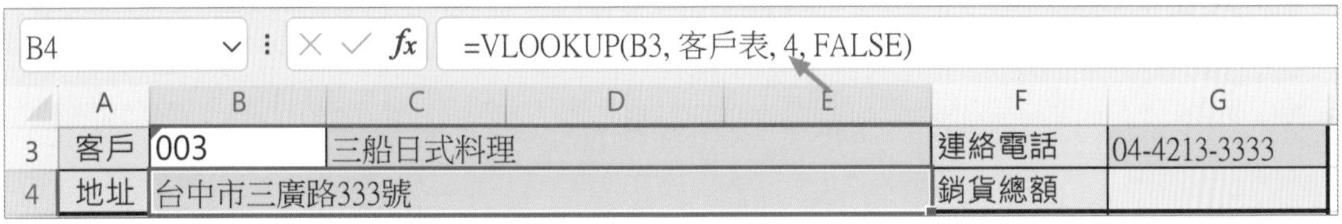

B4		⌄ ┊	✕ ✓ *fx*	=VLOOKUP(B3, 客戶表, 4, FALSE)		

	A	B	C	D	E	F	G
3	客戶	003	三船日式料理			連絡電話	04-4213-3333
4	地址	台中市三廣路333號				銷貨總額	

》 商品資料查詢

1. 選取：C6 儲存格，輸入運算式，結果如下圖：

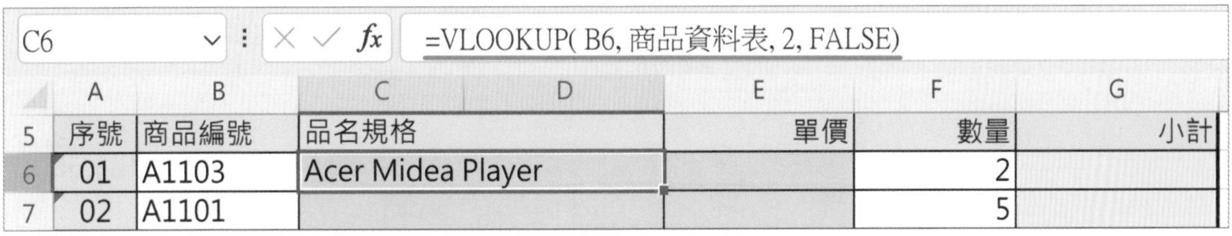

C6		⌄ ┊	✕ ✓ *fx*	=VLOOKUP(B6, 商品資料表, 2, FALSE)		

	A	B	C	D	E	F	G
5	序號	商品編號	品名規格		單價	數量	小計
6	01	A1103	Acer Midea Player			2	
7	02	A1101				5	

2. 選取：C6 儲存格，編輯運算式，向下填滿，結果如下圖：

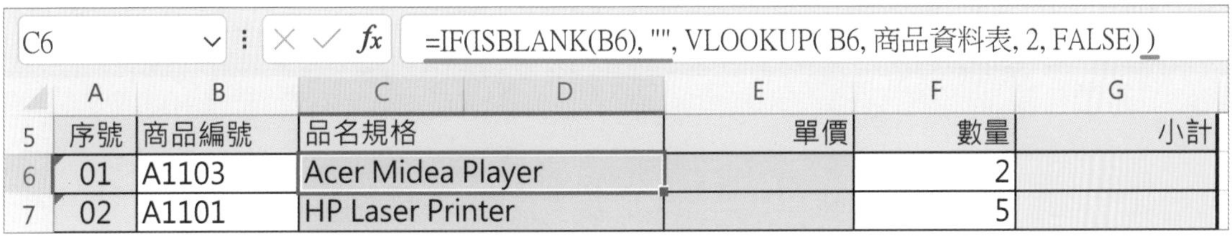

C6		⌄ ┊	✕ ✓ *fx*	=IF(ISBLANK(B6), "", VLOOKUP(B6, 商品資料表, 2, FALSE))		

	A	B	C	D	E	F	G
5	序號	商品編號	品名規格		單價	數量	小計
6	01	A1103	Acer Midea Player			2	
7	02	A1101	HP Laser Printer			5	

> **說明** 加入 IF(ISBLANK() , ,)：商品編號空白時，商品規格會保持空白，不會出現錯誤。

3. 複製 C6 儲存格運算式至 E6 儲存格，修改參數，向下填滿，如下圖：

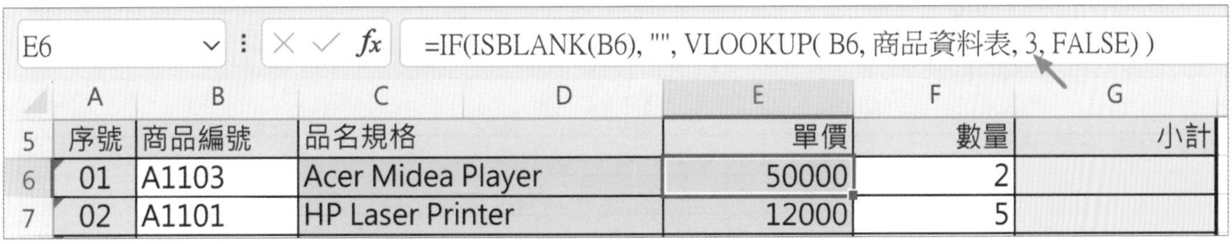

E6		⌄ ┊	✕ ✓ *fx*	=IF(ISBLANK(B6), "", VLOOKUP(B6, 商品資料表, 3, FALSE))		

	A	B	C	D	E	F	G
5	序號	商品編號	品名規格		單價	數量	小計
6	01	A1103	Acer Midea Player		50000	2	
7	02	A1101	HP Laser Printer		12000	5	

➤➤ 自動計算

1. 選取：G6 儲存格，輸入運算式，向下填滿，結果如下圖：

| G6 | ⌄ ⋮ ✕ ✓ *fx* | =IF(ISBLANK(F6), "", E6*F6) |

	A	B	C	D	E	F	G
4	地址	台中市三廣路333號				銷貨總額	
5	序號	商品編號	品名規格		單價	數量	小計
6	01	A1103	Acer Midea Player		50000	2	100,000
7	02	A1101	HP Laser Printer		12000	5	60,000

2. 選取：G4 儲存格，輸入運算式，結果如下圖：

| G4 | ⌄ ⋮ ✕ ✓ *fx* | =SUM(G6:G10) |

	A	B	C	D	E	F	G
4	地址	台中市三廣路333號				銷貨總額	**163,600**
5	序號	商品編號	品名規格		單價	數量	小計
6	01	A1103	Acer Midea Player		50000	2	100,000
7	02	A1101	HP Laser Printer		12000	5	60,000
8	03	B1102	Logitech Wisdom Mouse		1200	3	3,600
9	04						
10	05						

➤➤ 工作表保護

銷貨單設計完成後，可以提供給眾人使用，銷貨單中只有白色儲存格可以開放輸入，其他顏色儲存格必須設定保護。

- 口訣：全體保戶，局部開放

1. 按住 Ctrl 鍵不放，選取：B2 , B3 , B6:B10 , E2、F6:F10（白色儲存格），如下圖：

	A	B	C	D	E	F	G
1			銷　貨　單				
2	單號	S0001	訂單日期	2024/03/08	3:一般件	到貨日期	2024/03/13
3	客戶	003	三船日式料理			連絡電話	04-4213-3333
4	地址	台中市三廣路333號				銷貨總額	**163,600**
5	序號	商品編號	品名規格		單價	數量	小計
6	01	A1103	Acer Midea Player		50000	2	100,000
7	02	A1101	HP Laser Printer		12000	5	60,000
8	03	B1102	Logitech Wisdom Mouse		1200	3	3,600
9	04						
10	05						

2. 校閱→允許編輯範圍
　　點選：新範圍鈕

　　設定如右圖：
　　（建議：不要設密碼）

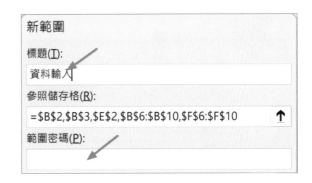

3. 校閱→工作表保護

4. 試圖更改訂單日期，錯誤如下圖：

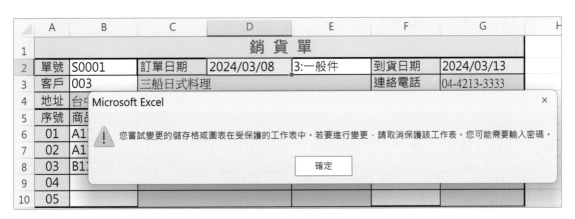

>> 隱藏儲存格運算式

職場中同事間競爭激烈，尤其不景氣裁員時人人自危，更怕被同事替代，因此日常對於自己的專業就會有留一手的習慣，以本銷貨單為例，我不希望同事知道儲存格內運算式內容，我們就可以將運算式「隱藏」起來。

1. 校閱→取消工作表保護

2. 選取：所有儲存格

3. 常用→數值→保護
   選取：隱藏

設定儲存格格式

數值　對齊方式　字型　外框　填滿　保護

☐ 鎖定(L)

☑ 隱藏(I)

只有當您保護工作表 ([校閱] 索引標籤，[保護] 群組，[保護工作表] 按式才會生效。

4. 校閱→工作表保護

5. 點選：C3 儲存格，在編輯列中運算式消失了，如下圖：

C3		fx				
	A	B	C	D	E	F	G
2	單號	S0001	訂單日期	2024/03/08	3:一般件	到貨日期	2024/03/13
3	客戶	003	三船日式料理			連絡電話	04-4213-3333
4	地址	台中市三廣路333號				銷貨總額	163,600

實作：交易紀錄

完成每一張銷貨單後，內容都必須被儲存下來，被儲存的資料必須轉換為「表格」，後續才能使用這些「表格」資料進行統計。

● 銷貨單內容：

	A	B	C	D	E	F	G
1				銷　貨　單			
2	單號	S0001	訂單日期	2024/03/08	3:一般件	到貨日期	2024/03/13
3	客戶	003	三船日式料理			連絡電話	04-4213-3333
4	地址	台中市三廣路333號				銷貨總額	163,600
5	序號	商品編號	品名規格		單價	數量	小計
6	01	A1103	Acer Midea Player		50000	2	100,000
7	02	A1101	HP Laser Printer		12000	5	60,000
8	03	B1102	Logitech Wisdom Mouse		1200	3	3,600
9	04						
10	05						

● 表格內容：

	A	B	C	D	E
1	單號 ▼	日期 ▼	客戶編號 ▼	商品編號 ▼	數量 ▼
2	S0001	2024/2/29	003	A1103	2
3	S0001	2024/2/29	003	A1101	5
4	S0001	2024/2/29	003	B1102	3

● A、B、C 欄位紀錄（橘色）的是銷貨單的「單頭」資料

● D、E 欄紀錄（藍色）的是銷貨單「單身」資料

1. 按 Alt + F11 鍵，進入 VBA 編輯介面

2. 在 ThisWorkbook 上連點 2 下，開啟活頁簿的程式編輯區，如下圖：

> **說明**　本單元要讀取【銷貨單】工作表的資料，並寫入【交易紀錄】工作表中，跨越不同工作表因此必須將 VBA 程式寫在 ThisWorkbook，才程進行跨工作表工作。

≫ 宣告變數

VBA 雖然沒有強制規定變數宣告，但在程式開始前先宣告變數，可以讓程式設計的過程邏輯更為清晰，更讓後續程式維護者容易閱讀。

● 建立程式 S1，輸入宣告指令如下圖：

```
Sub S1()

    Dim MNO, MCUS, MDATE        '單號  客戶編號   日期
    Dim P(5), U(5)              '商品編號 數量

End Sub
```

> **說明** 單頭的「單號」、「日期」、「客戶編號」都只有一筆,因此以一般變數宣告。
>
> 單身的「商品編號」、「數量」為 1 ～ 5 筆,因此以陣列變數宣告。

≫ 讀取【銷貨單】資料

● 往下繼續,輸入:A、B 指令,如下圖:

```
    Dim P(5), U(5)                          '商品編號  數量
    Worksheets("銷貨單").Select  A
    MNO = Cells(2, 2):      MCUS = Cells(3, 2): MDATE = Cells(2, 4)  B

    End Sub
```

> **說明** A:開啟【銷貨單】工作表。
>
> B:讀取「單號」、「日期」、「客戶編號」資料,並存入變數中。

● 往下繼續,輸入迴圈指令,如下圖:

```
    For I = 1 To 5
        If Cells(6 + I, 2) = "" Then
            Exit For
        Else
            P(I) = Cells(6 + I, 2): U(I) = Cells(6 + I, 6)
        End If
    Next

    End Sub
```

> **說明** 單身部分有 5 列,因此採用 For…Next 迴圈。
>
> 若商品編號為空格(If Cells(6+I ,2) = ""),結束讀取單身資料。
>
> 「商品編號」被存入 P(I),「數量」被存入 U(I)。

● 在 End Sub 設定中斷點,點選:程式執行鈕

```
(一般)                                    ∨  S1                              ∨
        End If
    Next
⇨ End Sub
```

- 檢視→區域變數視窗，檢查變數值正確，如下圖：

區域變數			✕
VBAProject.ThisWorkbook.S1			
運算式	值	型態	
⊞ Me		ThisWorkbook/ThisWorkbook	
MNO	"S0001"	Variant/String	
MCUS	"003"	Variant/String	
MDATE	#2024/3/8#	Variant/Date	

- 展開 P 陣列，檢查變數發現錯誤，如下圖：

區域變數			✕
VBAProject.ThisWorkbook.S1			
運算式	值	型態	
⊟ P		Variant(0 to 5)	
P(0)	無	Variant/Empty	
P(1)	"A1101"	Variant/String	
P(2)	"B1102"	Variant/String	
P(3)	無	Variant/Empty	
P(4)	無	Variant/Empty	
P(5)	無	Variant/Empty	

> **說明** 單身應該有 3 筆資料，漏掉第 1 筆。
>
> 檢查程式碼發現列數算錯了，指令應更正如下：
>
> Cells(**6** + I, 2) → Cells(**5** + I, 2)　　Cells(**6** + I, 6) → Cells(**5** + I, 6)

》將資料寫入【交易資料】工作表

- 往下繼續，輸入：A、B 指令，如下圖：

```
    Worksheets("交易紀錄").Select    A
|   For J = 2 To 10000
        If Cells(J, 1) = "" Then Exit For   B
    Next

End Sub
```

> **說明** A：開啟【交易紀錄】工作表　B：往下檢查第 1 筆空白資料處。
>
> 每一張新完成的銷貨單資料都必須被儲存於歷史交易紀錄的下方。
>
> For J = 2 to 10000 →假設資料不會超過 10000 筆。

● 往下繼續，輸入迴圈指令，如下圖：

```
┌─For K = 1 To I - 1
│     R = J + K - 1
│     Cells(R, 1) = MNO: Cells(R, 2) = MDATE: Cells(R, 3) = MCUS
│     Cells(R, 4) = P(K): Cells(R, 5) = U(K)
└─Next

End Sub
```

> **說明** 讀取銷貨單商品資料時，使用的計數器是 I，遇到資料結束時 P(I)，U(I) 是空值，因此將資料寫入【交易紀錄】時，只有 I-1 筆。

● 點選：程式執行鈕，產生 3 筆交易紀錄，如下圖：

● 再次點選：程式執行鈕，在第 5 列開始的空白處新增 3 筆交易紀錄，如下圖：

>> 製作命令按鈕

開發程式最大的好處有 2 點：1. 重複使用，2. 讓他人使用，這樣便能增進團隊工作效率，但對於不懂 VBA 的人，要進入 VBA 編輯介面都是難題，因此必須提供如同工具列按鈕的工具，讓使用者可以點一下滑鼠就執行程式。

1. 點選：【銷貨單】工作表標籤

2. 校閱→取消保護工作表

3. 插入→圖例→圖案：矩形（圓角），在銷貨單右側空白拖曳一方型

4. 在矩形上按右鍵→編輯文字，輸入：入帳
   設定字體：18PT、粗體、微軟正黑體，如下圖：

	A	B	C	D	E	F	G	H
1				銷 貨 單				
2	單號	S0001	訂單日期	2024/06/04	3:一般件	到貨日期	2024/06/09	入
3	客戶	003	三船日式料理			連絡電話	04-4213-3333	帳
4	地址	台中市三廣路333號				銷貨總額	163,600	
5	序號	商品編號	品名規格		單價	數量	小計	
6	01	A1103	Acer Midea Player		50000	2	100,000	

5. 在矩形上按右鍵→指定巨集
   選取：ThisWorkbook.s1

6. 點選：任一儲存格
   （取消：矩形的選取）

7. 將滑鼠移至矩形上方
   滑鼠指標形狀呈手指狀如右圖：

8. 點選：入帳鈕後，交易紀錄又往
   下多了 3 筆，測試成功

實作：下拉選單

下拉選單是常用的資料輸入工具，因為內容受到限制，可以防範資料錯誤輸入，前面所介紹的下拉方塊是簡易型的，本單元要介紹的是更為實用的多階層下拉方塊，請參考下圖：

學院		管理學院	工程學院	觀餐學院
管理學院		行銷系	工管系	餐飲系
工程學院		資管系	資工系	觀光系
觀餐學院			航空系	

行銷系	資管系	工管系	資工系	航空系	餐飲系	觀光系
日四技	日四技	日四技	日四技	日四技	日四技	日四技
職四技	職四技	職二技	職四技	職四技	職四技	職四技
職二技				職二技	職二技	職二技
國際班				國際班	國際班	國際班
學分班					學分班	學分班

- 假設 A 學校有 3 個學院（第 1 層）

- 每一個學院有不同科系（第 2 層）

- 每一個科系有不同學制（第 3 層）

學生填寫入學申請書時，若在學院欄位選擇了「管理學院」，根據上圖，在科系欄位就應該只有「行銷系」、「資管系」2 個選項，若在科系欄位選擇了「資管系」，根據上圖，竟應該只有「日四系」、「職四技」2 個選項，也就是前後的下拉方塊內容是連動的，這樣的應用在填寫購物清單也十分常見，例如：第 1 層是商品類別、第 2 層是商品名稱、第 3 層是商品顏色（或商品尺寸）。

多層次的下拉清單必須使用 2 個重要工具：範圍命名、Indirect( ) 函數。

1. 選取：A4:A7 範圍，公式→從選取範圍定義→頂端列

2. 選取：A2 儲存格
   資料→資料驗證
   儲存格內允許：清單
   來源：= 學院
   如右圖：

- 結果如右圖：

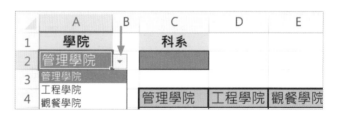

3. 選取：C4:E7 範圍，公式→從選取範圍定義→頂端列

	A	B	C	D	E	F	G	H	I	J	K	L	M
1	**學院**		**科系**				**學制**						
2	管理學院												
3													
4	學院		管理學院	工程學院	觀餐學院		行銷系	資管系	工管系	資工系	航空系	餐飲系	觀光系
5	管理學院		行銷系	工管系	餐飲系		日四技	日四技	日四技	日四技	日四技	日四技	日四技
6	工程學院		資管系	資工系	觀光系		職四技	職四技	職二技	職四技	職四技	職四技	職四技
7	觀餐學院			航空系			職二技				職二技	職二技	職二技

4. 選取：C2 儲存格
   資料→資料驗證
   儲存格內允許：清單
   來源：=INDIRECT($A$2)
   如右圖：

> **說明** 清單內容 = INDIRECT($A$2) = 學院下拉方塊的「選擇」。

● 結果如右圖：

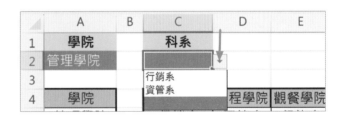

5. 選取：G4:M9 範圍，公式→從選取範圍定義→頂端列

	A	B	C	D	E	F	G	H	I	J	K	L	M
1	**學院**		**科系**				**學制**						
2	管理學院												
3													
4	學院		管理學院	工程學院	觀餐學院		行銷系	資管系	工管系	資工系	航空系	餐飲系	觀光系
5	管理學院		行銷系	工管系	餐飲系		日四技	日四技	日四技	日四技	日四技	日四技	日四技
6	工程學院		資管系	資工系	觀光系		職四技	職四技	職二技	職四技	職四技	職四技	職四技
7	觀餐學院			航空系			職二技				職二技	職二技	職二技
8							國際班				國際班	國際班	國際班
9							學分班					學分班	學分班

6. 選取：G2 儲存格
　　資料→資料驗證
　　儲存格內允許：清單
　　來源：=INDIRECT($C$2)
　　如右圖：

説明 清單內容 =INDIRECT($C$2) = 科系下拉方塊的「選擇」。

● 結果如右圖：

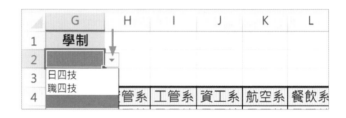

題庫系統

PDF 檔轉換為選項變動的電子試卷

17300 網頁設計　丙級　工作項目 01：作業準備

1.　(1)「全球資訊網(WWW)」的英文為何？①World Wide Web②Web Wide World③Web World Wide④World Web Wide。

2.　(1)「超文字傳輸協定」的英文簡稱為何？①HTTP②WWW③URL④TANET。

3.　(4)「檔案搜尋服務系統」的英文簡稱為何？①FTP②E-mail③Telnet④Archie。

4.　(2)「內容服務供應商」的英文簡稱為何？①ISP②ICP③ERP④LISP。

	A	D	E	F	G	H	I
1	題號	題目	選項1	選項2	選項3	選項4	作答
2	1	使用IPv6來解決IP位址不足之問題，請問其使用幾個位元來定址？	256	32	64	128	
3	2	僱主與勞工間的利益分配關係是為何？	師徒關係	法訂關係	專利關係	權利義務	
4	3	Adobe Director是屬於那類軟體？	簡報軟體	文書編輯軟體	系統軟體	多媒體軟體	

選項變動邏輯

	B	C	D	E	F	G	H	I	J	K	L	M	N	O	P	Q	R	S	T	U
2	變量	向右移動					邏輯運算					重新整理					負值轉正			
3	位置P / 變量X	1	2	3	4		1	2	3	4		1	2	3	4		1	2	3	4
4	1	選4	選1	選2	選3		選1-1	選2-1	選3-1	選4-1		選0	選1	選2	選3		選4	選1	選2	選3
5	2	選3	選4	選1	選2		選1-2	選2-2	選3-2	選4-2		選-1	選0	選1	選2		選3	選4	選1	選2
6	3	選2	選3	選4	選1		選1-3	選2-3	選3-3	選4-3		選-2	選-1	選0	選1		選2	選3	選4	選1
7	4	選1	選2	選3	選4		選1-4	選2-4	選3-4	選4-4		選-3	選-2	選-1	選0		選1	選2	選3	選4
8							公式 = P-X					問題：數值<=0					公式：數值<=0 → +4			

教學重點

- ☑ 複製 PDF 文件內容至 Excel 工作表
- ☑ 資料整理技巧
- ☑ 資料拆解技巧
- ☑ 答案變動邏輯
- ☑ 選項變動邏輯
- ☑ 開啟「開發人員」功能
- ☑ 錄製巨集
- ☑ 呼叫巨集
- ☑ 程式碼說明

實作：原始考題

≫ 複製 PDF 文件內容至 Excel 工作表

1. 開啟：173003-A.PDF

17300 網頁設計　丙級　工作項目 01：作業準備

1. (1)「全球資訊網(WWW)」的英文為何？①World Wide Web②Web Wide World③Web World Wide④World Web Wide。
2. (1)「超文字傳輸協定」的英文簡稱為何？①HTTP②WWW③URL④TANET。
3. (4)「檔案搜尋服務系統」的英文簡稱為何？①FTP②E-mail③Telnet④Archie。
4. (2)「內容服務供應商」的英文簡稱為何？①ISP②ICP③ERP④LISP。
5. (2)「中央處理單元」的英文簡稱為何？①I/O②CPU③CCD④UPS。
6. (2)「全球資源定位法」的英文簡稱為何？①WWW②URL③HTTP④FTP。
7. (2)「動態伺服器網頁」的英文簡稱為何？①CGI②ASP③HTML④DHTML。
8. (3)「決策支援系統」的英文簡稱為何？①DBMS②DASD③DSS④IMS。
9. (3)「個人數位助理」的英文簡稱為何？①DBMS②DB③PDA④DVD。
10. (4)「動態主機配置協定」允許 IP 位址自動配置，其英文簡稱為何？①WWW②TCP/IP③POP④DHCP。

2. 按 Ctrl + A（全選）、按 Ctrl + C（複製）

3. 開啟範例檔案：14- 題庫系統 .XLSX

點選：【原始題目】工作表，選取：A1 儲存格，按 Ctrl + V（貼上）

說明 第 4、7 列原本的答案 (1) 被轉換為 -1。

4. 選取：A 欄，按 Delete 鍵

5. 常用→數值→類別：文字

選取：A1 儲存格，按 Ctrl +V

調整 A 欄欄寬，設定：自動換行，結果如下圖：

	A	B	C	D	E	F
1	1	⚠				
2	17300網頁設計 丙級 工作項目01：作業準備					
3	1.					
4	(1)←					
5	「全球資訊網(WWW)」的英文為何？①World Wide Web②Web Wide World③Web World Wide ④World Web Wide。					

》》 取出有用資料：答案、題目

A 欄資料中包含 5 種資料：頁碼、報表標題、題號、答案、題目，如下圖：

	A	
1	1	頁碼
2	17300網頁設計 丙級 工作項目01：作業準備	報表標題
3	1.	題號
4	(1)	答案
5	「全球資訊網(WWW)」的英文為何？①World Wide Web②Web Wide World③Web World Wide④World Web Wide。	題目
6	2.	

> **說明** 我們只需要：答案、題目。
>
> 只要確認出「答案」的位置，往下 1 格就是「題目」。

1. 選取：B1 儲存格，輸入："(" 開頭

2. 選取：B2 儲存格，輸入運算式，向下填滿，如下圖：

B2	⌄ ┊ ✕ ✓ f_x	=IF(LEFT(A2,1) = "(", 1, 0)		
	A	B	C	D
1	1	"("開頭		
2	17300網頁設計 丙級 工作項目01：作業準備	0		
3	1.	0		
4	(1)	1		
5	「全球資訊網(WWW)」的英文為何？①World Wide Web②Web Wide World③Web World Wide④World Web Wide。	0		

> **說明** A2 儲存格的左邊第 1 個字若 = "("，A2 儲存格就是「答案」。
>
> 　　　　1（TRUE → 成立）：是答案，0（FALSE → 不成立）：非答案

3. 選取：C1 儲存格，輸入：答案

   選取：C2 儲存格，輸入運算式，向下填滿，如下圖：

C2	⌄ ⋮ ✕ ✓ fx	=IF(B2 = 1, A2, "")		
	A	B	C	D
1	1	"("開頭	答案	
2	17300網頁設計 丙級 工作項目01：作業準備	0		
3	1.	0		
4	(1)	1	(1)	
5	「全球資訊網(WWW)」的英文為何？①World Wide Web②Web Wide World③Web World Wide④World Web Wide。	0		

> **說明** 是 1 的就是答案（保留），不是 1 的，以 "" 取代（刪除）。

4. 選取：D1 儲存格，輸入：題目

   選取：D2 儲存格，輸入運算式，向下填滿，如下圖：

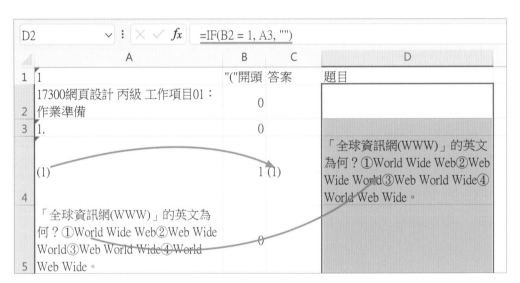

D2	⌄ ⋮ ✕ ✓ fx	=IF(B2 = 1, A3, "")		
	A	B	C	D
1	1	"("開頭	答案	題目
2	17300網頁設計 丙級 工作項目01：作業準備	0		
3	1.	0		
4	(1)	1	(1)	「全球資訊網(WWW)」的英文為何？①World Wide Web②Web Wide World③Web World Wide④World Web Wide。
5	「全球資訊網(WWW)」的英文為何？①World Wide Web②Web Wide World③Web World Wide④World Web Wide。	0		

> **說明** 如果 B2 = 1 → A2 是答案 → A2 下方一格 A3 就是「題目」。

實作：【整理考題】表 • • •

為了降低學習者操作錯誤的機會，我們採取分段解題，這節我們要將【原始考題】工作表完成的結果複製到【整理考題】工作表，進行下一個階段的資料整合。

≫ 刪除空白列

1. 複製【原始考題】工作表 C:D 欄

   點選：【整理考題】工作表，選取：A1 儲存格

   常用→貼上：123，結果如下圖：

	A	B	C	D	E	F	G	H	I	J	K
1	答案	題目									
2											
3											
4	(1)		「全球資訊網(WWW)」的英文為何？①World Wide Web②Web Wide World③Web World Wide④W								
5											
6											
7	(1)		「超文字傳輸協定」的英文簡稱為何？①HTTP②WWW③URL④TANET。								

2. 插入空白 A 欄

   選取：A1 儲存格，輸入：列號

   選取：A2 儲存格，輸入：'0001，向下填滿，如下圖：

	A	B	C	D	E	F	G	H	I
1	列號	答案	題目						
2	0001								
3	0002								
4	0003	(1)	「全球資訊網(WWW)」的英文為何？①World Wide Web②Web Wide						
5	0004								

> 說明　資料約有 2000 列，因此流水號為 4 位數。
>
> 注意！0001 前方有「'」，表示 0001 為文字資料。

3. 點選：A2 儲存格，資料→排序，設定如下圖：

4. 刪除所有空白列（2~1338 列），如下圖：

	A	B	C	D
1337	1985			
1338	1987			
1339	0193	(3)	「Internet」最初設計的目的為何？①學術②行政③軍事④醫療。	
1340	0054	(2)	「ISDN」為何者的英文簡稱？①廣域網路②整體服務數位網路③區域網路④加值型網路。	

5. 點選：A2 儲存格，資料→遞增排序，結果如下圖：

	A	B	C	D
1	列號	答案	題目	
2	0003	⚠ (1)	「全球資訊網(WWW)」的英文為何？①World Wide Web②Web Wide World③Web World Wide④World Web Wide。	
3	0006	(1)	「超文字傳輸協定」的英文簡稱為何？①HTTP②WWW③URL④TANET。	
4	0009	(4)	「檔案搜尋服務系統」的英文簡稱為何？①FTP②E-mail③Telnet④Archie。	

6. 點選：A1 儲存格，輸入：題號

點選：A2 儲存格，輸入：'001，向下填滿，結果如下圖：

	A	B	C	D
1	題號	答案	題目	
2	001	(1)	「全球資訊網(WWW)」的英文為何？①World Wide Web②Web Wide World③Web World Wide④World Web Wide。	
3	002	(1)	「超文字傳輸協定」的英文簡稱為何？①HTTP②WWW③URL④TANET。	
4	003	(4)	「檔案搜尋服務系統」的英文簡稱為何？①FTP②E-mail③Telnet④Archie。	

>> 找出關鍵內容

題目內包含 5 個單元：題目主體、選項 1、選項 2、選項 3、選項 4，為了題庫系統的功能：調整選項位置，我們必須將「題目」分解為上述 5 個獨立單元。

每一個單元都有特殊的字元作為起始與結束，找出它們的位置後，使用 MID() 函數便可以取出，各單元內容的起始位置、長度分析如下圖：(以 003 題為例)

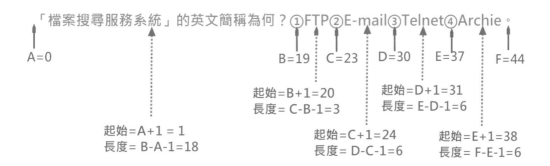

因此我們只要找出關鍵字元位置：「①」、「②」、「③」、「④」、「。」，便可取出各個單元的內容。

1. 在 D1:I1 範圍內輸入內容，如下圖：

	A	B	C	D	E	F	G	H	I
1	題號	答案	題目	開頭	①	②	③	④	。
2	001	(1)	「全球資訊網(WWW)」的英文為何？①World Wide Web②Web Wide World③Web World Wide④World Web Wide。						

2. 選取：D2 儲存格，輸入 0，向下填滿

3. 選取：E2 儲存格，輸入運算式，如下圖：

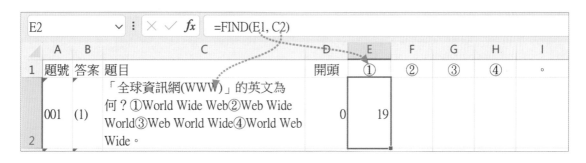

4. 編輯運算式，加入「$」，向右填滿，如下圖：

> **說明** 選項符號永遠在第 1 列（E1 → E$1），題目永遠在 C 欄（C2 → $C2）。

5. 向下填滿後，往下捲動檢查結果，發現錯誤，如下圖：

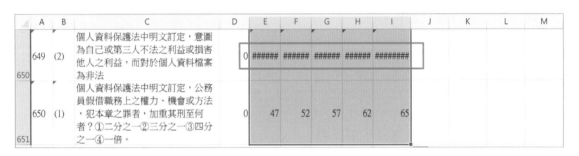

> **說明** 有些題目內容剛好跨頁，因此題目被拆成 2 段，因題目不完整而產生錯誤。

6. 選取：J1 儲存格，輸入：檢查

　選取：J2 儲存格，輸入運算式，向下填滿，如下圖：

J2				fx	=SUM(D2:I2)						
	A	B	C	D	E	F	G	H	I	J	K	L
1	題號	答案	題目	開頭	①	②	③	④	。	檢查		
2	001	(1)	「全球資訊網(WWW)」的英文為何？①World Wide Web②Web Wide World③Web World Wide④World Web Wide。	0	19	34	49	64	79	245		
3	002	(1)	「超文字傳輸協定」的英文簡稱為何？①HTTP②WWW③URL④TANET。	0	18	23	27	31	37	136		

7. 選取：J2 儲存格，資料→排序→遞減，結果如下圖：

	A	B	C	D	E	F	G	H	I	J	K	L
1	題號	答案	題目	開頭	①	②	③	④	。	檢查		
2	067	(4)	網站最常使用何種技術來記錄使用者的線上活動，以提供使用者個人化服務，或簡化連上網路的程式？①App	0	46	####	####	####	####	####		
3	196	(3)	類比傳輸頻道中，所謂的「頻寬」為何？①傳輸線的粗細②速度每秒多少個位元(bps)③頻道的最高頻率和最低	0	19	26	41	####	####	####		

> **說明** 有錯誤的題目被排列在最上方，總共 10 題，為降低解題難度，我們將刪除這 10 個題目。
>
> 資優讀者作業：回到上一節，重新擬定解題策略，以避免本節發生的錯誤。

8. 刪除：2:11 列（錯誤題目）

9. 選取：A2 儲存格，遞增排序

選取：A2:A3 範圍，向下填滿（重新編訂題號），如下圖：

	A	B	C	D	E	F	G	H	I	J	K	L
1	題號	答案	題目	開頭	①	②	③	④	。	檢查		
2	001	(1)	「全球資訊網(WWW)」的英文為何？①World Wide Web②Web Wide World③Web World Wide④World Web Wide。	0	19	34	49	64	79	245		
3	002	(1)	「超文字傳輸協定」的英文簡稱為何？①HTTP②WWW③URL④TANET。	0	18	23	27	31	37	136		
4	003	(4)	「檔案搜尋服務系統」的英文簡稱為何？①FTP②E-mail③Telnet④Archie。	0	19	23	30	37	44	153		

≫ 拆解題目

1. 在 K1:O1 範圍內輸入資料，如下圖：

	C	D	E	F	G	H	K	L	M	N	O
1	題目	開頭	①	②	③	④	。	題目	選1	選2	選3	選4
2	「全球資訊網(WWW)」的英文為何？①World Wide Web②Web Wide World③Web World Wide④World Web	0	19	34	49	64	79					

2. 選取：K2 儲存格，輸入運算式，如下圖：

SUM	∨	⋮ × ✓ *fx*	=MID(C2, D2+1, E2-D2-1)					

	C	D	①	②	③	④	。	題目	選1	選2	選3	選4
1	題目	開頭							選1	選2	選3	選4
2	「全球資訊網(WWW)」的英文為何？①World Wide Web②Web Wide World③Web World Wide④World Web Wide。	0	19	34	49	64	79	=MID(C2, D2+1, E2-D2-1)				

MID(text, **start_num**, num_chars)

> **說明** 請參考上一節「找出關鍵內容」分析圖。

3. 編輯運算式，加入「$」，向右填滿、向下填滿，如下圖：

K2	∨	⋮ × ✓ *fx*	=MID($C2, D2+1, E2-D2-1)

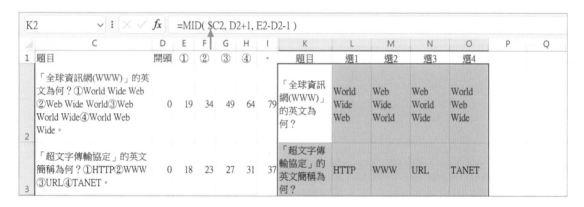

> **說明** 題目永遠在 C 欄（C2 → $C2）。

4. 往下捲動逐一檢查資料，正確無誤如下圖：

	C	D	E	F	G	H	I	K	L	M	N	O	P	Q
641	個人資料保護法中明文訂定，公務員假借職務上之權力、機會或方法，犯本章之罪者，加重其刑至何者？①二分之一②三分之一③四分之一④一倍。	0	47	52	57	62	65	個人資料保護法中明文訂定，公務員假借職務上之權力、機會或方法	二分之一	三分之一	四分之一	一倍		
642														

實作：答案異動 ●●●

≫ 答案調整的邏輯

我們希望學生不要死背答案，因此系統必須能夠以亂數來更動答案，並根據答案變動調整選項位置，我們的邏輯如下：

答案A＼變量X	1	2	3	4					
1	2	3	4	5		2	3	4	1
2	3	4	5	6		3	4	1	2
3	4	5	6	7		4	1	2	3
4	5	6	7	8		1	2	3	4
問題：>4						公式：> 4 → -4			

1. 在 H1:M1 範圍內輸入內容如下圖：

	A	B	C		H	I	J	K	L	M	N	O	P
1	題號	答案	題目		變量	答案	1	2	3	4			
2	001	(1)	「全球資訊網(WWW)」的英文為何？										

> **說明** 上圖我們隱藏了 D:G 欄。

2. 選取：J1:M1 範圍，常用→數值→自訂：" 選 "#，結果如下：

J1 | × ✓ fx | 1

	A	B	C		H	I	J	K	L	M	N	O	P
1	題號	答案	題目		變量	答案	選1	選2	選3	選4			

3. 選取：H2 儲存格，輸入運算式，向下填滿，如下圖：

H2 | × ✓ fx | =RANDBETWEEN(1,4)

	A	B	C		H	I	J	K	L	M	N	O	P
1	題號	答案	題目		變量	答案	選1	選2	選3	選4			
2	001	(1)	「全球資訊網(WWW)」的英文為何？		1								
3	002	(1)	「超文字傳輸協定」的英文簡稱為何？		3								

4. 選取 H 欄，按複製鈕，在 H 欄上按右鍵→貼上選項：123，結果如下圖：

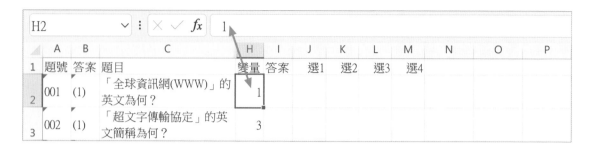

> **說明** 目前是以手動方式產生「變量」，後續要發展為全自動，就必須「巨集」來產生程式碼，並以按鈕來執行來產生「變量」。

5. 選取：I2 儲存格，輸入運算式，如下圖：

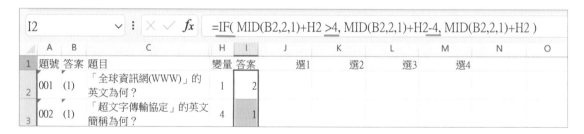

6. 編輯運算式，向下填滿，如下圖：（超過 4 的修正）

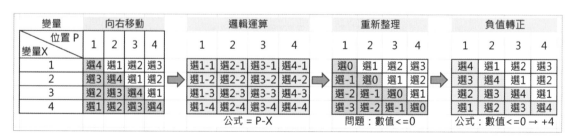

》 選項變動邏輯

答案根據異動量 X 產生變動後，每一個選項當然也必須跟著異動，邏輯如下：

變量	向右移動				邏輯運算				重新整理				負值轉正			
位置 P / 變量 X	1	2	3	4	1	2	3	4	1	2	3	4	1	2	3	4
1	選4	選1	選2	選3	選1-1	選2-1	選3-1	選4-1	選0	選1	選2	選3	選4	選1	選2	選3
2	選3	選4	選1	選2	選1-2	選2-2	選3-2	選4-2	選-1	選0	選1	選2	選3	選4	選1	選2
3	選2	選3	選4	選1	選1-3	選2-3	選3-3	選4-3	選-2	選-1	選0	選1	選2	選3	選4	選1
4	選1	選2	選3	選4	選1-4	選2-4	選3-4	選4-4	選-3	選-2	選-1	選0	選1	選2	選3	選4
						公式 = P-X				問題：數值<=0				公式：數值<=0 → +4		

1. 選取：J2 儲存格，輸入運算式（依據上圖：邏輯運算公式）
   向右填滿、向下填滿，如下圖：

J2		fx	=J$1-$H2						
	D	E	F	G	H	I	J	K	L	M	N
1	選1	選2	選3	選4	變量	答案	選1	選2	選3	選4	
2	World Wide Web	Web Wide World	Web World Wide	World Web Wide	1	2	選	選1	選2	選3	
3	HTTP	WWW	URL	TANET	4	1	-選3	-選2	-選1	選	

> **說明** 結果產生 <=0 的選項，請參考上圖。

2. 選取：J2 儲存格，編輯運算式（依據上圖：負值轉正公式）
   向右填滿、向下填滿，如下圖：

J2		fx	=IF(J$1-$H2 <=0, J$1-$H2 +4, J$1-$H2)						
	D	E	F	G	H	I	J	K	L	M	N
1	選1	選2	選3	選4	變量	答案	選1	選2	選3	選4	
2	World Wide Web	Web Wide World	Web World Wide	World Web Wide	1	2	選4	選1	選2	選3	
3	HTTP	WWW	URL	TANET	4	1	選1	選2	選3	選4	

3. 選取：J2 儲存格，編輯運算式（將選項值轉換為選項內容），如下圖：

SUM		fx	=INDEX(D2:G2, 1, IF(J$1-$H2 <=0, J$1-$H2 +4, J$1-$H2))						
	D	E	F	G	H	I	J	K	L	M	N
1	選1	選2	選3	選4	變量	答案	選1	選2	選3	選4	
2	World Wide Web	Web Wide World	Web World Wide	World Web Wide	1	2	$H2 +4, J$1-$H2))	選1	選2	選3	
3	HTTP	WWW	URL	TANET	4	1	選1	選2	選3	選4	

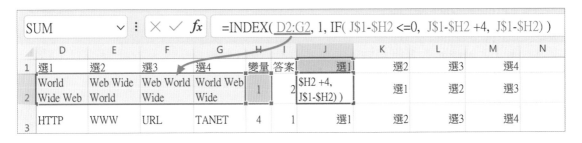

> **說明** = INDEX(陣列 , 第 A 列 , 第 B 欄)
> = INDEX(D2:G2 , 1 , IF(J$1-$H2<=0 , J$1-$H2 +4 , J$1-$H2)

4. 選取：J2 儲存格，編輯運算式（加 $）

   向右填滿、向下填滿，如下圖：

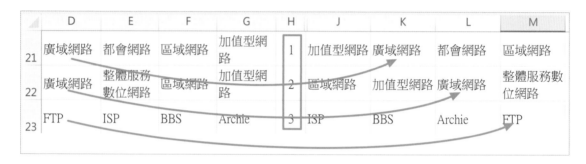

	D	E	F	G	H	I	J	K	L	M	N
	J2			⌄	⋮	× ✓	fx	=INDEX($D2:$G2, 1, IF(J$1-$H2 <=0, J$1-$H2 +4, J$1-$H2))			
1	選1	選2	選3	選4	變量	答案	選1	選2	選3	選4	
2	World Wide Web	Web Wide World	Web World Wide	World Web Wide	1	2	World Web Wide	World Wide Web	Web Wide World	Web World Wide	
3	HTTP	WWW	URL	TANET	4	1	HTTP	WWW	URL	TANET	

5. 向下捲動，檢查選項異動正常，如下圖：

	D	E	F	G	H	J	K	L	M
21	廣域網路	都會網路	區域網路	加值型網路	1	加值型網路	廣域網路	都會網路	區域網路
22	廣域網路	整體服務數位網路	區域網路	加值型網路	2	區域網路	加值型網路	廣域網路	整體服務數位網路
23	FTP	ISP	BBS	Archie	3	ISP	BBS	Archie	FTP

這樣一個簡易的題庫系統就完成了，老師每次要使用題庫出題時，只要重新產生一次變量 X，所有答案、選項就自動更新了！

實作：亂數選題

我們將由【模擬題庫】工作表隨機挑選 50 題，提供老師作為隨堂測驗。

》 資料整理

1. 點選：【答案異動】表，選取所有儲存格，按複製鈕

   點選：【模擬題庫】表，選取：A1 儲存格，按右鍵→貼上選項：123

2. 選取：B 欄、D:H 欄（多餘欄位）

	A	B	C	D	E	F	G	H	I	J	K	L	M	N
1	題號	答案	題目	選1	選2	選3	選4	變量	答案	1	2	3	4	
2	001	(1)	「全球資訊網(WWW)」的英文為何？	World Wide Web	Web Wide World	Web World Wide	World Web Wide	1	2 World Wide	World Wide Web	Web Wide World	Web World Wide	
3	002	(1)	「超文字傳輸協定」的英文簡稱為何？	HTTP	WWW	URL	TANET	4	1 HTTP	WWW	URL	TANET	

3. 在 B 欄上按右鍵→刪除

4. 編輯第 1 列文字，如下圖：

	A	B	C	D	E	F	G	H
1	題號	題目	答案	選項1	選項2	選項3	選項4	亂數
2	001	「全球資訊網(WWW)」的英文為何？	2	World Web Wide	World Wide Web	Web Wide World	Web World Wide	

5. 選取：H2 儲存格，輸入運算式，向下填滿，如下圖：

H2　　　　　fx　=RAND()

	A	B	C	D	E	F	G	H	I
1	題號	題目	答案	選項1	選項2	選項3	選項4	亂數	
2	001	「全球資訊網(WWW)」的英文為何？	2	World Web Wide	World Wide Web	Web Wide World	Web World Wide	0.946738	
3	002	「超文字傳輸協定」的英文簡稱為何？	1	HTTP	WWW	URL	TANET	0.054921	

6. 選取：H 欄，按複製鈕，在 H 欄上按右鍵→貼上選項：123，結果如下圖：

H2　　　　　fx　0.946738169607122

	A	B	C	D	E	F	G	H	I
1	題號	題目	答案	選項1	選項2	選項3	選項4	亂數	
2	001	「全球資訊網(WWW)」的英文為何？	2	World Web Wide	World Wide Web	Web Wide World	Web World Wide	0.946738	

7. 選取：B:H 欄

公式→從選取範圍建立：頂端列

（開啟名稱管理員，結果如右圖）

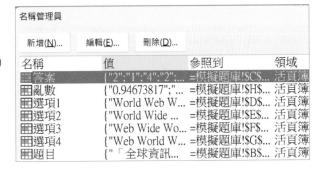

名稱管理員			
新增(N)...	編輯(E)...	刪除(D)...	
名稱	值	參照到	領域
答案	{"2";"1";"4";"2";...	=模擬題庫!C...	活頁簿
亂數	{"0.94673817";"...	=模擬題庫!H...	活頁簿
選項1	{"World Web W...	=模擬題庫!D...	活頁簿
選項2	{"World Wide ...	=模擬題庫!E...	活頁簿
選項3	{"Web Wide Wo...	=模擬題庫!F...	活頁簿
選項4	{"Web World W...	=模擬題庫!G...	活頁簿
題目	{"「全球資訊...	=模擬題庫!B...	活頁簿

≫ 隨機抽題

1. 選取：B2 儲存格，輸入運算式，向下填滿，如下圖：

B2			✕ ✓ ƒx	=LARGE(亂數,A2)				
	A	B	C	D	E	F	G	H
1	題號	列數	答案	題目	選項1	選項2	選項3	選項4
2	1	0.99958176						
3	2	0.9966967						

> **說明** B2（題號1）：找出「亂數」名稱範圍中第1大的數字。
>
> B3（題號2）：找出「亂數」名稱範圍中第2大的數字。
>
> …

2. 編輯 B2 儲存格運算式，向下填滿，如下圖：

B2			✕ ✓ ƒx	=MATCH(LARGE(亂數,A2), 亂數,0)				
	A	B	C	D	E	F	G	H
1	題號	列數	答案	題目	選項1	選項2	選項3	選項4
2	1	52						
3	2	627						

> **說明** 找出亂數值在「亂數」名稱範圍中的所在列數。
>
> 第3個參數0：比對資料完全相等。

3. 選取：C2 儲存格，輸入運算式，向下填滿，如下圖：

C2			✕ ✓ ƒx	=INDEX(答案, B2, 1)				
	A	B	C	D	E	F	G	H
1	題號	列數	答案	題目	選項1	選項2	選項3	選項4
2	1	52	4					
3	2	627	4					

> **說明** C 欄的運算是無法複製到 D:H 欄，必須採用 INDIRECT() 技巧。

4.　編輯 C2 儲存格運算式，向下填滿，如下圖：

| | fx | =INDEX(INDIRECT(C$1), $B2, 1) |

	A	B	C	D	E	F	G	H
1	題號	列數	答案	題目	選項1	選項2	選項3	選項4
2	1	52	4					
3	2	627	4					

5.　選取：C2 儲存格，向右填滿

　　選取：D2:H2 範圍，向下填滿，如下圖：

| D2 | fx | =INDEX(INDIRECT(D$1), $B2, 1) |

	A	B	C	D	E	F	G	H
1	題號	列數	答案	題目	選項1	選項2	選項3	選項4
2	1	52	4	使用IPv6來解決IP位址不足之問題，請問其使用幾個位元來定址？	256	32	64	128
3	2	627	4	僱主與勞工間的利益分配關係是為何？	師徒關係	法訂關係	專利關係	權利義務

6.　選取：B:C 欄，在 B 欄上按右鍵→隱藏

7.　增加 I 欄，設定如下圖：

	A	D	E	F	G	H	I	J
1	題號	題目	選項1	選項2	選項3	選項4	作答	
2	1	使用IPv6來解決IP位址不足之問題，請問其使用幾個位元來定址？	256	32	64	128		
3	2	僱主與勞工間的利益分配關係是為何？	師徒關係	法訂關係	專利關係	權利義務		

老師要進行模擬考測試時，只要在【模擬題庫】表中，重新產生一份亂數，【亂數抽題】表便會自動產生一份新考題。

產生亂數我們目前採取的方法是「手動」，如果搭配「巨集」或「VBA」就可以達到全自動化。

有挑戰精神的讀者一定會接著問：「可以自動評分嗎？」，當然可以…！

實作：錄製巨集 ●●●

VBA（巨集）不一定要自己寫，Excel 系統提供錄製巨集的功能，就是將使用者操作的過程錄製下來，並轉換為 VBA 程式，本節就要利用錄製巨集功能，來產生下圖中 H 欄的變量。

	A	B	C	H	I	J	K	L	M	N
1	題號	答案	題目	變量	答案	選1	選2	選3	選4	
2	001	(1)	「全球資訊網(WWW)」的英文為何？	1	2	World Web Wide	World Wide Web	Web Wide World	Web World Wide	
3	002	(1)	「超文字傳輸協定」的英文簡稱為何？	4	1	HTTP	WWW	URL	TANET	

> **說明** 錄製巨集是一種系統開發的行為，這並不是 Excel 系統預設開放功能，我們必須在自訂選單中開啟「開發人員」功能，才能在功能表中找到工具列。

》 開啟「開發人員」功能

● 檔案→其他→選項：自訂功能區，選取：開發人員，如下圖：

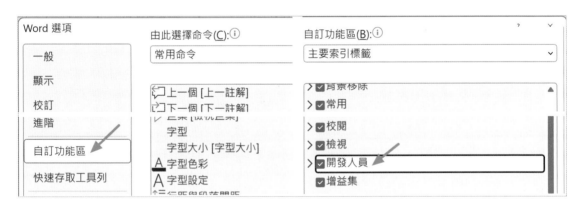

● 完成設定後，功能表多了一個項目「開發人員」，如下圖：

》》 錄製巨集

我們先手動操作一遍產生 H 欄變量的步驟：

1. 選取：H2 儲存格
2. 輸入運算式：=RANDBETWEEN(1,4)
3. 選取：H2 儲存格
4. 向下填滿
5. 按 Ctrl + C（複製）
6. 選取：H2 儲存格
7. 按右鍵→貼上選項：123
8. 按 Esc 鍵（解除複製範圍）

確認步驟無誤之後，開啟錄製巨集功能：

- 開發人員→錄製巨集
- 重新執行上方的 8 個步驟
- 開發人員→結束錄製巨集

》》 檢視程式碼

- 開發人員→巨集
  點選：巨集 1
  點選：編輯鈕

- 系統自動開啟巨集程式視窗如下圖：

說明 系統錄製的巨集程式會被存放在：模組→ Module 1 中，請參考上圖：

>> 程式碼說明

● 程式碼對照操作步驟：

Range("H2").Select	步驟 1
ActiveCell.FormulaR1C1 = "=RANDBETWEEN(1,4)"	步驟 2
Range("H2").Select	步驟 3
Selection.AutoFill Destination:=Range("H2:H641")	步驟 4
Range("H2:H641").Select	步驟 5
Selection.Copy	步驟 6
Selection.PasteSpecial Paste:=xlPasteValues, Operation:=xlNone, SkipBlanks _ :=False, Transpose:=False	步驟 7
Application.CutCopyMode = False	步驟 8

● 關鍵指令說明：

- Range( ).Select：選取範圍

- ActiveCell.FormulaR1C1 = "xxxx"：在作用儲存格中輸入資料

- Selection.AutoFill：選取儲存格自動填滿

- Selection.Copy：選取範圍複製

- Selection.PasteSpecial Paste:…：選擇性貼上 :123

- Application.CutCopyMode = False：解除複製範圍

以上這些程式指令不容易學，非得 3 年的功力，因為涉及了「物件」、「方法」，也是一般人學習 VBA 不容易登堂入室的主要原因，除非你想成為專業人士，否則筆者是不建議學習的。

筆者建議 Power User（重度使用者），要學的是不涉及「物件」、「方法」的程式邏輯，也就是傳統的 BASIC 語言，單元 12、13 所介紹的 VBA 程式，只要簡單幾個指令就可操控工作表上所有資料。

》 製作巨集按鈕

1. 插入→圖例→圖案：矩形（圓角）

2. 輸入文字，設定格式，結果如下圖：

	A	B	C	H	I	J	K	L	M	N	O
1	題號	答案	題目	變量	答案	選1	選2	選3	選4		
2	001	(1)	「全球資訊網(WWW)」的英文為何？	1	2	World Web Wide	World Wide Web	Web Wide World	Web World Wide	產生變量	
3	002	(1)	「超文字傳輸協定」的英文簡稱為何？	3	4	WWW	URL	TANET	HTTP		

3. 在矩形上按右鍵→指定巨集：巨集1

4. 點選：產生變量鈕，產生新數據→選項位置移動，結果如下圖：

	A	B	C	H	I	J	K	L	M	N	O
1	題號	答案	題目	變量	答案	選1	選2	選3	選4		
2	001	(1)	「全球資訊網(WWW)」的英文為何？	1	2	World Web Wide	World Wide Web	Web Wide World	Web World Wide	產生變量	
3	002	(1)	「超文字傳輸協定」的英文簡稱為何？	1	2	TANET	HTTP	WWW	URL		

meno

生活應用

大樂透

	A	B	C	D	E	F	G	H	I	J	K	L	M
1	NO	選號	重複數	中號		NO	搖獎	重複數		0.0	槓龜		
2	1	20	1	0		1	05	1		3.0	普獎		亂數選號
3	2	22	1	0		2	08	1		3.5	六獎		
4	3	26	1	0		3	12	1		4.0	五獎		搖獎
5	4	29	1	0		4	13	1		4.5	肆獎		
6	5	32	1	0		5	25	1		5.0	參獎		
7	6	48	1	0		6	38	1		5.5	貳獎		
8			無重複	00		特別號	02	1		6.0	頭獎		槓龜
9			特別號	0				無重複					
10	選號					搖獎							

套表

	A	B	C	D	E	F	G	H	I	J	K	L	M
1		星期一	星期二	星期三	星期四	星期五	星期六	星期日		KEY ▼	星期 ▼	節次 ▼	課名 ▼
2	第1節									13	1	3	102英文
3	第2節		302音樂			103數學				22	2	2	302音樂
4	第3節	102英文		304體育			休			18	1	8	303美術
5	第4節			103數學			假			33	3	3	304體育
6	第5節						日			34	3	4	103數學
7	第6節					201化學				52	5	2	103數學
8	第7節					201化學				56	5	6	201化學
9	第8節	303美術		202科技						57	5	7	201化學
10										38	3	8	202科技

教學重點

- ☑ 程式設計邏輯
- ☑ 物件、屬性
- ☑ 錄製巨集
- ☑ 程式中執行巨集
- ☑ 延遲執行技巧
- ☑ 以函數檢查重複數字
- ☑ 數字比對技巧
- ☑ Index( ) 函數應用

> **VBA 函數、指令、屬性**

For…Exit For…Next：迴圈指令	Randomize：亂數宣告
Do…Exit do…Loop：無窮迴圈	Font：字型
Rnd( )：亂數	Interior：網底
Int( )：取整數	Colorindex：色碼編號
Cells( )：儲存格	Call：呼叫 VBA 程式

實作：抽大頭

一群好友聚餐，這一次誰當東道主呢？ AA 制太無趣了，當然得來個抽大頭，趣味一下！

程式功能要求：

- 輸入：群體人數
- 亂數抽出「大頭」的編號
- 介面設計如右圖：

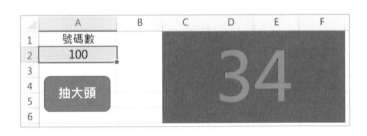

≫ 產生亂數

1. 按 Alt + F11 鍵（進入 VBA 編輯視窗），連點 2 下：工作表 6(抽大頭)

2. 建立程式 S1，輸入指令，如下圖：

```
Sub s1()
    Cells(1, 3) = Int(Rnd() * Cells(2, 1)) + 1
End Sub
```

説明 ▶ 0 < Rnd( )< 1

0 < Rnd() *30 < 30 ， 1 <= Int(Rnd() * 30) + 1 <=30 → 1、2、3、4、…、30

● 點選：程式執行鈕
   每次都產生 1~100 的新值
   正確無誤，如右圖：

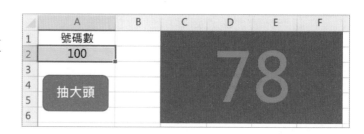

3. 在紅色箭號處輸入指令，如下圖：

```
Sub s1()
    Randomize
    Cells(1, 3) = Int(Rnd() * Cells(2, 1)) + 1
End Sub
```

説明 ▶ Randomize：確保每次執行程式都會產生不同的亂數。

這是使用 Rnd( ) 函數之前必要的指令。

≫ 延遲效果

抽大頭的過程要有一點戲劇效果，讓數字不斷地跳，突然間停下來，最後的數字就是
「大頭」，這裡我們就要利用迴圈來製造這樣的效果。

1. 在紅色箭號處輸入迴圈指令，如下圖：

```
Sub s1()

  Randomize

  For i = 1 To 10
      Cells(1, 3) = Int(Rnd() * Cells(2, 1)) + 1
  Next
End Sub
```

> **說明** 重複跑 10 次，但電腦執行速度太快，因此一晃就過去了。

2. 在紅色箭號處輸入迴圈指令，如下圖：

```
Sub s1()

  Randomize

  For i = 1 To 10
      Cells(1, 3) = Int(Rnd() * Cells(2, 1)) + 1
      For k = 1 To 100000000: Next
  Next

End Sub
```

> **說明** 每產生一個亂數之後，就讓程式空跑 100,000,000 次（一億），讓我們看清楚每一次所產生的亂數。

》 物件、屬性

每次產生新亂數時，若搭配字體顏色變化，儲存格底色變化，那抽獎的氣氛就到位了！這裡我們就要介紹：「物件」、「屬性」，這是屬於專業人士的工具，在這裡筆者只是讓你「淺嚐」，希望讀者日後有機會可以：「說得一口好程式」。

在 Excel 系統中，儲存格是一個小「東西」，工作表也是一個中「東西」，活頁簿是一個大「東西」，這些「東西」的專業名稱叫做「物件」。

> **說明** 「東西」的台語不就是「物件」，原來是老外來台灣留學後才發明了「物件」導向程式語言，…以台灣先祖為榮！

每一個物件都有許多不同的「特性」，以人為例，描述一個人，可以用「身高」、「體重」、「膚色」、…，這些特性也有一個專業名稱叫做「屬性」。

本節要使用的物件就是儲存格 CELLS( )，要使用的屬性有：字體 FONT、網底 INTERIOR、內容 VALUE，舉例如下：

- 將 100 存入儲存格 A1
  → CELLS(1,1).VALUE = 100

- 設定 A1 儲存格字體 5 號顏色
  → CELLS(1,1).FONT.COLORINDEX = 5

- 設定 A1 儲存格網底 0 號顏色
  → CELLS(1,1).INTERIOR.COLORINDEX = 0

對於非專業人士而言，要熟悉眾多物件的名稱，更要知道每一個物件之下有眾多的屬性可以使用，那就不是三天兩天的事情了，因此筆者建議非專業人士，只學 BASIC，也就是不含物件與屬性的程式語言，只學邏輯、迴圈，只處理資料。

1. 在紅色箭號處，輸入網底色彩設定指令，如下圖：

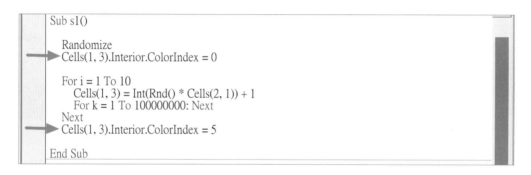

```
Sub s1()

    Randomize
→ Cells(1, 3).Interior.ColorIndex = 0

    For i = 1 To 10
        Cells(1, 3) = Int(Rnd() * Cells(2, 1)) + 1
        For k = 1 To 100000000: Next
    Next
→ Cells(1, 3).Interior.ColorIndex = 5

End Sub
```

說明 色號 0：白色（程式開始），色號 5：藍色（程式結束）。

- 程式執行中
  效果如右圖：

- 程式結束時
  效果如右圖：

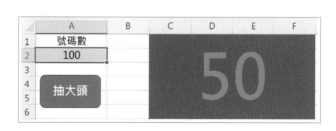

2. 在紅色箭號處，輸入字體彩設定指令，如下圖：

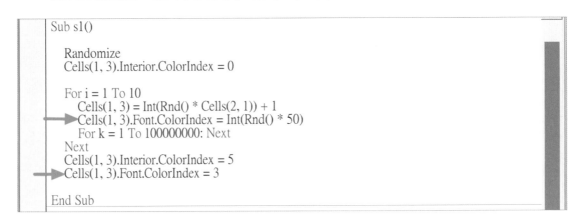

```
Sub s1()

    Randomize
    Cells(1, 3).Interior.ColorIndex = 0

    For i = 1 To 10
        Cells(1, 3) = Int(Rnd() * Cells(2, 1)) + 1
→       Cells(1, 3).Font.ColorIndex = Int(Rnd() * 50)
        For k = 1 To 100000000: Next
    Next
    Cells(1, 3).Interior.ColorIndex = 5
→   Cells(1, 3).Font.ColorIndex = 3

End Sub
```

> **說明**　每一次亂數產生後都設定不同顏色，此顏色色號也由亂數決定。
>
> 結束程式前將字體顏色設訂為 3 號（紅色）

3. 在「抽大頭」矩形方塊上按右鍵
    選取：指定巨集
    巨集名稱：工作表 6.S1

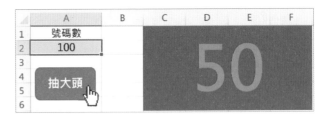

實作：大樂透　● ● ●

這個單元我們要模擬「大樂透」選號、搖號、兌獎的動作，程式操作介面如下：

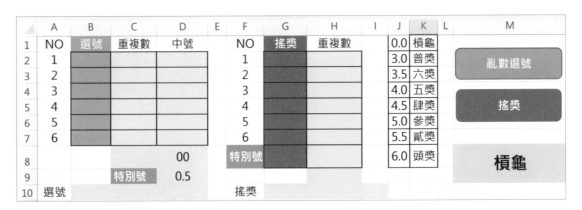

≫ 程式流程說明

- 亂數選號鈕：

  產生 B2:B7 範圍的 6 個選號，由錄製巨集產生程式碼。

  選號是由亂數產生，可能發生號碼重複的情況，因此在 C2:C7 範圍以 CONTIF( ) 函數檢查是否有重複數字。

- 搖獎鈕：

  產生 G2:G8 範圍的 6 個搖獎號 + 1 個特別號，由錄製巨集產生程式碼。

  搖獎號是由亂數產生，可能發生號碼重複的情況，因此在 H2:H8 範圍以 CONTIF( ) 函數檢查是否有重複。

- B10 儲存格：將 6 個選號全部串接起來，作為特別號對獎的依據。

- G10 儲存格：將 6 個搖獎號全部串接起來，作為選號對獎的依據。

- D8 儲存格：中獎號碼數（3 代表中 3 個號碼）

- D9 儲存格：6 個選號有沒有對中特別號（0.5 表示有對中，0 表示沒有）

- M8 儲存格：根據 D8＋D9 的值，查詢 J1:K8 範圍的對獎表

≫ 建立選號、搖號檢查機制

1. 選取：C2 儲存格，輸入運算式，向下填滿至 C7，如下圖：

> **說明** 如果運算結果是 1，表示 B2:B7 範圍中沒有與 B2 重複的值，若是大於 1，就是有重複的。

2. 選取：H2 儲存格，輸入運算式，向下填滿至 H8，如下圖：

	A	B	C	D	E	F	G	H	I	J	K	L	M
	H2			fx			=COUNTIF(G$2:G$8, G2)						
1	NO	選號	重複數	中號		NO	搖獎	重複數		0.0	槓龜		
2	1		0			1		0		3.0	普獎		亂數選號
3	2		0			2		0		3.5	六獎		

3.　選取：C8 儲存格，輸入運算式，如下圖：

> **說明** 若 6 個選號都沒有重複，那 C2:C7 範圍加總就是 6。
>
> 　　　 如果有重複了，那就必須重新選號。

4.　選取：H9 儲存格，輸入運算式，如下圖：

| H9 | ⌄ | ⋮ | × ✓ *fx* | =IF(SUM(H2:H8)=7, "無重複", "") |

> **說明** 若 6 個搖獎號 + 1 個別號都沒有重複，那 H2:H8 範圍加總就是 7。
>
> 　　　 如果有重複了，那就必須重新搖號。

≫ 錄製巨集：亂數選號

1.　開發人員→錄製巨集，巨集名稱：亂數選號

2.　選取：B2 儲存格，輸入運算式：＝TEXT(RANDBETWEEN(1,49) , "00")
　　向下填滿至 B7 儲存格

3.　選取：B2:B7 範圍，按 Ctrl + C 鍵（複製）
　　選取：B2 儲存格，按右鍵→貼上選項：123（貼上值）

4.　選取：B2:B7 範圍，點選：遞增排序鈕→依照原先範圍排序

5.　選取：H10 儲存格（B2:B7 範圍外任一儲存格）

6.　開發人員→停止錄製

7.　選取：亂數選號鈕，在按鈕上按右鍵→指定巨集，巨集名稱：亂數選號

■　執行程式結果如下圖：

	A	B	C	D	E	F	G	H	I	J	K	L	M
1	NO	選號	重複數	中號		NO	搖獎	重複數		0.0	槓龜		
2	1	05	1			1		0		3.0	普獎		亂數選號
3	2	14	2			2		0		3.5	六獎		
4	3	14	2			3		0		4.0	五獎		
5	4	30	1			4		0		4.5	肆獎		搖獎
6	5	33	1			5		0		5.0	參獎		
7	6	41	1			6		0		5.5	貳獎		
8						特別號		0		6.0	頭獎		槓龜

說明　發現選號 2、3 是重複的，C8 儲存格沒有出現 " 無重複 "，必須重新選號。

8.　按 Alt + F11 鍵（開啟 VBA 操作介面）

在工作表 5(大樂透) 上連點 2 下（開啟工作表 5 程式編輯區）

輸入程式如下圖：

```
Sub 重複選號()

   Do
      Call 亂數選號
      If Cells(8, 3) = "無重複" Then Exit Do
   Loop

End Sub
```

說明　CALL 指令是來執行某一 VBA 程式。

在無窮迴圈中執行指令「CALL 亂數選號」，一直重複選號，直到 CELL(8,3) 的
值為 " 無重複 " 才結束執行。

9.　重新指定「亂數選號」鈕的巨集，巨集名稱：工作表 5. 重複選號

點選：亂數選號鈕，程式正常執行如下圖：

	A	B	C	D	E	F	G	H	I	J	K	L	M
1	NO	選號	重複數	中號		NO	搖獎	重複數		0.0	槓龜		
2	1	13	1			1		0		3.0	普獎		亂數選號
3	2	25	1			2		0		3.5	六獎		
4	3	28	1			3		0		4.0	五獎		
5	4	38	1			4		0		4.5	肆獎		搖獎
6	5	45	1			5		0		5.0	參獎		
7	6	48	1			6		0		5.5	貳獎		
8			無重複			特別號		0		6.0	頭獎		槓龜

≫ 錄製巨集：搖獎

這個巨集程式的步驟、邏輯與「亂數選號」程式幾乎是一樣的，唯一的差別只有以下 2 點：

A. 6 個號碼變成 7 個號碼（多一個特別號）。

B. 第 7 個號碼（特別號）不參與排序。

1. 開發人員→錄製巨集，巨集名稱：搖獎

2. 選取：G2 儲存格，輸入運算式：＝TEXT(RANDBETWEEN(1,49)，"00")
向下填滿至 G8 儲存格

3. 選取：G2:G8 範圍，按 Ctrl ＋ C 鍵（複製）
選取：G2 儲存格，按右鍵→貼上選項：123（貼上值）

4. 選取：G2:G7 範圍，點選：遞增排序鈕→依照原先範圍排序

5. 選取：H10 儲存格（G2:G7 範圍外任一儲存格）

6. 開發人員→停止錄製

7. 按 Alt ＋ F11 鍵（開啟 VBA 操作介面）
複製「重複選號」程式，貼在下方，編輯紅色底線指令即可，如下圖：

8. 選取：搖獎鈕，在按鈕上按右鍵→指定巨集，巨集名稱：重複搖獎

9. 點選：搖獎鈕，程式正常執行如下圖：

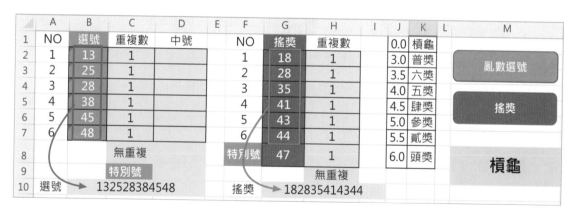

對獎

對獎分成 2 個步驟：

A. 以 6 個選號去比對 6 個彩球號，一個號碼相同就計分 1。

B. 以 6 個選號去比對特別號，如果有對到就計分 0.5。

對獎得分 = A + B，以對獎得分查詢對獎表就是簽注結果。

1. 選取：B10 儲存格，輸入運算式：= B2 & B3 & B4 & B5 & B6 & B7

2. 複製 B10 儲存格，貼至 G10 儲存格，結果如下圖：

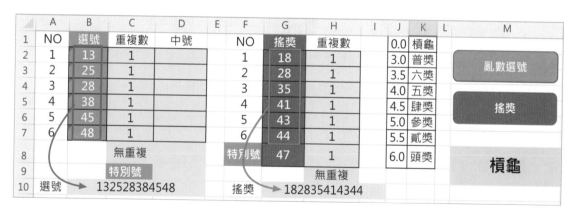

> **說明** 6 個選號逐一比對 6 個搖獎號需要 36 次比對動作。
>
> 若以 6 個選號比對 G10 儲存格（串接 6 個搖號），就只需要 6 次比對。
>
> 同理：
>
> 6 個選號逐一比對特別獎號需要 6 次比對動作。
>
> 若以特別號比對 B10 儲存格（串接 6 個選號），就只需要 1 次比對。
>
> 但是上面 2 個串接資料是有問題的，必須加以改良，資料比對時才會更精準。

3. 選取：B10 儲存格，編輯運算式：

=B2 & "*" & B3 & "*" & B4 & "*" & B5 & "*" & B6 & "*" & B7

4. 複製 B10 儲存格，貼至 G10 儲存格，結果如下圖：

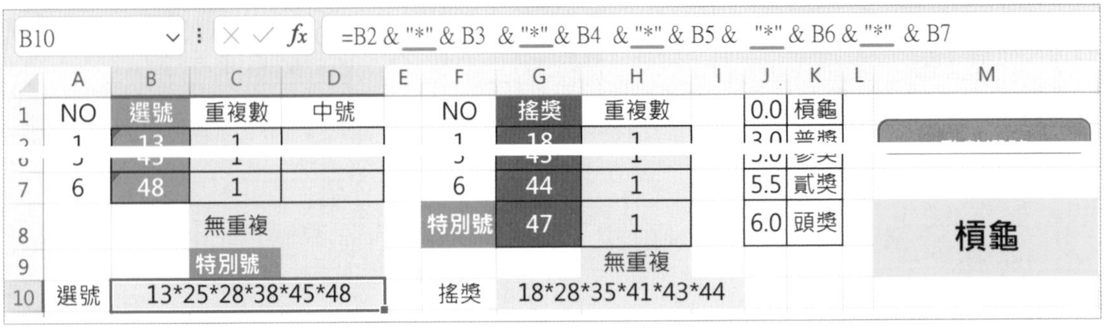

B10		:	× ✓	fx	=B2 & "*" & B3 & "*" & B4 & "*" & B5 & "*" & B6 & "*" & B7							
	A	B	C	D	E	F	G	H	I	J	K	L	M
1	NO	選號	重複數	中號		NO	搖獎	重複數		0.0	槓龜		
	1	13	1			1	18	1		3.0	普獎		
	5	45	1			5	45	1		5.0	參獎		
7	6	48	1			6	44	1		5.5	貳獎		
8			無重複			特別號	47	1		6.0	頭獎		
9			特別號					無重複					槓龜
10	選號	13*25*28*38*45*48				搖獎	18*28*35*41*43*44						

> **說明** 若以「14」，比對 "1828351**4**344" 字串，「14」便會被誤判為中獎。
>
> 若以「14」，比對 "18*28*35*4**1***43*44"，「14」當然沒有中獎。

5. 選取：D2 儲存格，輸入運算式，向下填滿，結果如下圖：

D2		:	× ✓	fx	=FIND(G2, B$10)							
	A	B	C	D	E	F	G	H	I	J	K	L	M
1	NO	選號	重複數	中號		NO	搖獎	重複數		0.0	槓龜		
2	1	13	1	#VALUE!		1	18	1		3.0	普獎		亂數選號
3	2	25	1	7		2	28	1		3.5	六獎		

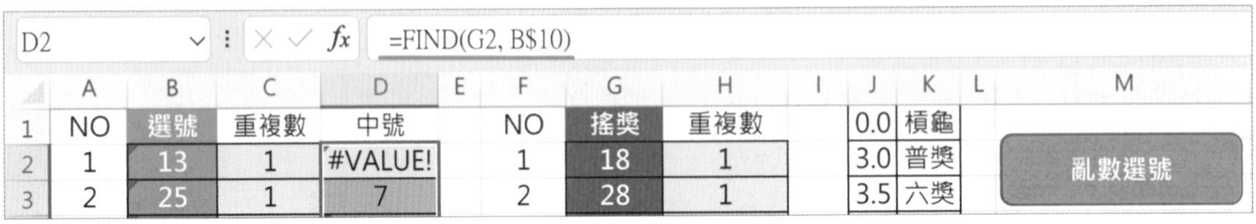

> **說明** 沒中獎的出現錯誤訊息，將錯誤訊息轉換為數字：正確：1，錯誤：0
>
> 加總中獎欄位的數字就可得到中獎號數。

6. 選取：D2 儲存格，編輯運算式，向下填滿，結果如下圖：

D2		:	× ✓	fx	=IF(ISERROR(FIND(G2, B$10)), 0, 1)							
	A	B	C	D	E	F	G	H	I	J	K	L	M
1	NO	選號	重複數	中號		NO	搖獎	重複數		0.0	槓龜		
2	1	13	1	0		1	18	1		3.0	普獎		亂數選號
3	2	25	1	1		2	28	1		3.5	六獎		

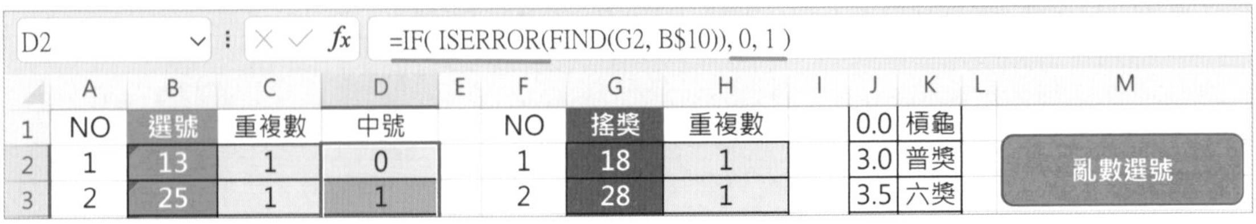

7. 選取：D8 儲存格，輸入運算式，結果如下圖：

| D8 | ⌄ ⋮ ✕ ✓ fx | =SUM(D2:D7) |

	A	B	C	D	E	F	G	H	I	J	K	L	M
1	NO	選號	重複數	中號		NO	搖獎	重複數		0.0	槓龜		
2	1	13	1	0		1	18	1		3.0	普獎		亂數選號
7	6	48	1	0		6	44	1		5.5	貳獎		
8			無重複	1		特別號	47	1		6.0	頭獎		槓龜

說明 D8 儲存格：6 個選號有無對中搖獎號累計數。

8. 選取：D9 儲存格，輸入運算式，結果如下圖：

| D9 | ⌄ ⋮ ✕ ✓ fx | =IF(ISERROR(FIND(G8, B10)), 0, 0.5) |

	A	B	C	D	E	F	G	H	I	J	K	L	M
1	NO	選號	重複數	中號		NO	搖獎	重複數		0.0	槓龜		
2	1	13	1	0		1	18	1		3.0	普獎		亂數選號
7	6	48	1	0		6	44	1		5.5	貳獎		
8			無重複	1		特別號	47	1		6.0	頭獎		槓龜
9			特別號	0				無重複					
10	選號	13*25*28*38*45*48				搖獎	18*28*35*41*43*44						

說明 D9 儲存格：6 個選號有無對中特別號。

9. 選取：M8 儲存格，輸入運算式，結果如下圖：

| M8 | ⌄ ⋮ ✕ ✓ fx | =VLOOKUP(D8+D9, J1:K8, 2, TRUE) |

	A	B	C	D	E	F	G	H	I	J	K	L	M
1	NO	選號	重複數	中號		NO	搖獎	重複數		0.0	槓龜		
2	1	13	1	0		1	18	1		3.0	普獎		亂數選號
3	2	25	1	1		2	28	1		3.5	六獎		
4	3	28	1	0		3	35	1		4.0	五獎		搖獎
5	4	38	1	0		4	41	1		4.5	肆獎		
6	5	45	1	0		5	43	1		5.0	參獎		
7	6	48	1	0		6	44	1		5.5	貳獎		
8			無重複	1		特別號	47	1		6.0	頭獎		槓龜
9			特別號	0				無重複					
10	選號	13*25*28*38*45*48				搖獎	18*28*35*41*43*44						

說明 請特別注意！第 4 個參數 TRUE（數字範圍比對）。

實作：功課表 - 函數 ● ● ●

● 在學校系統的排課資料是以「表格」結構儲存，已經命名為「功課表」
　如下圖右側：

● 但實際使用時卻必須轉換為「課程」表，如下圖左側：

	A	B	C	D	E	F	G	H	I	J	K	L	M
1		星期一	星期二	星期三	星期四	星期五	星期六	星期日		KEY ▾	星期 ▾	節次 ▾	課名 ▾
2	第1節									13	1	3	102英文
3	第2節		302音樂			103數學				22	2	2	302音樂
4	第3節	102英文		304體育				休		18	1	8	303美術
5	第4節			103數學				假		33	3	3	304體育
6	第5節							日		34	3	4	103數學
7	第6節					201化學				52	5	2	103數學
8	第7節					201化學				56	5	6	201化學
9	第8節	303美術		202科技						57	5	7	201化學
10										38	3	8	202科技

學校的電算中心若服務好一點，就會有人寫一支程式，幫助教們把「功課表」轉換為
「課程」表；如果服務差一點，助教們就得手動操作。耗費時間不是大問題，如果有
幾十份課程表需要轉換，正確性才是大問題，一旦「功課表」內容有所異動，後續調
整作業就是浩大工程，本節就介紹以「函數」為工具的解決方案。

● 請檢查 J2 儲存格內容，是將「星期」與「節次」串接起來，如下圖：

J2			▾	:	× ✓	fx	=K2& L2					
	A	B	C	D	E	F	G	H	I	J	K	L	M
1		星期一	星期二	星期三	星期四	星期五	星期六	星期日		KEY ▾	星期 ▾	節次 ▾	課名 ▾
2	第1節									13	1	3	102英文
3	第2節									22	2	2	302音樂

在上圖課程表中，「星期」是欄數，「節次」是列數，如果我們將課程表中儲存格的
「欄數」與「列數」串接，就可以對照到 J 欄。

1. 選取：B2 儲存格，輸入運算式，向右填滿至 F2，向下填滿至 F9，如下圖：

B2			▾	:	× ✓	fx	=COLUMN(A1) & ROW(A1)					
	A	B	C	D	E	F	G	H	I	J	K	L	M
1		星期一	星期二	星期三	星期四	星期五	星期六	星期日		KEY ▾	星期 ▾	節次 ▾	課名 ▾
2	第1節	11	21	31	41	51				13	1	3	102英文
3	第2節	12	22	32	42	52				22	2	2	302音樂
4	第3節	13	23	33	43	53	休			18	1	8	303美術
5	第4節	14	24	34	44	54	假			33	3	3	304體育

2.　選取：B2 儲存格，編輯運算式，向右填滿至 F2，向下填滿至 F9，如下圖：

B2				fx	=VLOOKUP(COLUMN(A1) & ROW(A1), 功課表, 4, FALSE)							
	A	B	C	D	E	F	G	H	I	J	K	L	M
1		星期一	星期二	星期三	星期四	星期五	星期六	星期日		KEY	星期	節次	課名
2	第1節	#N/A	#N/A	#N/A	#N/A	#N/A				13	1	3	102英文
3	第2節	#N/A	302音樂	#N/A	#N/A	103數學				22	2	2	302音樂
4	第3節	102英文	#N/A	304體育	#N/A	#N/A		休		18	1	8	303美術

> **說明**　接著將錯誤訊息 #N/A 轉換為空白，就大功告成！

3.　選取：B2 儲存格，編輯運算式，向右填滿至 F2，向下填滿至 F9，如下圖：

B2				fx	=IF(ISNA(VLOOKUP(COLUMN(A1) & ROW(A1), 功課表, 4, FALSE)), "", VLOOKUP(COLUMN(A1) & ROW(A1), 功課表, 4, FALSE))							
	A	B	C	D	E	F	G	H	I	J	K	L	M
1		星期一	星期二	星期三	星期四	星期五	星期六	星期日		KEY	星期	節次	課名
2	第1節									13	1	3	102英文
3	第2節		302音樂			103數學				22	2	2	302音樂
4	第3節	102英文		304體育				休		18	1	8	303美術

「功課表」內資料有所異動時，「課程」表就會自動更新，非常方便，但卻有一個盲點，這個範例只是某一個班級的課程表，若要產生一個科系、院、校的所有課程表，那本節的「函數」解法實用性就不大了。

實作：功課表 -VBA ●●●

1.　按 Alt + F11（進入 VBA 編輯視窗）

在工作表 3(功課表 -VBA) 上連點 2 下，建立 S1 程式架構，如下圖：

2. 在迴圈內輸入指令，在 Next 指令設定中斷點，如下圖：

```
Sub S1()

    For i = 2 To 100
        c = Cells(i, 11)        '星期
        r = Cells(i, 12)        '節次
        m = Cells(i, 13)        '課程名稱
        Cells(1 + r, 1 + c) = m
    Next

End Sub
```

> **說明**　第 11 欄內容是「星期」，存放於變數 c
> 第 12 欄內容是「節次」，存放於變數 r
> 第 13 欄內容是「課程名稱」，存放於變數 m
> 將「課程名稱」寫入「課程表」中相對應儲存格。

■ 每執行一次程式，就寫入一個課程名稱，如下圖：

3. 取消程式中斷點，插入迴圈跳脫指令，如下圖：

```
Sub S1()

    For i = 2 To 100
        If Cells(i, 11) = "" Then Exit For

        c = Cells(i, 11)        '星期
        r = Cells(i, 12)        '節次
        m = Cells(i, 13)        '課程名稱
        Cells(1 + r, 1 + c) = m
    Next

End Sub
```

4. 在最上方插入清除原課程表內容指令，如下圖：

```
Sub S1()
    '-----------------------------------------清除原課程表內容
    For c = 2 To 6                '第2~6欄
        For r = 2 To 9            '第2~9列
            Cells(r, c) = ""      '清空儲存格
        Next
    Next
    '-----------------------------------------
    For i = 2 To 100
        If Cell (i, 1) = "" Then Exit F
        Cells(1 + r, 1 + c) = m
    Next

End Sub
```

> **說明** 每一次執行程式時，會先清除「課程表」內舊資料，然後才寫入新內容。

這只是一個簡易版的教學範例，功課表內還應該包含「班級名稱」，這樣才能一次處理系、院、校所有班級課程表，這個功課就留給有心向上的你！

若有問題…，歡迎隨時提問，課本作者序下方、GOGO123 網站上都有筆者聯繫的方式，各位讀者加油！

輕鬆搞定 Excel｜試算表實作範例 (適用 2016~2021)

作　　者：林文恭
企劃編輯：郭季柔
文字編輯：王雅雯
設計裝幀：張寶莉
發 行 人：廖文良

發 行 所：碁峰資訊股份有限公司
地　　址：台北市南港區三重路 66 號 7 樓之 6
電　　話：(02)2788-2408
傳　　真：(02)8192-4433
網　　站：www.gotop.com.tw
書　　號：AEI008000
版　　次：2024 年 07 月初版
建議售價：NT$490

國家圖書館出版品預行編目資料

輕鬆搞定 Excel：試算表實作範例(適用 2016~2021) / 林文恭著.
　 -- 初版. -- 臺北市：碁峰資訊, 2024.07
　　 面；　公分
　　 ISBN 978-626-324-817-5(平裝)
　　 1.CST：EXCEL(電腦程式)
312.49E9　　　　　　　　　　　　　　　　113006622